“十四五”普通高等学校规划教材

大学物理实验

主　编　王继国
副主编　王振彪　刘　虎

中国铁道出版社有限公司
CHINA RAILWAY PUBLISHING HOUSE CO., LTD.

内容简介

本书融合了近年来大学物理实验教学研究的新成果，在编者团队多年物理实验教学基础上编写而成。全书共分9章，主要内容包括基本实验理论、基本实验技术与方法、基础性实验、综合性实验、设计性实验和物理实验基本仪器等。实验项目覆盖了力、热、声、光、电以及近代物理的实验内容，使用时可结合具体情况加以取舍。增加内容或提高要求等，以适应不同层次的教学需要。

本书适合作为普通高等学校理工科各专业的物理实验教材，也可供相关工程技术人员参考使用。

图书在版编目(CIP)数据

大学物理实验/王继国主编．—北京：中国铁道出版社有限公司，2020．8（2024.7重印）
"十四五"普通高等学校规划教材
ISBN 978-7-113-27152-7

Ⅰ．①大…　Ⅱ．①王…　Ⅲ．①物理学-实验-高等学校-教材　Ⅳ．①O4-33

中国版本图书馆CIP数据核字(2020)第145542号

书　　名：**大学物理实验**
作　　者：王继国

策　　划：李小军　　　　编辑部电话：(010)63549508
责任编辑：陆慧萍　徐盼欣
封面设计：刘　颖
责任校对：张玉华
责任印制：樊启鹏

出版发行：中国铁道出版社有限公司(100054，北京市西城区右安门西街8号)
网　　址：https://www.tdpress.com/51eds/
印　　刷：北京铭成印刷有限公司
版　　次：2020年8月第1版　2024年7月第6次印刷
开　　本：787 mm×1 092 mm　1/16　印张：15　字数：351千
书　　号：ISBN 978-7-113-27152-7
定　　价：36.00元

前　言

本书是在四十余年来石家庄铁道大学历届从事物理实验的教师们不断积累、演进的基础上形成的，凝结了物理实验中心历届教师的心血，尤其是体现了近年来教学改革的趋势、新技术的应用成果。

本书的实验项目覆盖了力、热、声、光、电以及近代物理的实验内容，涵盖了比较法、放大法、换测法、模拟法、补偿法、干涉法等重要的实验技术。大学生通过物理实验课程的学习，能够在实验能力方面有较大的提高，在科学、严谨的实验素养方面也有大幅度提高，为后续其他专业课程的学习奠定基础。

全书共9章，第1~3章为实验理论，介绍数据处理和实验方法；第4、5章为前一个学期的实验操作安排，其中的4个基础性实验设置是实现学生从中学到大学实验的过渡，以适应大学的要求；第6~8章为后一个学期的实验操作安排，其中的设计性实验项目可以选择性地设置为学生操作考试的内容；第9章为实验学习资料，为学生自主学习内容，内容包括常用物理实验用仪器仪表的介绍等。附录中选录了几个常用的基本常数表。本书结合网络预约系统组织教学效果更好。

本书适合作为普通高等学校理工科各专业的物理实验教材，也可供相关工程技术人员参考使用。建议学时为48~64学时。

本书由石家庄铁道大学物理实验中心全体教师集体编写，由王继国任主编，王振彪、刘虎任副主编。参加编写的人员还有：高永浩、王艳召、崔建坡、赵金翠、张变芳、李国科、冀建利、齐立倩、王维、李月晴、李婧、刘宝、刘天元、申俊杰等。全书由刘虎定稿。

因编者水平所限，加之时间仓促，本书难免有不妥和疏漏之处，恳请广大师生批评指正。

编　者

2020年6月

目　录

第1章 绪论

物理学是研究物质的基本结构、基本运动形式、相互作用及其转化规律的学科。物理学展现了一系列科学的世界观和方法论,深刻影响着人类对物质世界的基本认识、人类的思维方式和社会生活,是人类文明的基石。

物理学本质上是一门实验科学。实验和理论的相互作用都是一种内在的根本动力。这种作用引起量的渐进积累和质的突变飞跃的交替进行,推动着科学进程一浪接一浪地不断前行。1923年诺贝尔物理学奖获得者密立根曾经说过:“科学是在用理论和实验这两只脚前进的。有时是这只脚先迈出一步,有时是另一只脚先迈出一步,但是前进要靠两只脚,先建立理论然后做实验,或者是先在实验中得出新的关系,然后再迈出理论这只脚,并推动实验前进,如此不断交替进行。”

在物理学发展过程中结晶出的实验思想、实验方法、数据处理方法,成为了人类思想宝库的重要组成内容。开设大学物理实验的重要目的就是要通过实验过程的学习、训练,使学生体会、掌握实验思想、实验方法、数据处理方法,提升学生的动手能力、科学实验素养,为未来的科学研究、工程实践奠定基础。

1.1 大学物理实验的地位、作用和任务

大学物理实验是大学生进入高等院校后首门实验课程,是对大学生进行系统的科学实验方法和技能训练的重要必修课,是大学生从事科学实验的起步。大学物理实验课程的学习,是后续专业课的基础,同时对大学生毕业后从事科学研究和工程技术实践也必将产生深远的影响。通过该课程的学习,不仅要培养大学生的实验操作能力,更主要的是培养他们的创造性思维能力以及分析问题、解决问题的能力。

大学物理实验课覆盖面广,包括力学、热学、电磁学、光学和近代物理学等多方面的实验内容,是一系列科学实验训练的重要基础。具有丰富的实验思想、方法、手段,同时能提供综合性很强的基本实验技能训练,是培养学生科学实验能力、提高科学素质的重要基础。它在培养学生严谨的治学态度、活跃的创新意识、理论联系实际和适应科技发展的综合应用能力等方面具有其他实践类课程不可替代的作用。

因此,大学物理实验教学是为科学和技术培养训练有素的人才,为培养创新型工程技术人才搭

建在实践教学环节中的第一级台阶。

大学物理实验课程的具体任务是：

(1)培养学生的基本科学实验技能,提高学生的科学实验基本素质,使学生初步掌握实验科学的思想和方法。

(2)培养学生的科学思维和创新意识,使学生掌握实验研究的基本方法,提高学生的分析能力和创新能力。

(3)提高学生的科学素养,培养学生理论联系实际和实事求是的科学作风,认真严谨的科学态度,积极主动的探索精神,遵守纪律、团结协作、爱护公共财产的优良品德。

1.2 大学物理实验课的基本程序

大学物理实验课的基本程序一般可分实验预习、实验操作和编制实验报告三个阶段。

1.2.1 实验预习

大学物理实验课前,学生应该仔细阅读实验教材或有关资料。明确实验目的,弄清实验原理和方法,总结出实验的整体思路。实验中涉及的一些相关仪器的说明可以通过网络进行了解。对于实验的具体过程要求做粗略的了解,抓住关键步骤,以便较好地控制实验过程和观察物理现象,及时准确地获得待测物理量的数据。为使测试结果清楚,防止漏测漏记,应设计好记录数据的表格。要求学生完成预习作业。课前预习的好坏是实验中能否取得主动的关键,课前预习不合格的学生不能参加实验。

1.2.2 实验操作

学生根据自己预约的实验项目、时间及地点进行实验。进入实验室后先交预习报告(预习报告不合格者将被取消该次实验资格)。按照实验记录单指示的位置就座,不经指导教师允许不能随意调换座位及调换仪器。检查实验仪器是否齐全、完好,如有仪器损坏情况立即向指导教师说明。

经指导教师允许后方可开始实验操作,实验操作要遵守使用规范和注意事项中的说明。仪器布置要便于操作和数据读取。实验过程要按实验步骤进行。认真观察现象,正确记录数据。实验中若发现问题应及时向指导教师请教,不得随意处理。

实验重在过程,实验中要积极动手操作,遇到问题不鼓励未经思索未经尝试就寻求帮助,若两个人合作,要轮流操作。要根据仪表的最小刻度或准确度等级读取测量数值,并用钢笔或圆珠笔如实记录原始数据。实验完毕,将实验数据交指导教师审查签字,再将实验仪器整理还原后方可离开实验室。签字后的实验数据不允许擅自修改,不允许伪造实验数据。

1.2.3 编制实验报告

实验后要对实验数据及时进行处理,根据要求写出实验报告。报告中文字叙述力求简练、通顺。数据要齐全,图表要规范。实验报告内容主要包括：

(1)实验名称。

(2)实验目的。

(3)实验仪器(写明规格)。

(4)实验原理:简单叙述有关物理内容(包括电路图或光路图或实验装置示意图)、主要公式及公式成立所满足的条件等。

(5)实验简要步骤。

(6)数据表格与数据处理:要求完成计算、作图、测量不确定度的计算,给出实验结果,并且要对取得的实验结果作误差分析。数据记录要用表格形式,表格、作图、结果表达等要严格按照规范完成。

(7)实验分析:包括解答教师指定的作业题,实验中发现的现象及其解释,对实验装置和方法的改进意见等。

1.3 大学物理实验预约说明

实验教学已进入了"互联网+"的时代,实验项目以及实验时间的选择要求通过物理实验网络预约系统进行。下面以石家庄铁道大学物理实验中心网站为例进行介绍。

(1)石家庄铁道大学物理实验中心网站 http://phylab. stdu. edu. cn 是一个综合型的物理实验教学网站,包括网络预约系统、教学管理系统、仿真实验系统、学习资料查询等辅助预习功能,旨在为学生学好物理实验课程提供更多的服务。

(2)物理实验网络预约界面(见图1-3-1)附有实验代码对照表,它提供实验名称及上课时间段各自对应的代码,在登记及查询中将用到这些代码,显示内容中也将用这些代码代表实验名称及上课时间。

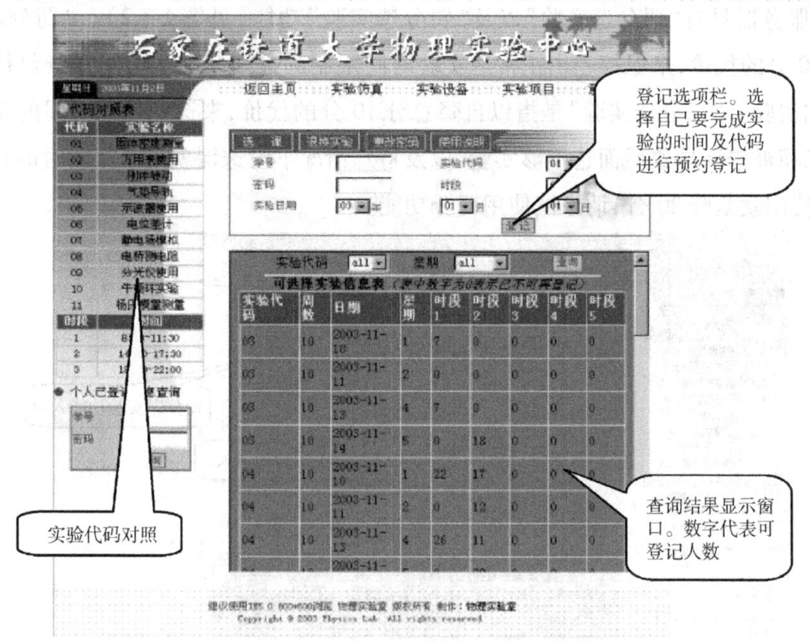

图1-3-1 物理实验网络预约界面

(3)登记前先查询可登记信息,通过选择实验名称对应的代码(all 代表所有实验)及星期几(all 代表所有可上课时间,1 ~7 代表星期一到星期日)查询目前的可登记资源。单击“查询”按钮后,右侧所显示的列表为目前可登记资源,表中的数字为某实验某时间段的可登记数,该数字为 0 时表示该实验该时间段已登记满额,无法再登记。

(4)在“登记选项”栏添入学号、密码、实验代码、时段、实验日期等选项,单击“登记”按钮即可完成实验预约登记。若密码丢失,应向实验室提出书面申请。

(5)为操作方便,还开发了手机 APP 预约登记系统及网上教学评价系统。

(6)网选实验资源时,每次只能选择一个,只能选第二天及以后的实验,课后完成评价才能选下一个,只能在本班规定的时段内选择实验;上课两天前可自行退实验,如选的 10 月 18 日的实验,可在 10 月 16 日及以前自行退掉重选。两天以内原则上只能罚分退实验。如确有特殊情况,可拿正规假条到实验中心办公室找老师解决。若出现其他选课问题,也可到实验中心办公室解决。

(7)请同学们认真写实验课后评价,可以写本次实验的收获、对课程改进的建议以及对指导教师的评价等。这是推动教学改革非常重要的一环。如果是上午时段做实验,则评价开放时间为 11 点,选课开放时间为 13 点。只有完成评价并到了 13 点才能选下一个实验。如果是下午时段做实验,则评价开放时间为 17 点,选课开放时间为 19 点。只有完成评价并到了 19 点才能选下一个实验。

(8)实验分数由预习、操作、整理仪器、实验报告四部分组成,所以请在课堂上认真做实验。平时实验两项及以上不及格直接不及格,缺一项及以上直接不及格。每项实验均有得分,最终成绩由各实验分数加权平均得出。加权的主要目的是平衡不同难度的实验,比如 A 实验相对简单,平均分 90;B 实验相对复杂,平均分 80,那么做 A 实验得了 90 分和做 B 实验得了 80 分效果是一样的。所以,主要依据自己的兴趣和学习的需要来选实验,实验难易不必过于考虑。

(9)选课服务器具有“罚分退实验”以及“罚分选实验”功能(见图 1-3-2)。“罚分退实验”是指以自降总分 10 分的代价,来退掉超出正常退实验时间限制的过期实验。应用场景包括旷课以及未预习不能参加实验。“罚分选实验”是指以自降总分 10 分的代价,来选择任意时间的实验。应用场景包括前期未积极选课导致后面选不够实验,以及特殊情况下没选课就做了实验时的补选实验。罚分累加,两次使用就是降 20 分,请谨慎使用罚分功能。

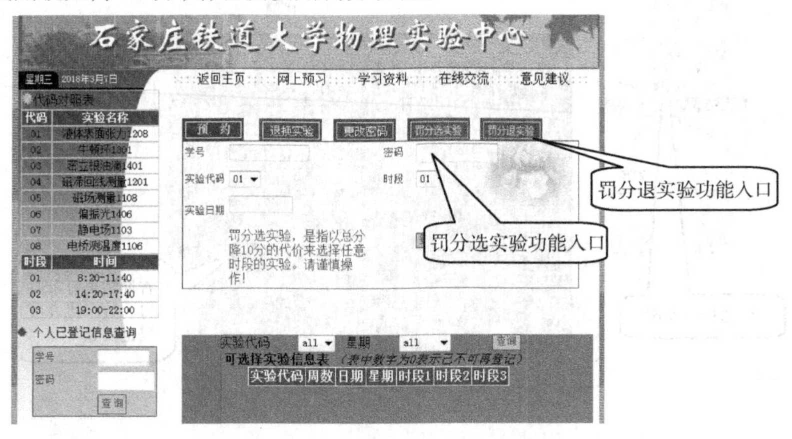

图 1-3-2　罚分选退实验入口

1.4 实验规则

为了保证实验正常进行,以及培养严肃认真的工作作风和良好的实验工作习惯,特制定下列规则。

(1)学生应按约定的时间进行实验,不得无故缺席或迟到。因病因事不能按时参加实验,须提前退订或到实验室办理相关手续。

(2)学生在每次实验前应对预约的实验进行预习,并在预习的基础上写出预习报告。

(3)进入实验室后,应将预习报告交给指导教师检查,并回答指导教师的提问,经过教师检查认为合格后,才可以进行实验。预习不合格的学生不能参加实验。

(4)实验时,应携带必要的物品,如文具、计算器和草稿纸等。对于需要作图的实验应事先准备坐标纸。

(5)进入实验室后,根据仪器清单核对自己使用的仪器有否缺少或损坏。若发现有问题,应向指导教师提出。未列入清单的仪器,可向指导教师借用,实验完毕时归还。实验过程中不得擅自调桌、调换仪器。

(6)实验前应细心观察仪器构造,操作时动作应谨慎细心,严格遵守各种仪器仪表的操作规则及注意事项。尤其是电学实验,线路接好后,先经指导教师或实验室工作人员检查,经许可后才可接通电源,以免发生意外。实验中如有异常,应立即断电检查。

(7)实验时,应注意保持实验室整洁、安静。实验完毕应将实验数据交给指导教师检查,实验合格者,予以签字通过。将仪器、桌椅放置整齐,经指导教师同意后离开实验室。实验结束后,值日生做好实验室清洁工作。

(8)如有损坏仪器,应及时报告指导教师,并填写损坏单,说明损坏原因。因违规操作造成仪器损坏者,依据情况酌情处罚。

第2章 不确定度评定及实验数据处理方法

任何科学实验或工程实践中的测量，都必须要遵循一定的原理，按照一定的方法，使用一定的仪器，在一定的环境中进行。由于测量原理的局限性、测量方法的不完善、测量仪器的精度限制、测量环境的不理想、测量者实验技能的差异等若干因素的影响，所有的测量都不可避免地存在误差。为了减小和控制误差的影响，需要对误差性质、影响因素、产生原因等进行分析，并对最终结果进行评定。在长期大量的实践中，人们越来越认识到掌握误差理论知识的重要性，特别是在当今信息技术时代、大数据时代，任何科学实验和工程实践所获得的大量数据信息，都必须经过合理的数据处理才能给出科学的评价。

本章介绍测量误差分析及不确定度理论的初步知识，给出一些结论和简化的计算方法，旨在让同学们迅速地掌握不确定度评价方法。

2.1 测量与误差的基本概念

2.1.1 测量的定义和分类

所谓测量，就是通过物理实验的方法，把被测量与作为标准的同类单位量进行比较的过程。测量的结果包括数值(即度量出它是标准单位的倍数)、单位(即所选定的物理量)以及结果的可信程度(用不确定度表示)。根据获得测量结果的方式不同，可将测量分为直接测量和间接测量两种。

1. 直接测量

凡是利用量具、量仪直接与待测量进行比较，就能直接得到待测量结果的操作，称为直接测量。例如，用米尺测物体的长度，用天平测物体的质量，用电流表测量电流，用温度计测量温度等，均属于直接测量。

2. 间接测量

将若干直接测量的结果，利用一定的函数关系，求出待测量结果的操作，称为间接测量。例如，在圆柱形固体密度的测定实验中，其密度为

$$\rho = \frac{4m}{\pi d^2 h}$$

式中，圆柱体的质量 m、直径 d 及高 h 均可直接测量；而根据上述关系得到密度 ρ，即为间接测量。

2.1.2 误差

由于测量仪器、实验条件、实验方法、人的观察能力等因素的存在，任何测量都不会绝对精确，即测量结果与被测量真值之间总存在偏差，这就是测量误差。

测量误差可以用绝对误差表示，也可以用相对误差表示。测量值与被测量的真值之差称为绝对误差，通常简称误差。绝对误差与被测量的真值之比称为相对误差。

绝对误差是一个有量纲的数值，可以表示单一测量结果的可靠程度。相对误差是一个比值，通常用百分数表示，可以比较不同测量结果的可靠性。相对误差有时更能反映测量的准确程度，相对误差越小，准确度越高。

2.1.3 误差的分类

由于误差来源和性质不同，一般可将误差分为系统误差和偶然误差两类。在实验数据中，这两类误差常常是混在一起出现的。

1. 系统误差

在同一条件下（方法、仪器、环境和观测者不变）多次测量同一物理量时，其结果的符号和大小按一定规律变化的误差称为系统误差。其来源有以下几个方面：

（1）仪器误差：这是由仪器本身的缺陷或没有按规定的条件使用仪器而造成的。如天平不等臂、零点没有调准等。

（2）方法误差：这是由于实验方法本身或理论不完善导致的误差。如测量方法中有关因素考虑不周全或采用近似公式等。

（3）环境误差：这是由于外界环境（如光照、温度、湿度、电场等）的影响而产生的误差。如标准电池没有在规定的环境温度 20 ℃条件下使用等。

（4）人为误差：这是由于实验者的感官或习惯所引入的误差。如读数时有人总是头偏向一边等。

系统误差不能通过多次测量来消除，但是如果找出产生系统误差的原因，就可以采用一定的方法来消除它的影响或对测量结果进行修正。

2. 偶然误差

在同一条件下多次测量同一物理量时，在消除或修正一切明显的系统误差之后，测量结果仍会出现一些无规律的起伏。这种绝对值和符号随机变化的误差，称为随机误差；对于数学期望值为零的随机误差通常称为偶然误差。它的来源主要有以下几方面：

（1）主观方面：由于人的感官（听觉、视觉、触觉）灵敏程度不相同及操作不熟练，而表现出来的估读能力不一致等。

（2）测量仪器方面：测量器具本身一些不确定的原因引起的指针或向左或向右偏转。

（3）环境方面：气流扰动，温度的微小起伏，不规则的振动，杂散电磁场不规则的脉动及噪声等的影响。

偶然误差的存在,使得在相同条件下对同一物理量做多次测量时,每次测量值有时偏大,有时偏小,误差的正负号变幻无常。但是,如果测量次数足够多,则能发现它具有一定的统计规律,服从一定的统计分布。

另外,测量者在观察、测量、记录和整理数据的过程中,由于外界强干扰、测量条件意外变化、测量者粗心大意等原因,有时会出现明显偏离预期的偏差,称为粗大误差、过失误差或错误。这种情况不属于偶然误差的范畴,是应当避免的。对于物理实验的初学者来说,必须端正工作态度,严格按照实验要求,认真地对待实验的整个过程,尽量避免错误的产生。

2.2 偶然误差的统计规律

在普通物理实验中,对一个物理量在同一条件下进行测量,当次数很多时,便能发现偶然误差的统计规律。

(1)有界性:绝对值很大的误差出现的概率极小,为零或趋近于零,即误差的绝对值不会超过一定的界限。

(2)单峰性:绝对值小的误差出现的概率比绝对值大的误差出现的概率大。

(3)对称性:绝对值相等的正误差和负误差出现的概率相等。

(4)抵偿性:由于绝对值相等的正、负误差出现的概率相等,因而随着测量次数的增加,偶然误差的算术平均值将趋于零。

在数理统计上,正态分布函数是一种满足单峰、有界、对称特征的统计函数。由于多数偶然误差都服从正态分布,因而正态分布在误差理论中占有十分重要的地位。

在进行偶然误差的分析时,算术平均值和标准偏差是两个重要的特征参数。

1. 算术平均值(测量结果的最佳估计值)

由于测量误差的存在,真值实际上是无法测得的。假设真值存在,并设为 x_0,在测量条件不变的情况下,对待测量进行 n 次测量,得到了 n 个测量值 $x_1, x_2, \cdots, x_n$。各次测量值的误差为 $\Delta x_i = x_i - x_0$。

测量列的算术平均值定义为
$$\bar{x} = \frac{x_1 + x_2 + \cdots + x_n}{n} = \frac{\sum_{i=1}^{n} x_i}{n}$$

考察测量值的平均误差
$$\frac{1}{n}\sum_{i=1}^{n} \Delta x_i = \frac{1}{n}\sum_{i=1}^{n} (x_i - x_0) = \bar{x} - x_0$$

可得
$$\bar{x} = x_0 + \frac{1}{n}\sum_{i=1}^{n} \Delta x_i$$

由抵偿性可得
$$\lim_{n\to\infty} \frac{1}{n}\sum_{i=1}^{n} \Delta x_i = 0$$

因此,当对某一物理量在相同条件下进行无限次重复测量后,其算术平均值就等于真值。在有限次测量条件下,把算术平均值 $\bar{x}$ 作为真值的最佳估计值。

2. 标准偏差(随机误差的离散程度)

算术平均值最接近真值,因此可以用算术平均值参与对标准误差的估算。常用如下的贝塞尔公

式计算出样本标准偏差 S_x 为

$$S_x = \sqrt{\frac{\sum_{i=1}^{n} v_i^2}{n-1}} = \sqrt{\frac{\sum_{i=1}^{n}(x_i - \bar{x})^2}{n-1}} \tag{2-2-1}$$

它的数值大小反映了测量列的“分散”程度,也反映测量列的任一测量值与真值的接近程度。

3. 平均值的标准偏差(测量列算术平均值的随机误差的大小程度)

有限次测量列 $x_1, x_2, \cdots, x_i, \cdots, x_n$ 的算术平均值 $\bar{x}$ 不等于真值 x_0,它也是一个随机变量。在完全相同的条件下,多次进行重复测量,每次得到的算术平均值 $\bar{x}$ 也不尽相同,这表明算术平均值 $\bar{x}$ 本身也具有离散性,也存在随机误差。用平均值的标准差 $S_{\bar{x}}$ 表示测量列的算术平均值 $\bar{x}$ 的随机误差的大小程度。算术平均值 $\bar{x}$ 的标准偏差 $S_{\bar{x}}$ 的计算关系式为

$$S_{\bar{x}} = \frac{S_x}{\sqrt{n}} = \sqrt{\frac{\sum_{i=1}^{n}(x_i - \bar{x})^2}{n(n-1)}} \tag{2-2-2}$$

由式(2-2-2)可知,算术平均值的标准偏差 $S_{\bar{x}}$ 是任意一次测量值的标准偏差 S_x 的 $\frac{1}{\sqrt{n}}$ 倍,$S_{\bar{x}}$ 比 S_x 都小。随着测量次数 n 的增加,可以使 $S_{\bar{x}}$ 减少,测量的准确度提高。

实际上,$n > 10$ 以后,随着测量次数 n 的增加,$S_{\bar{x}}$ 减少得很缓慢。在实际测量中,单凭增加测量次数 n 来提高测量准确度,其作用有限且没有必要。在科学研究中,测量次数一般取 10 ~ 20 次,而在物理实验教学中一般取 6 ~ 10 次。

2.3 测量结果的不确定度评定

长期以来人们不断追求以最佳方式估计被测量的值,以最科学的方法评价测量结果的质量高低。测量不确定度就是评定测量结果质量高低的一个重要指标。

我国执行的计量技术规范为《测量不确定度评定与表示》(JJF 1059.1—2012),该规范参照了国际标准化组织(简称 ISO)发布的《测量不确定度表示指南》(*Guide to the Expression of Uncertainty in Measurement*)。

2.3.1 测量不确定度的基本概念

1. 测量不确定度的定义

测量不确定度是指由于测量误差的存在而使被测量值不能确定的程度,是测量结果含有的一个参数,用以表示被测量值的分散性。它是被测量的真值以一定概率存在于某一范围内的一种评定。

“不能确定的程度”是通过“置信区间”和“置信概率”来表达的。测量结果将写成如下形式:

$$X = x \pm u \quad (P = P_0)$$

式中,X 为被测量,x 是测量值,它具有的测量不确定度为 u。上式的含义是指被测量 X 的真值落在区间 $[x-u, x+u]$ 中的概率为 P_0。在相同的置信概率情况下,置信区间越小(即 u 越小),测量质量就越高。

对不同的要求,置信概率的取值可能不同。一般地,置信概率常取68.3%、95%、99%、99.7%等。1994年,国家技术监督局建议,置信概率通常取95%,故当置信概率为95%时,可不必注明P值。在物理实验中,则常将置信概率取为68.3%,本书中除特别说明外,置信概率均取68.3%。

2. 不确定度与误差

测量不确定度和误差是误差理论中的两个重要概念。它们的相同点:都是评价测量结果质量高低的重要指标,都可作为测量结果的精度评定参数。它们的区别:误差是测量结果与真值之差,它以真值为中心,因此,误差是一个理想的概念,一般不能准确知道,难以定量;而测量不确定度是以被测量的估计值为中心,反映人们对测量认识不足的程度,是可以定量评定的。另外,测量误差是客观存在的,不受外界因素的影响,不以人的认识程度而改变;而测量不确定度由人们经过分析和评定得到,因而与人们对被测量、影响量及测量过程的认识有关。

它们之间又是有联系的:标准误差是分析误差的基本手段,也是不确定度理论的基础,因此,从本质上说不确定度理论是在误差理论基础上发展起来的,其基本分析和计算方法是共同的。用测量不确定度代替误差表示测量结果,易于理解、便于评定,具有合理性和实用性。

2.3.2 不确定度的两类分量

测量结果受许多因素的影响,所以影响测量不确定度的因素也很多,这些因素分别对测量结果形成若干不确定度分量。如果这些分量只用标准误差给出,称为标准不确定度。用符号u表示。

按照评定方法的不同,标准不确定度可分为两类:一类是用统计方法评定的不确定度,称为A类标准不确定度;另一类由其他方法和其他信息的概率分布(非统计的方法)来估计的不确定度,称为B类标准不确定度。

用统计方法评定的A类标准不确定度的计算方法有多种,如贝塞尔法、最大偏差法、极差法等,本书只介绍贝塞尔法;而B类标准不确定度常采用估计的方法。

1. A类标准不确定度

A类标准不确定度是用统计分析法评定的,其标准不确定度u_A等于由测量值获得的标准差。采用贝塞尔法计算A类标准不确定度时,直接对多次测量的数值进行统计计算,求其算术平均值的标准偏差。

在相同条件下,测量被测量x共n次,以其算术平均值作为被测量的最佳值。被测量的A类标准不确定度为

$$u_A = S_{\bar{x}} = \frac{S_x}{\sqrt{n}} = \sqrt{\frac{\sum_{i=1}^{n}(x_i - \bar{x})^2}{n(n-1)}} \tag{2-3-1}$$

式中,$i=1,2,3,\cdots,n$表示测量次数。

2. B类标准不确定度

B类标准不确定度不用统计分析法,而是基于其他方法估计概率分布或分布假设来评定标准差并得到标准不确定度。正确进行B类不确定度估计,需要确定分布规律,同时要参照标准,要求估计者有一定的实践经验及学识水平等。本书对B类标准不确定度的估计作简化处理,仅讨论由测量仪器的误差限引起的B类标准不确定度。

设定仪器误差服从均匀分布,被测量的B类标准不确定度为

$$u_B = \sigma_{仪} = \frac{\Delta_{仪}}{C} \tag{2-3-2}$$

式中,$\sigma_{仪}$为仪器的标准误差;$\Delta_{仪}$为仪器误差限(或最大允许误差)。$\Delta_{仪}$是评定测量仪器是否合格的最主要指标之一,也直接反映了测量仪器的准确度。物理实验中常用仪器的仪器误差限见表2-3-1。

式(2-3-2)中,C为置信系数,与仪器误差在$[-\Delta_{仪}, +\Delta_{仪}]$范围内的概率分布规律有关。仪器误差在$[-\Delta_{仪}, +\Delta_{仪}]$范围内服从均匀分布时,$C=\sqrt{3}$;仪器误差在$[-\Delta_{仪}, +\Delta_{仪}]$范围内服从正态分布时,$C=3$。若不能确定仪器误差的分布规律,本着不确定度取偏大值的原则,可按均匀分布处理,取$C=\sqrt{3}$。在物理实验课教学中,如不特殊说明,均按照均匀分布处理。

表2-3-1　常用仪器的仪器误差限

仪器名称	仪器误差限$\Delta_{仪}$
米尺	0.5 mm
游标卡尺(20分度、50分度)	最小分度值(0.05 mm或0.02 mm)
千分尺(螺旋测微器)	0.004 mm或0.005 mm①
分光计(杭光、上机厂)	最小分度值(1′或30″)
读数显微镜	0.005 mm
各类数字式仪表	仪器最小读数
计时器(1 s、0.1 s、0.01 s)	仪器最小分度(1 s、0.1 s、0.01 s)
物理天平(0.1 g)	0.05 g
电阻箱	$(R \cdot a + m \cdot b)/100$②
电表	量程×准确度等级/100
其他仪器、量具	根据实际情况由实验室给出示值误差限

①千分尺有零级和一级两种。实验室通常使用量程为0~25 mm的一级千分尺,分度值为0.01 mm,示值误差限为0.004 mm。

②R—电阻示值;a—准确度等级;m—所用转盘数;b—与等级有关的常数。

2.3.3　合成标准不确定度

一般地,不确定度A类分量和不确定度B类分量相互独立,故应按“方和根”方法进行合成,即合成标准不确定度为

$$u_x = \sqrt{u_A^2 + u_B^2} = \sqrt{S_{\bar{x}}^2 + \left(\frac{\Delta_{仪}}{\sqrt{3}}\right)^2} \tag{2-3-3}$$

被测量x的测量结果表示为

$$\begin{cases} x = \bar{x} \pm u_x \quad (P = 68.3\%) \\ E_x = \dfrac{u_x}{\bar{x}} \times 100\% \end{cases} \tag{2-3-4}$$

式中,$\bar{x}$为被测量x真值的最佳值;u_x为x的合成标准不确定度;E_x为测量的相对不确定度,表示不确定度占真值最佳值的百分比。

由于不确定度本身表明的是测量结果的不确定性，故太多的有效数字是没有意义的，一般只取一位或两位。本课程中约定：最后测量结果的合成不确定度只取一位有效数字，相对不确定度取两位有效数字。真值的最佳值$\bar{x}$的有效数字末位要与合成不确定度的所在位对齐。在截取剩余尾数时，按修订的舍入规则（参见第2.4节）进行处理。例如，在通过正确的数据处理后得到某钢丝的直径为$d=(8.6351\pm0.03)$ cm、$E_d=0.3\%$，作为最后测量结果的表达式应该写为$d=(8.64\pm0.03)$ cm，$E_d=0.35\%$。

2.3.4 扩展不确定度

合成标准不确定度可以表示测量结果的不确定度，但它仅对应于标准差，由其所表示的测量结果$x\pm u$含被测量X的真值的概率仅为68.3%。在一些实际工作中，如高精度比对、一些与安全生产以及与身体健康有关的测量，要求给出的测量结果区间包含被测量真值的置信概率较大，为此需要用扩展不确定度表示测量结果。

扩展不确定度由合成标准不确定度u乘以包含因子k得到，记为U；k由t分布的临界值$t_P(v)$给出，即$k=t_P(v)$；v是合成标准不确定度u的自由度（由于采用贝塞尔公式计算标准差，其自由度$v=n-1$）；$t_P(v)$根据给定的置信概率P与自由度查相应的t分布表（本书未提供）得到。实际求扩展不确定度时，一般取包含因子$k=2$或3，分别对应置信概率95%或99%。

$$U=ku \quad (k=2,3)$$

$$=k\sqrt{u_A^2+u_B^2}=\begin{cases}2\sqrt{u_A^2+u_B^2} & \text{当 } P=95\% \\ 3\sqrt{u_A^2+u_B^2} & \text{当 } P=99\%\end{cases}$$

2.3.5 直接测量量的不确定度评定

1. 多次等精度直接测量量不确定度表示

对A类标准不确定度，主要讨论多次等精度测量条件下，读数分散对应的不确定度，并且用贝塞尔公式计算。对B类不确定度，主要讨论仪器不准对应的不确定度，并直接采用仪器误差。然后将A、B两类不确定度求“方和根”，即得合成不确定度。最后将测量结果写成标准形式。

直接测量结果的合成不确定度可表示为

$$u_x=\sqrt{u_A^2+u_B^2}=\sqrt{S_{\bar{x}}{}^2+\left(\frac{\Delta_{仪}}{\sqrt{3}}\right)^2}$$

测量结果则为

$$x=\bar{x}\pm u_x \quad P=68.3\% \quad u_x\text{ 保留一位有效数字，}\bar{x}\text{的位数与它对齐}$$

$$E=\frac{u_x}{\bar{x}}\cdot100\% \qquad E\text{ 保留两位有效数字}$$

2. 多次等精度直接测量量不确定度评定的步骤

假设某直接测量量为x，其不确定度的评定步骤归纳如下：

（1）修正测量数据中的可定系统误差。

（2）计算测量列的算术平均值$\bar{x}$作为测量结果的最佳值。

(3)计算测量列的样本标准偏差 S_x。

(4)审查各测量值,如有误差超过 3 倍样本标准偏差的坏值则予以剔除,剔除后再重复步骤(2)、(3)。

(5)算术平均值的标准偏差 $S_{\bar{x}}$作为不确定度 A 类分量 u_A。

(6)计算不确定度的 B 类分量 $u_B = \Delta_仪/\sqrt{3}$。

(7)求合成不确定度 $u_x = \sqrt{u_A^2 + u_B^2} = \sqrt{S_{\bar{x}}^2 + (\Delta_仪/\sqrt{3})^2}$。

(8)写出最终结果表示:

$$\begin{cases} x = \bar{x} \pm u_x & 当\ P = 68.3\% \\ E_x = \dfrac{u_x}{\bar{x}} \times 100\% \end{cases}$$

3. 单次测量的不确定度评定

在实际测量中,由于实验条件、仪器、环境等情况限制,不能进行多次测量。如:①仪器精度低,偶然误差很小,多次测量读数相同,不必进行多次测量;②对测量结果的准确度要求不高,只测一次就够了;③因测量条件的限制,如有些量是随时间变化的,无法进行多次测量。此时均可按单次测量来处理。

单次测量的测量值,即为测量结果中的测量值 x。单次测量的不确定度 $u(x)$没有统计分量,故只有不确定度 B 类分量 u_B,应根据对仪器精度、测量方法、测量对象的分析,估计它的最大误差,其估计值一般不得小于仪器误差限值(极限误差)$\Delta_仪$,因此,单次测量结果表示为

$$x \pm u(x) = x \pm u_B \quad 取\ u_B \approx \Delta_仪$$

$$E(x) = \frac{u_B}{x} \times 100\%$$

估计单次测量的不确定度应注意以下几点:

①当不知道仪器的示值误差或基本误差时,可取仪器最小分度值代替仪器误差限。

②人眼能分辨仪器刻度指示的变化量为 0.2 分度值(仪器的灵敏阈),当仪器基本误差小于 0.2 分度时,$\Delta_{分度值}$取为 0.2 分度值。

③极限误差 $\Delta_仪$有时需根据实际情况估计。如,杨氏模量实验测反光镜到刻度尺间距离(1 ~ 2 m),因不能保证钢卷尺拉平直等,其极限误差可估为 $\Delta_仪 = 5$ mm。

④电表的准确度等级 α 定义为

$$\alpha\% = (示数最大误差\ \Delta_仪/量程) \times 100\%$$

由此可得,电表示值最大误差

$$\Delta_仪 = 量程 \times \alpha\%$$

例如,对 100 mA、0.5 级电表示值最大误差 $\Delta_仪 = 100\ \text{mA} \times 0.5\% = 0.5\ \text{mA}$。

【例 1】 用毫米刻度的米尺,测量物体长度 10 次,其测量值分别为 $l = 53.27, 53.25, 53.23, 53.29, 53.24, 53.28, 53.26, 53.20, 53.24, 53.21$(单位:cm)。试计算合成不确定度,并写出测量结果。

解:(1)计算 l 的最佳值

$$\bar{l} = \frac{1}{10}\sum_{i=1}^{10} l_i = \frac{1}{10}(53.27 + 53.25 + 53.23 + \cdots + 53.21)\ \text{cm} = 53.24\ \text{cm}$$

(2)计算测量列的样本标准偏差

$$S_l = \sqrt{\frac{\sum_{i=1}^{n}(x_i - \bar{x})^2}{n-1}}$$

$$= \sqrt{\frac{(53.27-53.24)^2+(53.25-53.24)^2+\cdots+(53.21-53.24)^2}{10-1}}\ \text{cm}$$

$$=0.030\ \text{cm}$$

经检查无坏值。

(3)计算 A 类不确定度

$$u_A = S_{\bar{l}} = \frac{S_l}{\sqrt{n}} = 0.0095\ \text{cm}$$

$S_{\bar{l}}$即作为不确定度 A 类分量 u_A。

(4)计算 B 类不确定度

米尺的仪器误差 $\Delta_{仪}=0.05\ \text{cm}$

$$u_B = \frac{\Delta_{仪}}{\sqrt{3}} = 0.029\ \text{cm}$$

(5)合成不确定度

$$u = \sqrt{S_{\bar{l}}^2 + u_B^2} = \sqrt{0.0095^2 + 0.029^2}\ \text{cm} = 0.03\ \text{cm}$$

(6)测量结果的标准式为

$$l = 53.24 \pm 0.03\ \text{cm} \quad 当\ P = 68.3\%$$

$$E_l = \frac{u_l}{\bar{l}} \times 100\% = 0.056\%$$

【例 2】 用感量为 0.1 g 的物理天平称衡物体质量,其读数值为 35.4 g,求测量结果。

解: 用电子天平称衡质量,重复测量读数值往往相同,故一般只需进行单次测量。单次测量的读数值即为近似真值,$m=35.4$ g。

电子天平的示值误差通常取感量,并且作为仪器误差,即 $u=u_B=\Delta_{仪}=0.1$ g,测量结果:$m=35.4\pm0.1$ g。

本例中,因单次测量($n=1$),合成不确定度 $u=\sqrt{S_l^2+u_B^2}$中的 $S_l=0$,所以 $u=u_B$,即单次测量的合成不确定度等于非统计(B 类)不确定度,但并不表明单次测量的 u 就小,因为 $n=1$ 时,S_x 发散,其随机分布特征是客观存在的,测量次数 n 越大,置信概率就越高,因而测量的平均值就越接近真值。

在计算合成不确定度,求"方和根"时,若某一平方值小于另一平方值的 1/9,则该项就可以略去不计。这称为微小误差准则,利用微小误差准则可减少不必要的计算。

2.3.6 间接测量量的不确定度评定

设间接测量量 N 与直接测量量 $x,y,z,\cdots$的函数关系为

$$N = f(x,y,z,\cdots) \tag{2-3-5}$$

由于 x,y,z 具有不确定度 $u_x,u_y,u_z,\cdots,N$ 也必然具有不确定度 u_N，所以对间接测量量 N 的结果也需进行不确定度评定。

1. 间接测量量的最佳值

在直接测量中，以算术平均值 $\bar{x},\bar{y},\bar{z},\cdots$ 作为最佳值。在间接测量中，可以证明 $\bar{N}=f(\bar{x},\bar{y},\bar{z},\cdots)$ 为间接测量量的最佳值，即间接测量量的最佳值由各直接测量量的最佳值（算术平均值）代入函数关系式而求得。

2. 不确定度的传递与间接测量量不确定度的合成

由于直接测量量具有不确定度而导致间接测量量也具有不确定度，称为不确定度的传递。间接测量量不确定度的合成公式为

$$u_N=\sqrt{\left(\frac{\partial f}{\partial x}u_x\right)^2+\left(\frac{\partial f}{\partial y}u_y\right)^2+\left(\frac{\partial f}{\partial z}u_z\right)^2+\cdots} \tag{2-3-6}$$

式中，各直接测量量不确定度前面的系数 $\frac{\partial f}{\partial x},\frac{\partial f}{\partial y},\frac{\partial f}{\partial z},\cdots$ 称为不确定度传递系数。

间接测量量相对不确定度的合成公式为

$$E_N=\frac{u_N}{N}=\sqrt{\left(\frac{\partial \ln f}{\partial x}u_x\right)^2+\left(\frac{\partial \ln f}{\partial y}u_y\right)^2+\left(\frac{\partial \ln f}{\partial z}u_z\right)^2+\cdots} \tag{2-3-7}$$

注意：求方和根时要保证各项是独立的。如果出现多个 u_x（或 $u_y,u_z,\cdots$）项，要先合并同类项，再求方和根。

对于加减运算的函数先用式（2-3-6）求不确定度 u_N，再用 $\frac{u_N}{N}$ 求相对不确定度比较简便；而对于以乘除运算为主的函数则先用式（2-3-7）求出其相对不确定度 E_N，再用 $u_N=\bar{N}\cdot E_N$ 求不确定度比较简便。常用函数的不确定度传递公式见表 2-3-2。

表 2-3-2　常用函数的不确定度传递公式

函数表达式	不确定度传递公式
$N=x\pm y$	$u_N=\sqrt{u_x^2+u_y^2}$
$N=x\cdot y,N=x/y$	$\frac{u_N}{N}=\sqrt{\left(\frac{u_x}{x}\right)^2+\left(\frac{u_y}{y}\right)^2}$
$N=\frac{x^k y^m}{z^n}$	$\frac{u_N}{N}=\sqrt{k^2\left(\frac{u_x}{x}\right)^2+m^2\left(\frac{u_y}{y}\right)^2+n^2\left(\frac{u_z}{z}\right)^2}$
$N=kx$	$u_N=ku_x$；　$\frac{u_N}{N}=\frac{u_x}{x}$
$N=\sqrt[k]{x}$	$\frac{u_N}{N}=\frac{1}{k}\frac{u_x}{x}$
$N=\sin x$	$u_N=\cos x\cdot u_x$
$N=\ln x$	$u_n=\frac{u_x}{x}$

3. 间接测量量不确定度评定的步骤

（1）按照直接测量量不确定度评定步骤求出各直接量的不确定度 $u_x,u_y,u_z,\cdots$。

(2)求间接测量量的最佳值$\overline{N}=f(\bar{x},\bar{y},\bar{z},\cdots)$。

(3)用不确定度合成公式(2-3-6)或式(2-3-7),分别求出 N 的不确定度 u_N 和相对不确定度 E_N。

(4)写出最后结果的表示式

$$\begin{cases} N=\overline{N}+u_N & \text{当 } P=68.3\% \\ E_N=\dfrac{u_N}{\overline{N}}\times 100\% \end{cases}$$

【例3】 已知电阻 $R_1=(50.2\pm0.5)\ \Omega$,$R_2=(149.8\pm0.5)\ \Omega$,求它们串联的电阻 R 和合成不确定度 u_R。

解:串联电阻的阻值为

$$R=R_1+R_2=50.2+149.8\ \Omega=200.0\ \Omega$$

合成不确定度

$$u_R=\sqrt{\left(\frac{\partial R}{\partial R_1}u_1\right)^2+\left(\frac{\partial R}{\partial R_1}u_2\right)^2}=\sqrt{u_1^2+u_2^2}\quad\left(\frac{\partial R}{\partial R_1}=1,\frac{\partial R}{\partial R_2}=1\right)$$

$$=\sqrt{0.5^2+0.5^2}\ \Omega=0.7\ \Omega$$

测量结果

$$R=(200.0\pm0.7)\ \Omega\quad \text{当 } P=68.3\%\quad(\text{不确定度结果保留一位有效数字})$$

$$E_R=\frac{u_R}{R}=\frac{0.7}{200.0}\times100\%=0.35\%\quad(\text{相对不确定度保留两位有效数字})$$

【例4】 测量金属环的内径 $D_1=(2.880\pm0.004)$ cm,外径 $D_2=(3.600\pm0.004)$ cm,厚度 $h=(2.575\pm0.004)$ cm,求环的体积 V 的测量结果。

解:环体积公式为 $V=\dfrac{\pi}{4}h(D_2^2-D_1^2)$

(1)环体积的最佳值为

$$V=\frac{\pi}{4}h(D_2^2-D_1^2)=\frac{3.1416}{4}\times2.575\times(3.600^2-2.880^2)\ \text{cm}^3=9.436\ \text{cm}^3$$

(2)首先将环体积公式两边同时取自然对数后,再求全微分

$$\ln V=\ln\frac{\pi}{4}+\ln h+\ln(D_2^2-D_1^2)$$

$$\frac{dV}{V}=0+\frac{dh}{h}+\frac{2D_2dD_2-2D_1dD_1}{D_2^2-D_1^2}$$

则相对不确定度为

$$E_V=\frac{u_V}{V}=\sqrt{\left(\frac{u_h}{h}\right)^2+\left(\frac{2D_2u_{D_2}}{D_2^2-D_1^2}\right)^2+\left(\frac{-2D_1u_{D_1}}{D_2^2-D_1^2}\right)^2}$$

$$=\left[\left(\frac{0.004}{2.575}\right)^2+\left(\frac{2\times3.600\times0.004}{3.600^2-2.880^2}\right)^2+\left(\frac{-2\times2.880\times0.004}{3.600^2-2.880^2}\right)^2\right]^{\frac{1}{2}}$$

$$=0.0081=0.81\%$$

(3)总合成不确定度为

$$u_V = V \cdot E_V = 9.436 \times 0.0081\ \mathrm{cm}^3 = 0.08\ \mathrm{cm}^3$$

(4)环体积的测量结果

$$V = (9.44 \pm 0.08)\mathrm{cm}^3 \quad 当 P = 68.3\%$$

$$E_V = 0.81\%$$

注意:V 的表示式中,$V = 9.436\ \mathrm{cm}^3$ 应与不确定度的位数取齐,因此将小数点后的第三位数 6,按数字修约原则进到百分位,故为 $9.44\ \mathrm{cm}^3$。

2.4 有效数字的记录与运算

2.4.1 有效数字的概念

在实验中得到的测量值都是含有误差的数值,它们的尾数不能随意取舍,应当反映出测量值的精确度及误差。实验的数据记录、数据运算以及实验结果的表达,都应该遵从有效数字的规则。为了理解有效数字的概念,先举一个例子,如图 2-4-1 所示,用米尺测量一个物体的长度,测量结果记为 13.4 cm、13.5 cm、13.6 cm 都可以。换不同的测量者进行测量,前两位数不会变化,将其称为准确数字;但最后一位数字各人估计的结果可能略有不同,把这位数称为欠准数字或可疑数字。虽然最后这位数字欠准,但是记上它能客观地反映出该物体比 13 cm 长、比 14 cm 短的实际情况,比较合理。把测量结果中可靠的几位数字加上可疑的一位数字,统称为测量结果的有效数字。有效数字的上述定义适用于直接测量量,也适用于间接测量量。

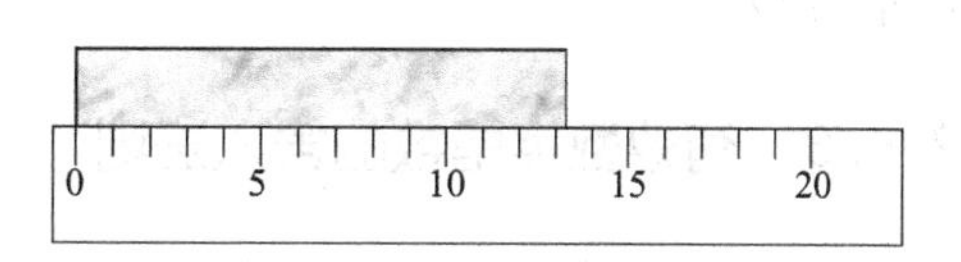

图 2-4-1　有效数字概念

特别需要指出,一个物理量的测量值和数学上的一个数有着不同的意义。在数学上 13.5 cm 和 13.50 cm 没有区别;但是从测量的意义上看 13.5 cm 表示十分位上的 5 是欠准数,而 13.50 cm 表示十分位上这个 5 是准确测量出来的,百分位的 0 才是欠准的。

因为有效数字的最后一位是有误差的,因此,大体上说有效数字的位数越多,相对误差就越小。一般来说测量结果有两位有效数字时,对应于 $10^{-1} \sim 10^{-2}$ 量级的相对误差;三位有效数字时,对应于 $10^{-2} \sim 10^{-3}$ 量级的相对误差,等等。

在表示物理实验的测量结果时,为了更方便地反映有效数字的位数,应尽量采用科学记数法,即在小数点前只写一位数字,用 10 的 n 次幂来表示其数量级。例如,3.8×10^5 m、4.123×10^{-7} s 分别表示两个量的有效数字是 2 位和 4 位;若将 3.8×10^5 m 记成 380 000 m 不但烦琐,而且有效数字的位数不明确。

2.4.2 直接测量量的有效数字读取

在进行直接测量时,要有各种各样的仪器和量具。从仪器和量具上直接读数,必须正确读取有效数字,它是进一步估算测量不确定度和数据处理的基础。

一般而言,仪器的分度值是考虑到仪器误差所在位来划分的。正确读取有效数字的方法大致归纳如下:

(1)指针式仪表或量具读数时一般估读到最小分度的1/10。对指针较宽、刻度线较宽、分度间距较小的仪表,可估读到最小分度值的1/5或1/2。

(2)游标类量具、数字式仪表以及步进式仪表(如电阻箱、单双臂电桥箱)等,最小分度以下的数字无法估读,一般将最后一位数字视为可疑数字。

(3)对于分度值为2或5的仪表,如果测量结果中不确定度只取一位时,则估读位取仪器最小分度位。

在读取数据时,如果测值恰好为整数,则必须补0,一直补到可疑位。例如,用最小刻度为1 mm的钢板尺测量某物体的长度恰为12 mm时,应记为12.0 mm;如果改用游标卡尺测量同一物体,读数也为整数,应记为12.00 mm;再改用千分尺来测量,读数仍为整数,则应记为12.000 mm,切不可一律记为12 mm。

2.4.3 有效数字尾数的舍入法则

过去对有效数字的尾数采用“四舍五入”的规则,但是这样处理“入”的机会总是大于“舍”的机会,不甚合理。为了弥补这一缺陷,目前普遍采用“小于五舍去,大于五进位,等于五凑偶”的舍入规则。例如,下列数据按保留三位有效数字进行舍入运算:

小于五舍去:3.542 5→3.54　　3.544 99→3.54

大于五进位:3.546 6→3.55　　3.545 01→3.55(被截取数字501大于500)

等于五凑偶:3.535 0→3.54　　3.545 0→3.54

学会运用有效数字是正确表达实验结果所必需的,也是物理实验的基本训练内容之一。有关有效数字的一些主要结论如下:

(1)有效数字是:准确数字+可疑数字(或欠准数字)。本书中规定,被测量的最终结果中可疑数字只取一位。

(2)在严格计算不确定度的场合,直接由不确定度来确定测量结果的有效数字。在最后表达的测量结果中,不确定度只取一位,测量结果的有效数字与此对齐。

例如,$E \pm u(E) = (1.85 \pm 0.05) \times 10^{11}$ Pa是正确的,而$E \pm u(E) = (1.8 \pm 0.05) \times 10^{11}$ Pa和$E \pm u(E) = (1.852 \pm 0.05) \times 10^{11}$ Pa都是不正确的。

(3)在不能严格进行不确定度计算或不要求计算不确定度的场合,其有效数字的确定可分为以下两种情况:

①直接测量结果(原始数据记录)的有效数字由仪器设备的精度来确定。一般可读到标尺最小分度的1/10或1/5甚至是1/2。

②间接测量结果是通过加减乘除运算得到的,其有效数字按相应的运算法则处理,其他函数运算结果的有效数字按相关规定处理。

(4)为了保证测量最后的结果中有效数字的取位和数值的可靠性,中间结果的有效数字必须比上述原则多保留一位。待获得最后结果时再进行修约。

(5)有效数字的修约原则是“小于五舍去,大于五进位,等于五凑偶”。

2.5　系统误差的分析与处理

处理随机误差的基本方法是概率统计的方法。其基本前提是认为误差的出现纯粹是随机的,即完全排除了系统误差的影响。但实际工作中,在许多情况下系统误差往往是影响测量结果准确程度的主要因素,因此,尽可能找出系统误差,并设法修正它或它的影响是误差分析的一个重要内容。系统误差是有规律的,但实际处理起来往往比无规则的随机误差困难得多。对待系统误差不可能像随机误差那样得出一些普遍的、通用的处理方法,而只能针对每个具体情况采取具体的处理措施,所以,处理系统误差是否得当在很大程度上取决于实验者的经验、学识和技巧。尽管如此,在分析系统误差产生的原因、对实验结果的影响以及修正或消除系统误差方面也还是有一些具有普遍意义的原则和方法。在此,仅对常用的系统误差发现与消除方法作简单介绍。

2.5.1　系统误差的发现

一般情况下,系统误差是不能由多次重复测量来发现的。下面简述几种发现系统误差的常用方法。

1. 对比方法

(1)实验方法的对比。用不同方法测同一物理量,在随机误差允许的范围内,看结果是否一致,如不一致,则至少有一种测量方法存在系统误差。如测重力加速度,用单摆测得 $g=(9.80\pm0.01)\ \mathrm{m/s^2}$,用复摆测得 $g=(9.830\pm0.003)\ \mathrm{m/s^2}$,用自由落体测得 $g=(9.7363\pm0.0005)\ \mathrm{m/s^2}$。三者结果不一致,即它们在随机误差范围内不重合,就说明至少其中两个存在系统误差。

(2)仪器对比。如两个电表接在同一电路,读数不一致,则说明至少有一个不准,如果其中一个是标准表,就可以找出另一个表的修正值。用于计量的仪器,要求定期到标准计量局进行校准。

(3)改变测量条件对比。如电流正向与反向读数,度盘转 180°读数,增加砝码与减少砝码过程中读数,观察结果是否一致。

(4)改变实验条件。有意改变实验中的条件(如实验温度、电路中元件的位置等),观察实验条件对结果的影响。

(5)换人测量。实验方法和实验条件不变的前提下,换人测量能发现人员误差。

2. 理论分析方法

(1)分析实验理论公式所要求的条件在测量过程中是否得到满足,如伏安法测电阻所依据的公式是 $U=IR$,由于电表的内阻,测量过程不能满足测量公式而产生系统误差。

(2)分析仪器的使用条件是否得到满足,不满足则会产生系统误差。

3. 数据分析方法

这种发现系统误差方法的理论依据是:偶然误差服从一定统计分布规律,如果测量结果不服从这种规律则说明存在系统误差,这适合于相同条件下得到大量数据时的系统误差分析。将测量结果的绝对误差按测量次序排列,观察其变化,如不是随机变化,而呈线性增大或减少、稳定的周期性变化等,则测量中一定存在系统误差。

2.5.2 系统误差的消除

消除系统误差影响的途径,首先是设法使它不产生,若做不到,就要修正它或在测量中抵消它的影响。所谓"消除系统误差的影响"是指把其值减小到偶然误差之下,通常就是使系统误差不影响有效数字的最后一位,即偶然误差所在一位,就算是完全消除其影响了。测量精度要求不同,对消除系统误差的要求也不同。下面简述几种消除系统误差的途径。

1. 消除系统误差产生的根源

从产生误差根源上消除误差是最根本的方法,它要求测量人员对测量过程中可能产生的系统误差的环节作仔细分析,并在测量前就将误差从产生根源上加以消除。如采用更符合实际的理论公式、严格保障仪器装置正确运行、严格控制环境条件和实验的测量条件等手段来消除导致系统误差产生的各方面因素。

2. 找出修正值对测量结果进行修正

(1)用标准仪器校准一般仪器,得到修正值或校正曲线。

(2)对理论公式进行修正,找出修正公式。

3. 从测量方法上或仪器设计上抵消系统误差的影响

在实验中常采用一些特殊的测量方法或在仪器设计和实验设计上设法使测量仪器本身及其他一些系统误差在测量过程中被抵消。例如:

(1)交换法。实验中有意交换被测物的位置,使产生系统误差的原因对测量起相反作用,从而抵消系统误差。如为消除天平的不等臂、线式电桥电阻丝的不均匀带来的系统误差,可将被测物作交换测量。

(2)比较法。实验中将待测量与标准量进行比较测量,可以减小测量系统造成的系统误差。如电位差计测电动势是将待测电动势与标准电池作比较测量,单臂电桥、天平都属于比较测量仪器。

(3)替代法。在相同的测量条件下,选择一个大小适当的已知量(通常是可调的标准器),替代被测量而使测量仪器示值不变,则被测量就等于这个已知量。在替代的两次测量中,测量仪器的状态和示值都相同,从而消除了测量仪器带来的系统误差。

(4)对称测量。如测霍尔电压时电流正、反向测两次,以抵消某些误差;分光仪度盘两边相隔180°读两组数据以消除偏心差;等等。

(5)保持实验或仪器条件一定,可抵消某些系统误差。如 $m = m_1 - m_2$,在测 m_1 和 m_2 时用同一些砝码,则在 m 的测量结果中可以抵消这些砝码的系统误差等。

其他方法不再一一列举。对于初学者来说,不可能一下子就把系统误差问题弄清楚。本课程要求初步建立系统误差的概念,并在某些实验中使用一些消除系统误差的方法。请读者在相应的实验中留意并注意总结。

2.6 实验方案的选择原则

实验方案的选择，主要是根据所测物理量遵循的物理规律以及实验结果精确度的要求去选择实验方法、实验仪器以及实验中的测试条件，它需要考虑以下几个方面：

(1)依据实验结果的精度要求，去考虑实验的理论应近似到哪一级及对环境条件要求保证到什么程度。

(2)要计算“信噪比”是否足够大，以使信号能足以提取出来。

(3)在以上设计条件下如何选用或设计仪器，使各测量量的误差分配做到以最小的代价取得最好的测量结果。

(4)分析实验中的每一个因素可能造成对实验结果的影响以及是否需要作出修正。

选择实验方案，不能要求实验理论越完备越好，仪表越高级越好，环境条件(如恒温、恒湿)越稳定越好，测量次数越多越好，因为这样的要求是不切合实际或者说是一种浪费。测量结果是否满足设计要求，主要是看测量结果的误差大小，而测量结果的误差是各个因素所引起误差的综合评定，减小某些因素所引起的误差，代价较小；而减小另一些因素所引起的误差，所需的代价可能很大。为了提高测量的精确程度，以达到设计要求，往往是着力于减小某一两项主要的误差。

如何选择一个比较好的实验方法，这是一个较复杂的问题，考虑到物理实验的基本要求，本节仅就选择实验的方案中有关如何根据设计要求选择测量仪器、最佳测试条件的选择以及测试环境的选择等三个问题作一简单介绍。

2.6.1 测量仪器的选择

在间接测量中，每个独立被测量量的不确定度，都会对最终结果的总不确定度有贡献，贡献大小可以用相对不确定度传递公式来表达：

$$E_N = \frac{u_N}{N} = \sqrt{\left(\frac{\partial \ln f}{\partial x}u_x\right)^2 + \left(\frac{\partial \ln f}{\partial y}u_y\right)^2 + \left(\frac{\partial \ln f}{\partial z}u_z\right)^2 + \cdots}$$

通常各部分不等，意味着各个直接测量量对间接测量量的不确定度贡献不等。贡献大的直接测量量成为影响测量结果的主要矛盾，最急需解决；本已贡献较小的部分，还要为追求高精度，而采用更高级别的仪器，就没有必要。最优化的结果是：采用适当的技术和仪器，使各直接测量量的不确定度贡献相等，这是最科学、最合理的选择，是选择各物理量测量方法以及选择测量仪器时所应遵从的不确定度均分原则。

例如，要求测量某圆柱体的体积，其相对误差≤0.5%，应选择何种量具？

解：$V = \frac{1}{4}\pi D^2 H$，得
$$\frac{u_V}{V} = \sqrt{\left(\frac{1}{H}u_H\right)^2 + \left(\frac{2}{D}u_D\right)^2}$$

根据均分原则有
$$\frac{u_H}{H} = 2\frac{u_D}{D} \leqslant 0.25\%$$

若 $H\approx 40$ mm,则 $u_H\leqslant 0.1$ mm,用10分度的游标卡尺($\Delta_{仪}=0.1$ mm)可以满足要求。

若 $D\approx 4$ mm,则 $u_D\leqslant 0.005$ mm,需用外径千分尺($\Delta_{仪}=0.004$ mm)才可满足要求。

2.6.2 测量最佳条件的确定

测量结果的误差大小除了与仪器的精度有关外,还与实验条件有关,若各仪器精度已知,则应如何选择测量条件使测量结果的精度最高?

设函数
$$N=f(x_1,x_2,\cdots,x_n)$$

式中,$x_i(i=1,2,\cdots,n)$的误差为 Δx_i,相对应 N 的误差 ΔN,为了使$\dfrac{\Delta N}{N}$得到最小值,要求

$$\begin{cases}\dfrac{\partial}{\partial x_1}\left(\dfrac{\Delta N}{N}\right)=0\\ \dfrac{\partial}{\partial x_2}\left(\dfrac{\Delta N}{N}\right)=0\\ \cdots\cdots\\ \dfrac{\partial}{\partial x_n}\left(\dfrac{\Delta N}{N}\right)=0\end{cases}$$

解这个联立方程即可定出最佳测试条件。

【例5】 用线式电桥测电阻,$R_x=R_0\dfrac{l_1}{l_2}=R_0\dfrac{l_1}{L-l_1}$,式中,$l_1$ 和 l_2 为滑线两臂长,$L=l_1+l_2$,问滑动键在什么位置作测量,能使 R_x 相对误差最小?

解:相对误差
$$\frac{\Delta R_x}{R_x}=\frac{\Delta R_0}{R_0}+\frac{L\Delta l_1}{l_1(L-l_1)}+\frac{\Delta L}{L-l_1}$$

去掉与本问题无关的因素,即假定 R_0 与滑线总长 L 为准确数,这时有

$$\frac{\Delta R_x}{R_x}=\frac{L\Delta l_1}{l_1(L-l_1)}$$

由$\dfrac{\partial}{\partial l_1}\left(\dfrac{\Delta R_x}{R_x}\right)=0$,可得 $l_1=\dfrac{L}{2}$,这就是线式电桥测电阻时的最佳条件。

【例6】 用伏安法测电阻,设要求电阻的测量相对误差$\dfrac{\Delta R}{R}\leqslant 1.5\%$,应如何选择仪器和确定测量条件?

解:由欧姆定律
$$R=\frac{U}{I},\quad \frac{\Delta R}{R}=\frac{\Delta U}{U}+\frac{\Delta I}{I}$$

根据误差均分原则,为了保证电阻的测量相对误差$\dfrac{\Delta R}{R}\leqslant 1.5\%$,要求

$$\frac{\Delta U}{U}\leqslant 0.75\%,\quad \frac{\Delta I}{I}\leqslant 0.75\%$$

由电表等级误差规定
$$\frac{\Delta U}{U_m}\leqslant f\%,\quad \frac{\Delta I}{I_m}\leqslant f\%$$

式中,f 为电压表或电流表的级别,一般电工仪表分为七个等级(0.1,0.2,0.5,1.0,1.5,2.5,5.0);

U_m 和 I_m 分别为电压表和电流表的满刻度值。

显然,应选用0.5 级的电压表和0.5 级的电流表。现若用电压为 1.5 V 的电源供电,并且电压表的量程为0 V-1.5 V-3 V-7.5 V,则应选取1.5 V 的量程挡。因而 $\Delta U=0.5\%\times1.5=0.0075$ V,为了满足$\frac{\Delta U}{U_m}\leqslant0.75$,测量时必须使电压

$$U\geqslant\frac{\Delta U}{0.75\%}=1\ \mathrm{V}$$

为了选定电流表的量程和确定测量条件,可先粗测电阻 R 的阻值(用万用表或参看元件上的标称值),设这里电阻为 $R=30\ \Omega$,则由欧姆定律可估算出

$$I_m=\frac{1.5}{30}\ \mathrm{mA}=50\ \mathrm{mA}$$

故选用0.5 级 50 mA 量程的电流表。为了满足$\frac{\Delta I}{I}\leqslant0.75\%$,测量时必须使电流

$$I\geqslant\frac{\Delta I}{0.75\%}=34\ \mathrm{mA}$$

除以上讨论的之外,在调节仪器(如调铅直、水平)时要考虑调到什么程度才能使它的偏离对实验结果造成的影响可以略去不计。在考虑保证实验条件时也要考虑保证到什么程度。

2.6.3　测试环境的选择

在选择实验方案、设计实验装置时,总是要突出所要研究或测量的对象,排除干扰,也就是要尽量提高"信噪比",不能使待测量淹没在误差之中。例如,现代实验中一些高灵敏的测量装置放在超低温下进行工作,其原因之一是为了降低热噪声,以利于提取所需信息。在物理实验中也存在类似问题。如做电学的一些实验时,其周围环境是否存在较强的电磁场;做全息照相、摄谱实验时,周围环境是否存在振动源;使用标准仪器时,周围环境是否与标准器要求的工作环境一致;等等,均应在设计选择实验方案中考虑。在做实验时若不考虑环境的影响,实验结束时虽可以对其中某些误差进行修正,但无法消除的影响也许会更大。

总之,在选择实验方案时,要考虑周全,尤其是对结果影响大的关键量要努力测准。有的量测不准对结果影响不是很大,就不必花大力气作徒劳的工作。一句话:要在现有的条件下使实验得出最好的结果,需要合理选择实验仪器、条件、环境以及适宜参量。

2.7　知识巩固练习

1. 按照不确定度及有效数字规定,改正以下错误,并指出各为几位有效数字。

(1)1.0001 ± 0.0025;　　(2)2.575 ± 0.045;

(3)28 cm=280 mm;　　(4)17501 ± 1499;

(5)$1.840\times10^{-3}\pm5\times10^{-5}$。

2. 按有效数字运算法则,计算下列各题。

(1) $98.754+1.3$；　　(2) $107.50-2.5$；

(3) 799×6.5；　　(4) $\dfrac{2\ 598}{0.195\ 6\times1.30}$；

(5) $\dfrac{\sin 15°18'}{4.65}$；　　(6) $\sqrt{\dfrac{100.0\times(5.6+4.412)}{(78.00-77.00)\times10.000}}$。

3. 用米尺测得正方形一边的边长为 $a_1=2.01$ cm，$a_2=2.00$ cm，$a_3=2.04$ cm，$a_4=1.98$ cm，$a_5=1.97$ cm，求正方形面积和周长的平均值和不确定度，并写出测量结果表达式。

4. 一个铅圆柱体，测得其直径 $d=(2.040\pm0.001)$ cm，高度 $H=(4.12\pm0.01)$ cm，质量 $m=(149.18\pm0.05)$ g，计算铅的密度 ρ 及其不确定度 u_ρ，并表示出最后结果。

5. 利用单摆测重力加速度 g，摆的周期 $T=2$ s，测量摆长相对误差 0.05%，用秒表测量时间的误差 $\Delta T=0.1$ s，如果要求测量结果 g 的相对误差小于 0.1%，则测量时至少要数多少个周期摆动？

6. 指出下列情况属于偶然误差还是系统误差。

(1) 米尺刻度不均匀；

(2) 米尺因温度改变而伸缩；

(3) 天平未调水平；

(4) 游标卡尺零点不准；

(5) 实验系统温度与环境不一致产生散热；

(6) 加热丝的电阻随温度变化对热功率带来的误差；

(7) 视差；

(8) 检流计的零点漂移；

(9) 电表接入误差；

(10) 电网电压的变化对加热功率带来的误差。

7. 写出下列函数的不确定度表达式。

(1) $N=x+y-2z$；　　(2) $f=\dfrac{uv}{u+v}$；

(3) $f=\dfrac{l^2-d^2}{4l}$；　　(4) $n=\dfrac{\sin\left[\dfrac{1}{2}(\delta+A)\right]}{\sin\left(\dfrac{A}{2}\right)}$；

(5) $\rho=\dfrac{4m}{\pi(D^2-d^2)H}$。

8. 要测量电阻 R 上实际消耗的功率 P，可以有三种方法，它们分别是 $P=IU$，$P=U^2/R$，$P=I^2R$。假若限定仪器条件只能用 0.5 级电压表、1.0 级电流表和 0.2 级电桥分别测量电压、电流和电阻，试选择测量不确定度最小的测量方案（单次测量，不计电表内阻的影响）。

第3章 物理实验技术与方法

在实验物理学数百年的发展进程中，出现过众多卓越的实验，它们以其巧妙的物理构思、独到的处理和解决问题方法、精心设计的仪器、完善的实验安排、高超的测量技术、对实验数据的精心处理和无懈可击的分析判断等，展示了极其丰富和精彩的物理思想，提示了解决问题的途径和方法。这些思想和方法已经超越了各个具体实验而具有普遍的指导意义。

学习这些实验的方法和技术，领会其精髓，提高实验能力，是物理实验教学的重要任务。本书所编录的实验项目都是这些技术方法的典型应用，实验过程就是通过一次次看似碎片化的学习、训练，使同学们能够逐步掌握这些方法和技术，提升实践动手能力和素养。

3.1 物理实验基本实验技术

实验技术是随着时代和技术革命不断变化的。例如，最简单的单摆测重力加速度实验，方法是利用单摆周期公式，但是可以采用不同技术来进行实验。在20世纪八九十年代采用秒表计时器通过人工计数摆动次数并进行计时；之后随着单片机技术发展和普及出现了光电感应开关及电子计时器结合的自动计时装置；结合蓝牙技术后，测得的数据可以通过无线方式即时传送给计算机进行数据处理；随着传感器技术的发展，可以把三轴加速度计置入摆球中研究单摆的运动；现代方法中可以采用高清摄像机或高速摄像机研究单摆的运动……技术在不断进步，新的方法将会不断产生。

物理学是一门实验科学，是通过对现象的观察分析和对各种物理量进行大量的反复测量而建立的。普通物理实验中涉及的物理实验技术和方法相对来说比较简单，是一些基本性的技术和方法，其中包括零位调整技术、水平铅直调节、光路的共轴调整、消视差调节、逐步逼近调节、按图连接线路等。这些技术和方法虽然简单，但有些却是影响实验成败的重要因素或者提高实验效率的关键点。

随着当今高新科学技术的发展，信息技术，新材料技术和新能源技术已成为高新技术的重要组成部分。近代物理的实验方法、实验技术和分析技术在高新技术的各个学科和领域都得到广泛的应用，并对高新技术的发展和人类社会起着巨大的推动作用。磁共振技术与方法、低温物理实验技术、真空技术、核物理技术与方法，扫描隧道显微技术与方法、薄膜制备技术与物性研究等现代物理实验方法与技术是高新技术领域常用的近代物理实验方法。

随着计算机、电子技术、近代物理实验技术与信号处理技术的快速发展，科学实验已经发生了巨大的改变。在物理实验中,用计算机、智能仪器或手机通过各种传感器来监视、测量、记录和分析各种物理量,及时处理大量实验数据,并快速得出实验结论,这样的实验技术已经开始不断增加。现代传感探测技术与计算机技术相结合产生的数字化测量技术代表了工业技术和科研测量的发展方向,是现代工业技术发展的重要特征之一。了解和把握实验技术的发展方向也是物理课程教学传递的重要内容。

3.2 物理实验基本实验方法

大学物理实验课程的实验项目一般涵盖力、热、声、光、电以及部分近代物理实验等内容,研究对象不同其实验方法也不尽相同。另外,对同一个物理量的测量,对结果的精度要求不同也同样决定了实验方法的不同。物理学测量方法门类繁多,究其共性可以概括出一些基本测量方法,比如比较法、放大法、换测法、模拟法和干涉法等。

3.2.1 比较法

将待测物理量与规定的该物理量的标准单位进行比较以确定待测量的值的方法称为比较法。

1. 直接比较

(1)通过量具直接比较(或称直读法)。

与经过校准的量具进行直接比较,测出其大小。如用米尺测量长度、用秒表测时间等是最简单的直接比较法。

(2)通过平衡,补偿或示零测量进行直接比较。

在系统处于平衡的状态下进行测量的方法称为平衡法。如称衡法测物体质量、静平衡法测力、热平衡的混合量热法测物体的比热等。

在单臂电桥实验中,以测量未知电阻而言用的是平衡法,而作为表征电桥是否平衡却使用的检流计示零法。

在电位差计实验中,测量电源电动势的原理采用的是补偿法,它也是通过检流计示零法而获得最后结果。补偿法的基本思想是通过一些手段形成一标准的已知电压,而后取已知标准电压的一部分(或全部)与被测电压(电动势)相补偿,以确定出被测电压的大小。

在上述平衡测量法和补偿测量法中皆通过检流计示零而得出结果,因而示零测量的测量精度取决于示零仪器的精度,而高精度的检流计是容易实现的,故示零法多用于高精度的测量。

2. 间接比较

多数物理量是无法通过直接比较而测出,往往需要利用物理量之间的函数转换关系制成相应的仪器来简化测量过程。

例如,电流表是利用通电线圈在磁场中受到的电磁力矩与游丝的扭力矩平衡时电流的大小与电流表指针的偏转量之间具有一定的关系而制成,因此可利用电流表指针的偏转量而间接比较出电流强度。

3.2.2 放大法

1. 机械放大

利用机械部件间的几何关系使标准单位在测量过程中得以放大,从而提高测量仪器的分辨率,增加了测量的有效数字位数。例如,螺旋测微器、读数显微镜、声速测定装置和迈克尔逊干涉仪的长度测量部分,其原理都是把直线方向上的距离转换到圆周上的读数来实现放大,皆属于机械放大。

2. 电磁放大

在电磁学物理量的测试中或非电量转换成电学量的测量中,由于被测信号微弱,常需电磁放大才能检测,这是科学技术研究中常用的方法。一些指针式仪表由大量程改为小量程实质上也是实现了电磁放大的作用。在电量或非电量转换成电量的测量中,利用示波器对信号放大进行观测,既有定量又有直观的优点,因而示波法被广泛应用。

3. 光学放大

望远镜、读数显微镜,以及许多仪表中应用的光杠杆等都属于光学放大。光学放大具有稳定性好、受环境的干扰小的优点。

3.2.3 换测法

寻找与待测参量有关的物理量,利用它们之间的函数关系,通过对有关物理量的测量,算出待测参量的方法称为换测法。

1. 参量换测法

参量换测法它利用各种参量在一定实验条件下的相互关系来实现待测量的变换测量。此方法几乎贯穿所有实验之中。如测量钢丝的杨氏模量 Y 的实验是应用应变($\Delta L/L$)和应力(F/S)成线性规律,将测量 Y 转换成对 L、ΔL、F、S 的测量,再求出待测量 Y。

2. 能量换测法

能量换测法利用换能器(又称传感器)将一种形式的能量转换成另一种能量进行测量,其中包括以下几种:

(1)热电换测。它将热学量转换成电学量再进行测量,如温差电偶测温定标即将温度测量转换成温差电动势的测量。

(2)磁电换测。利用半导体的霍尔效应,使霍尔电势差反映磁感应强度是磁电换测方法之一。磁场测量实验中使用了霍尔片作为传感器测量通电螺线管内磁场强度。

(3)压电换测。它通过压力与电势差间的变换来测量。某些结构上不对称的晶体在特定的方向上受压力时会发生极化,进而在两个端面上出现电势差。利用这种压电效应可制成压电传感器,实现压电检测。声速测量实验中利用了压电陶瓷换能器检测超声波信号。

(4)光电换测。通过光通量的变化转换成电量变化再进行测量。常见的光电换测传感器有硅光电池、光敏二极管、光电倍增管等。

3.2.4 模拟法

对于不便于或无法直接测量的物理量,不直接研究其本身,而采用与之相似的模型进行研究的

方法,称为模拟法。它可分为以下两类:

1. 物理模拟

若被模拟的物理过程与模拟的物理本质和过程是一致的,则称为物理模拟。如利用“风洞”试验设计改进飞机机翼等。

2. 数学模拟

两个物理量虽然不同,但可以用相同的数学表达式反映它们的各自规律,这样就可以用其中一个物理过程来模拟另一个物理过程,称为数学模拟。如可用稳恒电流场来模拟静电场。

3.2.5 干涉法

干涉法利用机械波或光波在一定条件下产生的干涉图样来分析这些波的特性的一种方法。它把瞬息万变的难以测量的动态研究对象变成稳定的静态干涉图像进行研究,从而简化了研究方法,提高了研究精度。常见的干涉法有:

1. 驻波法

驻波是指两列纵波或两列具有相同振动面的横波,以相同频率、相近的振幅和恒定的位相差彼此沿相反方向传播叠加而成的波,如用驻波法测振动沿弦线的传播速度实验。光学测量中广泛应用的“等厚干涉法”也可以说是利用入射波和反射波相干形成驻波而进行的。如等厚干涉实验中利用这种方法求透镜的曲率半径,声速测量实验中利用共振干涉法测定声波波长。

2. 衍射法

光波通过其波长可以相比拟的狭缝时会出现衍射现象。它是一种光的特殊干涉现象。光的衍射原理和方法可以广泛地应用于测量微小物体的大小。用透射光栅测定光波波长实验即是采用这种方法。光的衍射原理和方法在现代物理实验方法中具有重要的地位。光谱技术与方法、X射线衍射技术与方法、电子显微技术与方法都与光的衍射原理与方法相关,它们已成为现代物理技术与方法的重要组成部分。

3.3 数据处理常用方法

对物理实验所取得的数据进行整理、分析、归纳,得出明确的实验结论,而该数据处理的过程必须有条理性和严密的逻辑性,数据处理方法是实验方法不可分割的一部分。数据处理方法很多,这里介绍几种常用的方法。

3.3.1 列表法

测量的原始数据是获得实验结果的依据。全面、正确、完整的记录原始数据是获得实验成功的基本保证。列表法只是一种记录数据的方法,严格说不是数据处理方法。为了使记录的数据一目了然,避免混乱、丢失,实验中记录数据时,均将数据列表表示。

表中的数据必须忠于原始测量结果,要正确反映测量结果的有效数字,记录要整齐清楚,并且不得涂改(如果个别数据确实记错或有疑问时,只许将错的数据轻轻画上一道,然后在其旁边、上、下处再记上正确的数据)。标题栏中要注明表中各符号所代表的物理量、单位,单位不得记录在测量数据上。表格要简单明了,便于表达有关物理量之间的关系。

数据表格可分为“原始数据记录表格”“实验数据表格”两种,一般将二者合二为一。实验数据表格中除了包括原始数据表格外,还包括有关的计算处理结果以及一些中间计算结果,如平均值、标准偏差、不确定度等,见表 3-3-1 和表 3-3-2。

表 3-3-1 圆环体积测量数据记录表(数据表格编号及名称)

(实验日期、时间:________)
仪器名称:________, 规格型号________, 量程:________(单位), 分度值:________(单位),
准确度等级:________, 零点:________(单位), Δ_{ins} =________(单位), 温度:________(℃)

测量次数 n	高 H/mm	外径 D/mm	内径 d/mm
1			
2			
…			
平均值			

表 3-3-2 圆环体积测量数据表(数据表格编号及名称)

(实验日期、时间:________)
仪器名称:________, 规格型号________, 量程:________(单位), 分度值:________(单位),
准确度等级:________, 零点:________(单位), Δ_{ins} =________(单位), 温度:________(℃)

测量次数 n	高 H/mm	外径 D/mm	内径 d/mm
1			
2~5			
6			
平均值	$\overline{H}=$	$\overline{D}=$	$\overline{d}=$
标准偏差	$S_H=$	$S_D=$	$S_d=$
不确定度	$u(H)=$	$u(D)=$	$u(d)=$
直接测量结果	$H=\overline{H}\pm u(H)=$	$D=\overline{D}\pm u(D)=$	$d=\overline{d}\pm u(d)=$
测量结果	$V=\overline{V}\pm u(V)=$		

3.3.2 作图法

作图法是将一系列数据之间的关系用图形表示出来。通过对图形特征的分析,能够归纳出重要的物理规律。作图法简单、直观,是科学实验最常用的数据处理方法。

1. 图线的类型

(1)函数曲线:表示在一定条件下,某一物理量与另一物理量之间的函数关系。描绘的图形是光滑图线(直线或曲线)。这是物理实验中最常用的图线。

(2)校准曲线:是用来对仪表进行校准时使用的。以电流表校准为例,将被校准的仪表和作为标准的仪表进行比较,以被校表的读数 I_x 作横轴(x 轴),标准表与被校准的仪表的读数差 $\Delta I_x=I_s-I_x$ 作纵轴(y 轴)进行绘制。一般情况下,将相邻校准点间以直线连接,故校准曲线以折线来表示。校准点间隔越小,其可靠程度就越高。校准曲线随被校仪表一起使用,被校仪表指示某一值 I_x,从校准曲线上就可得到它的实际数值为($I_x+\Delta I_x$)。

(3)定标曲线:是一种计算用图。要求直接从图上找出所需的计算值,所以,这种图线一定要严格按测量值的有效数字作图,不得随意扩大与缩小。如热电偶的 $T-\varepsilon$ 定标曲线是用于在定标曲线范围内测量任一温度得到热电偶产生的温差电动势或由测量温差电动势得到对应的温度。

2. 作图方法与规则

为了使图线能清楚地、定量地反映出物理现象的变化规律,并能准确地从图上确定物理量值或求出有关常数,在作图时必须注意准确度要求。作图方法与规则如下:

(1)作图一定要用坐标纸。当确定了图线所要表示的内容和函数的形式之后,根据情况选用毫米坐标纸、单对数坐标纸或其他坐标纸。请预习时根据实验项目的作图需要,自行准备坐标纸。

(2)坐标轴的比例与标度。坐标纸的大小及坐标轴的比例应根据数据的有效数字的位数及结果的需要来定。一般地,数据中可靠的数字在图中也是可靠的,数据中有误差的一位在图中应是估计的。

对应比例的选择符合简单、便于读数的原则。一般选用1:1、1:2、1:5、2:1等为好,不宜选用1:1.5、1:3等。为使图线整齐、美观,应合理布局,使图线比较均匀地充满整个图纸,而不是缩在一个角或偏在一边。纵横两轴的比例可以不同,坐标轴的起点也不一定从零开始。若数据特别大或特别小,可以在坐标轴末端物理量名称或符号之前用乘积因子($\times10^n$)表示。

(3)标明坐标轴。以横轴代表自变量,以纵轴代表因变量,画两条轴线。轴线的末端加箭头,标明所代表的物理量名称或符号及单位(要加括号),并按顺序标出坐标轴整分度上的量值。

(4)标点与连线。将测量数据,用尖铅笔在坐标纸上以“+”“×”“⊙”“Δ”等符号表示,要使各测量数据的坐标准确地落在所标符号的中心。一条实验曲线标同一种符号。当一张图纸上要画几条线时,不同线就用不同符号标记数据点,以资区别。

连线一定要用直尺等作图工具。根据不同情况把数据点连成光滑的直线或曲线。因每一个实验点的误差情况不一定相同,故不应强求图线通过每一个实验点,而要求图线两侧的实验点与图线的距离最为接近且两侧分布大体均匀。这相当于在数据处理中取平均值。连线要细而清晰,过粗会因作图带来附加误差。

(5)写明图线特征,标图名。利用图上的空白位置注明实验条件和从图纸上得出的某些参数,如截距、斜率、极大极小值、拐点和渐近线等。通过计算求某一特征量时。图上需标出被选计算点(一般不要选取实验点)的坐标及计算结果。

在图纸下方或空白位置写出图纸的名称及必要的说明。最后写上实验者姓名、实验日期,将图纸与实验报告订在一起。

在用作图法处理数据时,为使所画图线能真实地反映测量值之间的关系,实验时应根据图线的大致形状选取测量点。若是直线,自变量可等间距变化;若是曲线,则曲率变化越大的地方,测量点应取得越密集,否则所作曲线会“失真”。

图3-3-1所示为一作图法的完整示例。拟合直线的斜率和截距采用数学上的两点法计算得出。选取计算的两点分别为(23.0,77.00)和(50.0,85.00)。

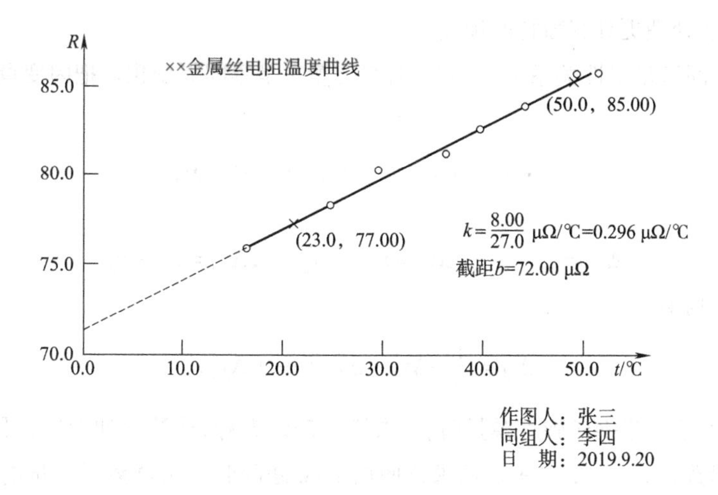

图 3-3-1 作图法示例

3. 作图法的应用

作图法主要用于以下方面：

(1)作图法可以直观地研究物理量之间的变化规律。用两组相关的实验数据作图，可以直观地看出两组数据所代表物理量之间的变化规律，可确定相应函数关系。

(2)作图法可以确定某些物理量的数值。将测量数据作图后，可以从图上直接求出某些间接测量量的数值。如伏安法测电阻中，通过 $u-I$ 直线的斜率求待测电阻值 R_x。

(3)利用图线的内插或外推可以求出某些实验无法测得的物理量。

(4)作仪器的校准曲线和定标曲线。

4. 曲线的改直

多数物理量之间的关系不是线性的，但是在许多情况下，通过适当的变化可以使它们成为线性关系，即把曲线改成直线(或称线性化)。这样对实验数据的处理会很方便。常用的可以线性化的函数举例如下：

(1)$y=ax^b$ 是非线性函数，a、b 为常数，两边取对数 $\lg y=\lg a+b\lg x$，则 $\lg y$—$\lg x$ 图是直线，斜率为 b，截距为 $\lg a$。

(2)$y=ae^{bx}$，a、b 为常数，则 $\ln y=\ln a+bx$，$\ln y$—x 图是直线，斜率为 b，截距为 $\ln a$。

(3)$y^2=2px$，p 为常数，y^2—x 图是直线，斜率为 $2p$。

(4)$y=\dfrac{x}{a+bx}$，a、b 为常数，两边取倒数得 $\dfrac{1}{y}=\dfrac{a}{x}+b$，$\dfrac{1}{y}$ — $\dfrac{1}{x}$ 图是直线，斜率为 a，截距为 b。

(5)$s=v_0t+\dfrac{1}{2}at^2$，v_0、a 为常数，两边都除以 t，得 $\dfrac{s}{t}=v_0+\dfrac{1}{2}at$，$\dfrac{s}{t}$ —t 图是直线，斜率为 $a/2$，截距为 v_0。

3.3.3 逐差法

逐差法也是一种常用的数据处理方法。特别是当自变量与因变量成线性关系而自变量为等间距变化时,用逐差法处理更具有独特的优点。

设两个变量之间满足线性关系 $y=a+bx$,且自变量 x 是等间隔变化。把因变量 y 按测量顺序分成两组

$$y_1,y_2,\cdots,y_n \quad 和 \quad y_{n+1},y_{n+2},\cdots,y_{2n}$$

求出对应项的差值

$$\Delta y_1=y_{n+1}-y_1,\Delta y_2=y_{n+2}-y_2,\cdots,\Delta y_n=y_{2n}-y_n$$

再求上面差值的平均值

$$\Delta\bar{y}=\frac{1}{n}(\Delta y_1+\Delta y_2+\cdots+\Delta y_n)$$

例如,在用拉伸法测量钢丝弹性模量时,每次增加砝码 1 kg,连续增加七次,可得到钢丝伸长过程中八个标尺的读数 $n_0,n_1,n_2,\cdots,n_7$。欲求每增加 1 kg 砝码时标尺读数增大量的平均值。如果不采用逐差法,则

$$\Delta\bar{n}=\frac{1}{7}(n_1-n_0)+(n_2-n_1)+\cdots+(n_7-n_6)=\frac{1}{7}(n_7-n_0)$$

可见中间值全部消掉,只有始末两个测量值起作用,这与一次增加 7 kg 的单次测量等价。采用逐差法则可以得到 $\Delta\bar{n}=\frac{1}{4}[(n_4-n_0)+(n_5-n_1)+(n_6-n_2)+(n_7-n_3)]$。可见全部测量值都起作用。

逐差法具有充分利用测量数据的优点,但是,应用该方法的前提是自变量等间距变化,且与因变量之间的函数关系为线性关系。

3.3.4 最小二乘法

用作图法处理数据虽有许多优点,但它是一种粗略的数据处理方法。不同的人用同一组数据作图,由于在拟合直线(或曲线)时有一定的主观随意性,因而拟合出的直线(或曲线)往往是不一样的。由一组实验数据找出一条最佳的拟合直线(或曲线),常用的方法是最小二乘法。由最小二乘法所得的变量之间的函数关系称为回归方程。最小二乘法拟合亦称最小二乘法回归。限于本课程的教学要求,本书仅介绍最小二乘法进行一元线性拟合。有关多元线性拟合与非线性拟合,读者可在需要时查阅其他专著。

1. 回归方程的确定

最小二乘法线性拟合的原理是:若能找到一条最佳的拟合直线,那么这拟合直线上各点的值与相应的测量值之差的平方和,在所有的拟合直线中应该最小。

假设两个物理量之间满足线性关系,其函数形式可写为

$$y=a+bx \tag{3-3-1}$$

现由实验等精度地测得一组数据 $x_1,x_2,\cdots,x_n;y_1,y_2,\cdots,y_n$。为了讨论简便起见,认为 $x_i(i=1,2,\cdots,n)$ 值是准确的,而所有的误差都与 $y_i(i=1,2,\cdots,n)$ 联系着,那么每一次的测量值 y_i 与方程 $(y=a+bx_i)$ 计算出的 y 值之间的偏差为

$$v_i=y_i-(a+bx_i)$$

根据最小二乘法原理,所有偏差平方之和即

$$S = \sum_{i=1}^{n} v_i^2 = \sum_{i=1}^{n} [y_i - (a + bx_i)]^2$$

为最小值时,所拟合的直线为最佳。此时,求 a、b 取什么值?

根据求极值的条件,令 S 对 a 和对 b 的一阶导数为零,可得

$$\frac{\partial S}{\partial a} = -2\sum_{i=1}^{n}(y_i - a - bx_i) = 0$$

$$\frac{\partial S}{\partial b} = -2\sum_{i=1}^{n}x_i(y_i - a - bx_i) = 0$$

整理以后得到

$$na + (\sum_{i=1}^{n}x_i)b = \sum_{i=1}^{n}y_i$$

$$(\sum_{i=1}^{n}x_i)a + (\sum_{i=1}^{n}x_i^2)b = \sum_{i=1}^{n}x_iy_i$$

或

$$a + \overline{x}b = \overline{y}$$

$$\overline{x}a + \overline{x^2}b = \overline{xy}$$

联立求解,可得

$$a = \overline{y} - b\,\overline{x} \tag{3-3-2}$$

$$b = \frac{\overline{x}\cdot\overline{y} - \overline{xy}}{(\overline{x})^2 - \overline{x^2}} \tag{3-3-3}$$

以上由 a、b 所确定的方程 $v = a + bx$ 是由实验数据 (x_i, y_i) 所拟合出的最佳直线方程,即回归方程。

2. 相关系数

对回归方程 $y = a + bx$ 的确定,在于预先假定了两变量之间存在线性关系。如果实验是要通过 x、y 的测量数据来寻找经验公式,那么还应判断由上述一元线性拟合所找出的线性回归方程是否恰当,这可以用相关系数 r 来判别。

$$r = \frac{\overline{xy} - \overline{x}\cdot\overline{y}}{\sqrt{[\overline{x^2} - (\overline{x})^2][\overline{y^2} - (\overline{y})^2]}} \tag{3-3-4}$$

相关系数 r 表示两个变量之间的关系与线性函数符合的程度。r 值总是在 0 与 ±1 之间,如图 3-3-2 所示。若 $r = \pm 1$,则表示变量 x、y 完全线性相关,拟合直线通过全部实验点;如果 $|r|$ 远小于 1,而接近于零,说明 x 与 y 不相关,不能用线性函数拟合。$r > 0$ 拟合直线的斜率为正,称为正相关;$r < 0$ 拟合直线的斜率为负,称为负相关。

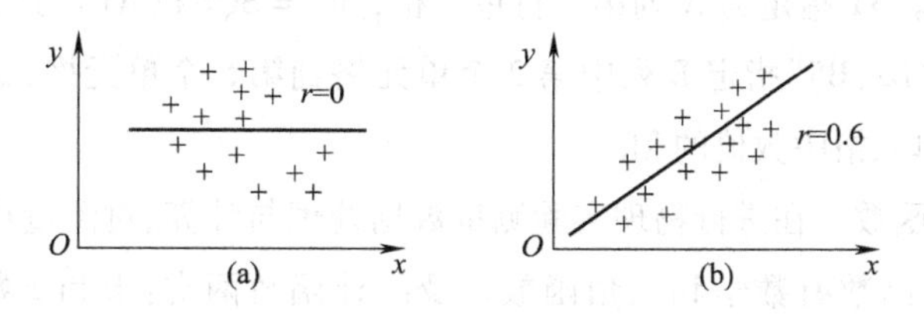

图 3-3-2　相关系数

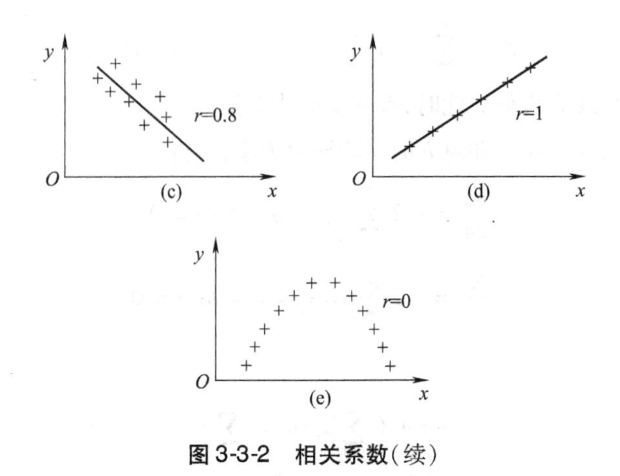

图 3-3-2　相关系数(续)

3.4　计算机或手机在实验数据处理中的应用

计算机技术与智能移动技术的发展促进了物理实验的技术和方法向智能化、信息化、自动化方向发展,也促进了实验数据处理的现代化发展方向。物理实验不仅要测出相关数据,还要对测量结果进行不确定度评定或完成一些其他计算。实现实验数据的智能化处理方法很多,既可以利用 Excel、WPS 和 Origin 等表格处理软件,也可利用 MATLAB、Visual C 等编程软件,还可以利用 Java 编写智能手机 APP。

3.4.1　Excel 或 WPS 在数据处理中的应用

Excel 和 WPS 表格两款软件在处理数据表格、函数运算及数据作图方面拥有类似的功能和操作方法。WPS Office 具有跨平台操作等优点,使得其在物理实验数据处理方面的应用更加方便。

1. 表格处理基本函数

(1)函数语法。函数由函数名 + 括号 + 参数组成。例如,求和函数:SUM(A1,B2,…),SUM 是函数名称,参数与参数之间用逗号“,”隔开。

(2)运算符。运算符包括三类:第一类为公式运算符,包括加(+)、减(-)、乘(*)、除(/)、百分号(%)、乘幂(^);第二类为比较运算符,包括大于(>)、小于(<)、等于(=)、小于等于(<=)、大于等于(>=)、不等于(<>);第三类为引用运算符,包括区域运算符(:)、联合运算符(,)。

(3)单元格的引用。A1 指定为 A 列第一行单元格,如“=SQRT(A1)”运算是对 A1 单元格内的数值进行开平方运算,“B2:B5”指定 B 列中第 2 个单元格到第 5 个单元格,如“=SUM(B2:B5)”运算是求 B2 到 B5 四个单元格中数值的和。

(4)物理实验常用函数。在进行物理实验测量数据处理与计算、对测量结果进行不确定度评定的过程中经常会用到的函数有数学和三角函数以及统计函数两类:求和函数 SUM、求平均值函数 AVERAGE、计数函数 COUNT、求样本的标准偏差函数 STDEV、求平方根函数 SQRT、幂函数 POWER 等。表 3-4-1 中列举了它们的功能和用法的简要说明,详细的内容请参考软件帮助文档或相关书籍。

表3-4-1　物理实验数据处理常用函数列表

函数名称	功　能	用　法
求和函数 SUM	用于将公式中输入的参数相加	“=SUM(10,2)”返回12。“=SUM(B2:B5)”返回B2到B5四个单元格中数值的和
求平均值函数 AVERAGE	返回参数的平均值(算术平均值)	“=AVERAGE(A1:A20)”,返回A1到A20这20个数字的平均值
计数函数 COUNT	计算包含数字的单元格个数以及参计算参数列表中数字的个数	“=COUNT(A1:A20)”计算区域A1:A20中数字的个数
求平方根函数 SQRT	返回算术平方根	“=SQRT(A1)”,返回A1单元格内数值的算术平方根
幂函数 POWER	对数字进行幂运算	“=POWER(5,3)”,返回5^3的值
E 指数函数 EXP	返回e的n次幂。常数e等于2.718 281 828 459 04,是自然对数的底数	“=EXP(2)”,返回自然对数的底数e的2次幂(7.389 056)
近似函数 ROUND	说明ROUND函数将数字四舍五入到指定的位数	如A1中的数值是23.7825,“=ROUND(A1,2)”,将此数值舍入到两个小数位数,返回23.78
圆周率函数 PI()	返回数字3.141 592 653 589 79,即数学常量π,精确到小数点后14位	=PI()*POWER(A1/2,2)
样本的标准偏差函数 STDEV(或STDEV.S)	STDEV(或STDEV.S)使用下面的公式 $\sqrt{\dfrac{\sum(x-\bar{x})^2}{(n-1)}}$	
偏差平方和函数 DEVSQ	返回数据点与各自样本平均值偏差的平方和。偏差平方和的计算公式为 $\mathrm{DEVSQ}=\sum(x-\bar{x})^2$	“=DEVSQ(B5:G5)”,返回B5到G5共五个单元格内数据与它们平均值之差的平方和
斜率函数 SLOPE	回归直线的斜率计算公式如下: $b=\dfrac{\sum(x-\bar{x})(y-\bar{y})}{\sum(x-\bar{x})^2}$	参见图3-4-2最小二乘法处理数据示例
截距函数 INTERCEPT	回归线a的截距公式为:$a=\bar{y}-b\bar{x}$	参见图3-4-2最小二乘法处理数据示例
相关系数函数 CORREL	相关系数的计算公式为 $\mathrm{CORREL}(X,Y)=\dfrac{\sum(x-\bar{x})(y-\bar{y})}{\sqrt{\sum(x-\bar{x})^2\sum(y-\bar{y})^2}}$	参见图3-4-2最小二乘法处理数据示例

2. 表格处理在物理实验数据分析中的应用

(1)不确定度评定。

图3-4-1是根据第2章不确定度评定方法对金属圆筒密度测定的实验结果进行不确定度评定的示例。表3-4-2为圆筒外径D进行直接测量量不确定度评定的公式。表3-4-3为间接测量量ρ的不确定度评定计算公式。

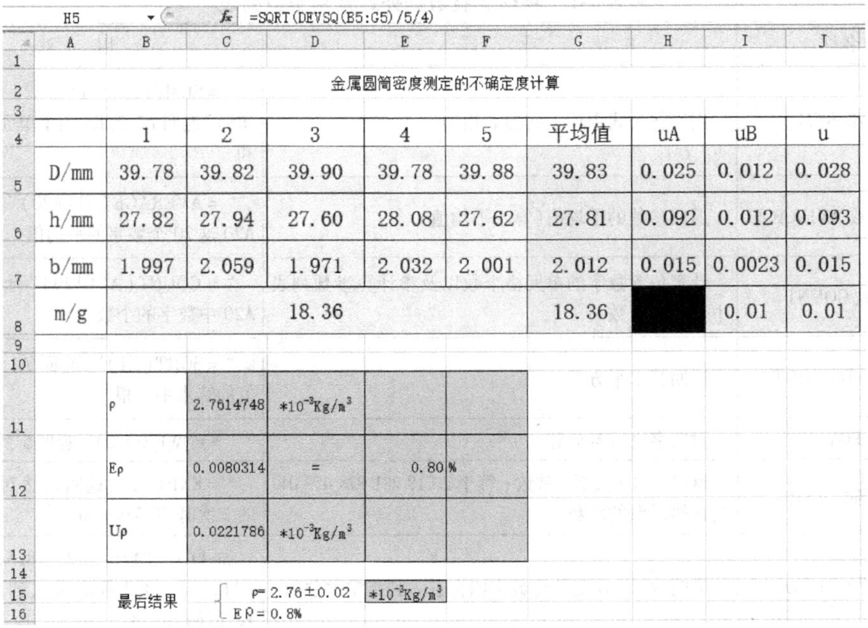

H5　　f_x =SQRT(DEVSQ(B5:G5)/5/4)

金属圆筒密度测定的不确定度计算

	1	2	3	4	5	平均值	uA	uB	u
D/mm	39.78	39.82	39.90	39.78	39.88	39.83	0.025	0.012	0.028
h/mm	27.82	27.94	27.60	28.08	27.62	27.81	0.092	0.012	0.093
b/mm	1.997	2.059	1.971	2.032	2.001	2.012	0.015	0.0023	0.015
m/g			18.36			18.36		0.01	0.01

ρ	2.7614748	$*10^{-3}$Kg/m^3		
Eρ	0.0080314	=	0.80	%
Uρ	0.0221786	$*10^{-3}$Kg/m^3		

最后结果 $\begin{cases} \rho = 2.76 \pm 0.02 & *10^{-3}\text{Kg/m}^3 \\ E\rho = 0.8\% \end{cases}$

图 3-4-1　金属圆筒密度测定结果的不确定度评定

表 3-4-2　直接测量量 D 不确定度评定的公式

单　元　格	计算公式	输入公式
G5	$D = \sum Di/n \quad n=5$	= AVERAGE(B5:F5)
H5	$u_{DA} = \sqrt{\dfrac{\sum\limits_{i=1}^{n}(x_i-\bar{x})^2}{n(n-1)}} \quad n = 5$	= SQRT(DEVSQ(B5:G5)/5/4)
I5	$u_{DB} = \Delta_{仪}/\sqrt{3}$	=0.02/SQRT(3)
J5	$u = \sqrt{U_{DA}^2 + U_{DA}^2}$	= SQRT(H5 * H5 + I5 * I5)

表 3-4-3　间接测量量 ρ 的不确定度评定计算公式

单　元　格	计算公式	输入公式
C11	$\rho = \dfrac{m}{\pi hb(D-b)}$	= G8/PI()/G6/G7/(G5 - G7) * 1000
C12	$E_P = \{(u_m/m)^2 + (u_h/h)^2 + [u_D/(D-b)]^2 + [(D-2b)u_b/(Db-b^2)]^2\}^{1/2}$	= SQRT(J8 * J8/(G8 * G8) + J6 * J6/(G6 * G6) + J5 * J5/((G5 - G7) * (G5 - G7)) + J7 * J7 * (G5 - 2 * G7) * (G5 - 2 * G7)/G7/G7/(G5 - G7)/(G5 - G7))
C13	$u_\rho = \rho \cdot E_\rho$	= C11 * C12

(2)最小二乘法数据处理示例。

在 Excel 表格中利用最小二乘法进行数据拟合有两种方式:一种为利用计算关系式求解;另一种为利用添加趋势线来求解拟合方程的参数。下面以铜丝电阻随温度变化的实验数据为例,分别用两种方法求解 $R(t) = kt + c$ 关系中的 k 与 c 及相关系数 R。

方法一:如图 3-4-2 所示,第一行数据为温度值 t,第二行数据为电阻值 R。Excel 提供的 SLOPE、INTERCEPT 和 CORREL 三个函数,分别对应式(3-3-3)、式(3-3-2)及式(3-3-4)以求解线性函数的斜

率 k、截距 c 及相关系数 R。在 B4 单元格中输入“ = SLOPE(B2 : I2 , B1 : I1)”,在 B5 单元格中输入“ = INTERCEPT(B2 : I2 , B1 : I1)”,在 B6 单元格中输入“ = CORREL(B2 : I2 , B1 : I1)”。按 Enter 键后,B4、B5、B6 单元格中便得到相应的拟合参数。

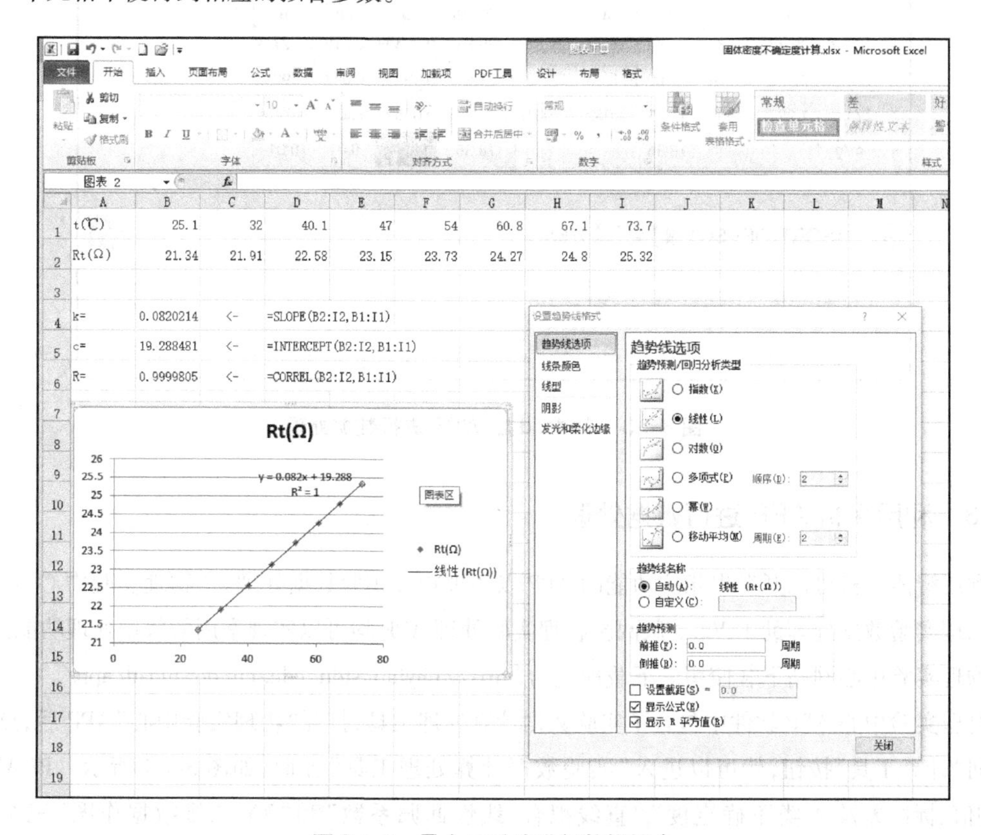

图 3-4-2　最小二乘法进行数据拟合

方法二:选中这些数据,选择“插入”→“散点图”命令。单击散点图,选中最常见的散点图即可,软件就会根据数据绘制出图表。在图表画好的点上右击,在弹出的快捷菜单中选择“添加趋势线”命令,在弹出的“设置趋势线格式”对话框中选中“线性”“显示公式”“显示 R 平方值”。此时可看到在趋势线(即拟合曲线)上显示出拟合结果“$y = 0.082x + 19.288$, $R^2 = 1$”。

3.4.2　利用 WPS Office 手机软件进行数据处理

金山 WPS Office 移动版是运行于 Android、iOS 平台上的办公软件,个人版永久免费。其特点是体积小、速度快,完美支持微软 Office、PDF 等 47 种文档格式。WPS 表格具有强大的表格计算能力,支持 xls/xlsx 文档的查看和编辑,支持 305 种函数和 34 种图表模式,提供专用公式输入编辑器,方便用户快速录入公式。

图 3-4-3 所示为利用 Android 版 WPS Office 打开的 Excel 表格文件,其函数功能可以通用,可以进行数据处理或者编辑表格计算公式。Android 版或 iOS 版 WPS Office 可以通过官方下载网站(http://mo.wps.cn/pc-app/office.html)进行下载使用。

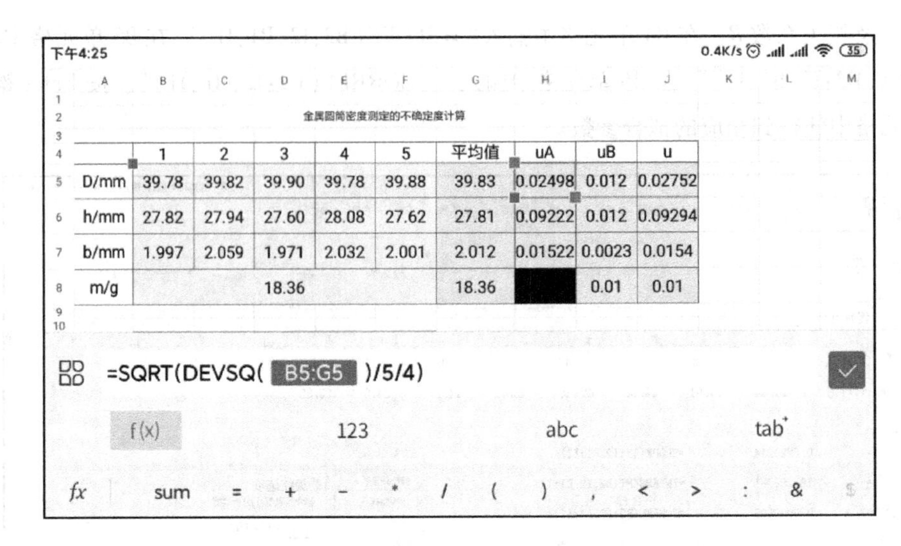

图 3-4-3　Android 版 WPS 进行数据处理

3. 4. 3　利用手机 APP 进行数据处理

利用智能手机可以开发出相应功能的 APP 以实现物理实验数据处理。“物理实验中心 APP”及大学物理实验数据处理助手 V2. 0 版两款物理实验处理 APP 均可以实现常用的数据处理功能。APP 可从物理实验中心网站下载使用。下载地址为 http://phylab. stdu. edu. cn/download/app/。

物理实验中心 APP 软件中包含了实验数据计算处理工具，打开“物理实验中心”APP 后，点击下方中间“计算工具”按钮，就可以进入“实验数据计算处理工具”界面，如图 3-4-4 所示。该 APP 有“平均值、标准差及 A 类不确定度”“直线拟合、线性回归系数”和“XY 二维数据作图”三个基本功能。

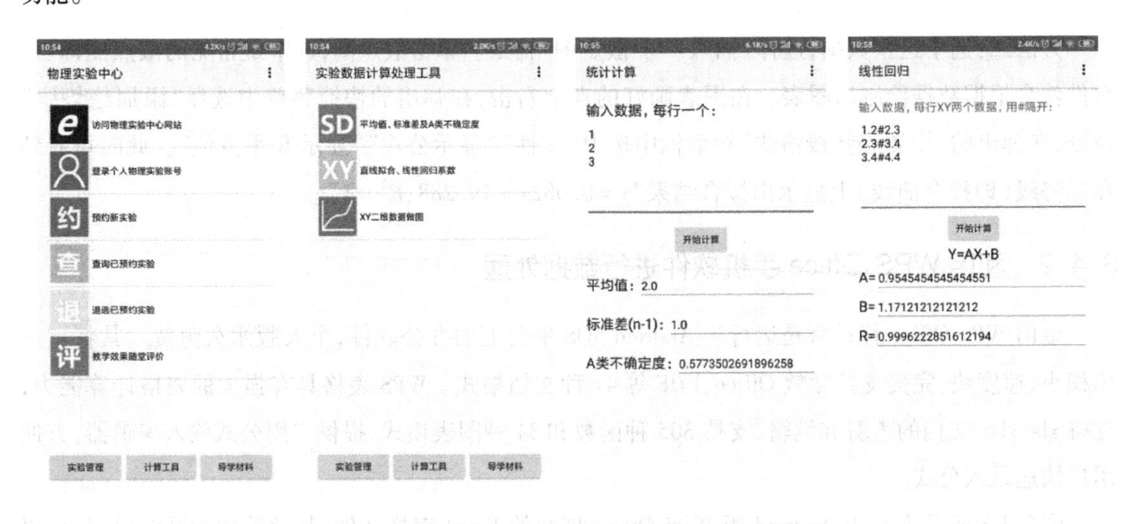

图 3-4-4　物理实验中心 APP 中计算工具运行界面

1. 平均值、标准差及 A 类不确定度

点击进入相应工具，按照提示在“输入数据”栏填写数据，数据之间用回车符隔开，即每行一个

数据。输入完成后点击“开始计算”按钮，即可得到所输入数据列的平均值、标准差及 A 类不确定度。

2. 直线拟合、线性回归系数

点击进入相应工具，按照提示在“输入数据”栏填写数据，每行输入 X、Y 两个数据，数据之间用“#”隔开。输入完成后点击“开始计算”按钮，即可得到所输入 XY 数据列线性回归直线的斜率(A)、截距(B)及相关系数(R)。

3. XY 二维数据作图

点击进入相应工具，按照提示在“输入数据”栏填写数据，每行输入 X、Y 两个数据，数据之间用“#”隔开。输入完成后点击“开始作图”按钮，就可以在下方看到 XY 数据的作图，有助于直观地了解数据规律。

大学物理实验数据处理助手 V2.0 版用于物理实验常用数据处理，具有 8 项功能：数据记录、A 类不确定度、B 类不确定度、合成不确定度、两点法算斜率、最小二乘法、逐差法、数据手动拟合、帮助，如图 3-4-5 所示。

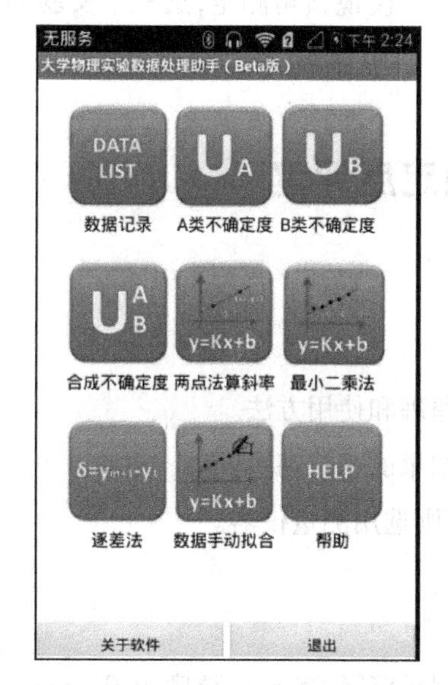

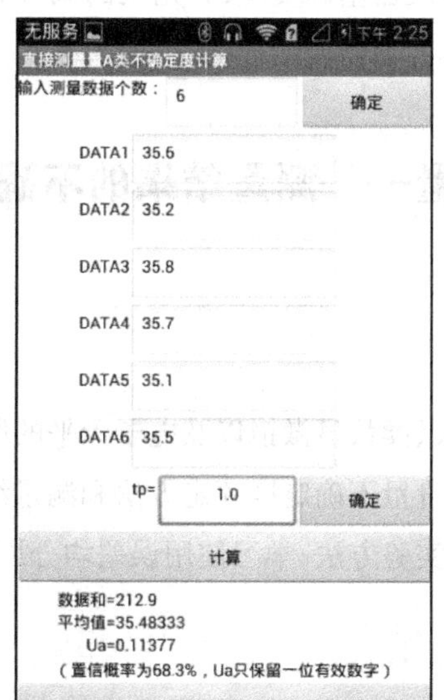

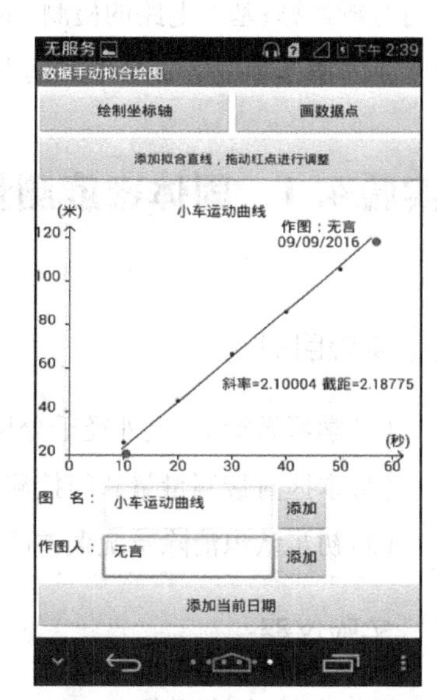

图 3-4-5　大学物理实验助手 V2.0 版进行数据处理界面

第4章 基础性实验

大学物理实验是工科院校本科学生的第一门基础实验课程，需要通过本章的基础性实验，实现从中学到大学的顺利衔接，熟悉实验室的基本教学程序、实验规则和要求。

固体密度测量实验，重点是训练学生数据记录和数据处理的基本能力，并应用误差理论对数据进行分析计算；基本电路的检测、示波器基础实验、分光仪的调节和三棱镜顶角测定，这三个实验的重点是熟悉基本的实验操作及基本的仪器使用规则。

实验4.1 固体密度测量——测量结果的不确定度评定

实验目的

(1)学习游标卡尺、外径千分尺、读数显微镜以及电子天平的原理和使用方法。

(2)掌握直接测量量和间接测量量不确定度评定方法和测量结果的规范书写。

(3)初步认识消除系统误差的实验方法，学习使用误差均分原则选用测量仪器。

实验仪器

游标卡尺(测量范围:150 mm;精度:0.02 mm)、外径千分尺(测量范围:25 mm;精度:0.01 mm)、读数显微镜(测量范围:130 mm;精度:0.01 mm)、电子天平(测量范围:500 g;精度:0.01 g)、圆柱测件、圆筒测件。(仪器说明请参考第9章相关内容)

实验原理

密度是物质基本属性之一。工业上，常通过测定物质密度进行成分分析和纯度鉴定。

设一物体的质量为 m，体积为 V，密度 ρ 为该物体单位体积内所含的质量大小，即

$$\rho=\frac{m}{V} \tag{4-1-1}$$

质量 m 用电子天平测定；V 的测定要根据测件的具体情况而定，对于规则物体可以通过测定边长、半径、厚度等物理量然后进行计算获得，对于不规则物体则要通过特定的方法来测定，如排水法。

1. 规则物体的体积与密度

对形状规则物体,可直接测量质量 m 和外形尺寸,并求其体积 V 和密度 ρ。

例如,圆柱体的直径为 d,高度为 h,质量为 m,则体积 V 和密度 ρ 分别为

$$V=\frac{\pi d^2 h}{4}$$

$$\rho=\frac{m}{V}=\frac{4m}{\pi d^2 h} \tag{4-1-2}$$

2. 不规则物体的密度测量

对形状不规则物体,难测其外形尺寸,但可采用转换方法测定体积和密度,如流体静力称衡法。

3. 密度测量的不确定度评定

密度 ρ 为一间接测量量,实验对某些直接测量量进行多次测量,实施一定的计算获得密度的最佳近似值。同时,还要对测量结果的不确定度进行评定,评定方法和评定步骤按照间接测量量的不确定度评定步骤进行。(请参阅第 2 章相关内容)

数据记录与处理

1. 直接测量量的不确定度评定

(1)零点误差记录(见表 4-1-1)。

表 4-1-1　外径千分尺零点误差记录表

测量次数	1	2	3	平均
零点值/mm				

(2)用外径千分尺测量圆柱直径数据记录及处理(见表 4-1-2)。

表 4-1-2　圆柱体密度数据记录表

直　径	1	2	3	4	5	平均值	u_A	u_B	$u=\sqrt{u_A^2+u_B^2}$
d/mm									
$d_{修正}$/mm									

2. 间接测量量的不确定度评定

对一个金属圆筒进行密度测量并进行不确定度评定。圆筒体密度的计算关系式如下:

$$\rho=\frac{m}{\pi hb(D-b)}$$

式中,m、D、h、b 分别为圆筒质量、外径、高度和厚度,为直接测量量,按照直接测量量不确定度评定步骤得到 m、D、h、b 的绝对不确定度 u_m、u_D、u_h、u_b,再根据间接测量量的不确定度评定步骤求出 E_ρ 和 u_ρ。因为 ρ 是以乘除为主的间接测量量,所以先计算相对不确定度 E_ρ 更容易一些。实验中考虑误差均分原则,不同测量量选用不同的测量仪器以使各量的相对误差均等。D、h 用游标卡尺测量,b 用读数显微镜测量,m 用电子天平测量。相关仪器使用请参阅第 9 章内容。圆筒密度测量数据记录表见表 4-1-3。

表 4-1-3　圆筒密度测量数据记录表

量	1	2	3	4	5	平均值	u_A	u_B	$u=\sqrt{u_A^2+u_B^2}$
D/mm									
h/mm									
b/mm									
m/g									
$\bar{\rho}$									
E_ρ									
ρ	(按测量结果标准表达方式书写)								

注意事项

(1)$\rho=\bar{\rho}\pm u_\rho$,例如,$\rho=(7.796\pm0.002)\times10^3$ kg/m^3。

要遵守的规则有:绝对不确定度保留 1 位有效数字;用科学记数法书写;绝对不确定度与测量值并排书写,测量值的最后保留位与绝对不确定度所在位对齐(测量值的有效数字位数取决于绝对不确定度);不要漏写物理量单位。

(2)测量值的置信概率 $p=68.3\%$。即测量物理量的真值落在$\bar{\rho}-u_\rho\sim\bar{\rho}+u_\rho$ 范围内的概率是 68.3%。该项作为默认值,可以省略。

(3)相对不确定度 E,要求用百分数形式表达,保留 2 位有效数字。

实验分析

(1)待测件不够规则,会造成测量误差。通过 A 类标准不确定度进行分析。

(2)适度增大待测件尺度,可以提高测量精度。通过相对不确定度传递公式进行分析。

(3)遵从误差均分原则选择测量仪器。可以通过相对不确定度计算的各部分量值比较可以看出。

思考讨论

(1)本实验涉及的实验技术有比较法、放大法。试找出对应的内容。

(2)什么是误差均分原则?有何用途?本实验是如何应用的?

实验习题

(1)测量一直径约为 5 cm 小球的直径,如果要求测准到(1/1 000) cm,问需用什么仪器?并说明理由。

(2)根据测量结果的标准表示形式,准确说明其物理含义。

实验 4.2　基本电路的检测

实验目的

(1)掌握基本电路的物理思想,了解各种元器件的功能。

(2)学习用九孔板搭建电路的方法,并学会桥式整流电路和分压、限流电路。

(3)学习使用数字万用表和数字示波器检测电路。

实验仪器

九孔插件板及配套元器件、数字万用表、数字示波器。

实验原理

基本电路的搭建和检测是物理实验教学最基本的技能训练,也是今后学习电子技术必须掌握的知识。所谓基本电路,是指由电器设备和元器件,按基本电路原理以分立元件连接起来的电路,如利用元器件——电源、电阻、电容、电感、二极管、IC(集成电路模块)和开关构成的限流电路、分压电路、电表扩程、整流电路、滤波电路、稳压电路、RC 暂态电路、RL 暂态电路、电桥电路等。

1. 基本电路构建平台——九孔板

(1)九孔板及配套的各种元器件模块。

本实验构建基本电路的平台是九孔插件板(九孔板),它是一种多孔插件模式,实验用的独立元器件可在上面任意安装、组合、拆卸,如图 4-2-1 所示。

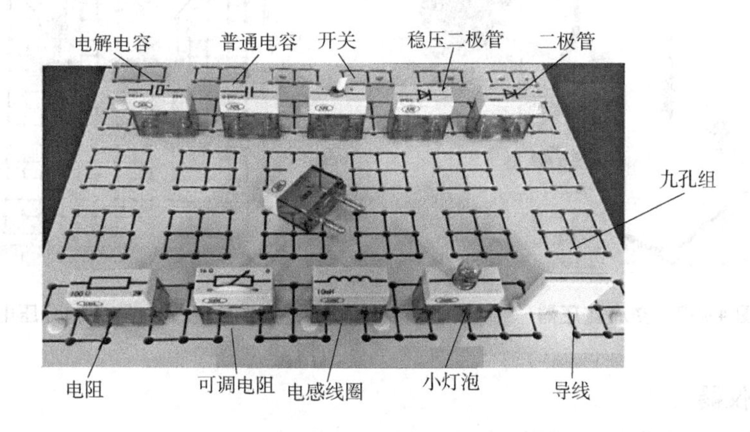

图 4-2-1　九孔板及插件

在九孔板的基板上设置有若干九孔组(图 4-2-1 中共有 24 组),每个九孔组中的九孔内均设有电极片,且电极片之间相互连接,即每个九孔组的九个孔均为等电位点,而两个九孔组之间没有任何连接。与之配套的实验元器件一般选用两脚模块和四脚模块,元器件模块上的相邻各脚之间距离刚好可以使其插接在九孔组之间。这样,元器件模块就可在插件板上自由安装。正是九孔插件板的这种结构,可以使我们在其上自由连接各种元器件模块,如同搭积木一样实现各种电路的连接。

(2)九孔板提供的 LM7805 三端集成稳压器(稳压、降压作用的集成电路器件)如图 4-2-2 所示。

电子产品中,三端稳压集成电路有正电压输出的 LM78 × × 系列和负电压输出的 LM79 × × 系列。顾名思义,三端 IC(集成电路模块)是指这种稳压用的集成电路只有三条引脚输出,分别是输入端(IN)、接地端(G)和输出端(OUT)。输入端可输入 7 ~ 35 V 范围内的电压。

LM78××或LM79××后面的数字代表该三端集成稳压电路的输出电压，如LM7805表示输出电压为+5 V；LM7909表示输出电压为-9 V。

图4-2-2　LM7805稳压器

(3)变压器。

九孔插件板提供的交流变压器如图4-2-3所示，可将市电220 V交流电压分别转换为交流6 V、12 V、18 V。

(4)限流电阻和分压电阻如图4-2-4所示。

限流电阻是由电阻串联于电路中，用以限制所在电路中电流大小的元器件；分压电阻是通过选取定值电阻中，不同阻值上的电压来获得不同电压值的元器件。

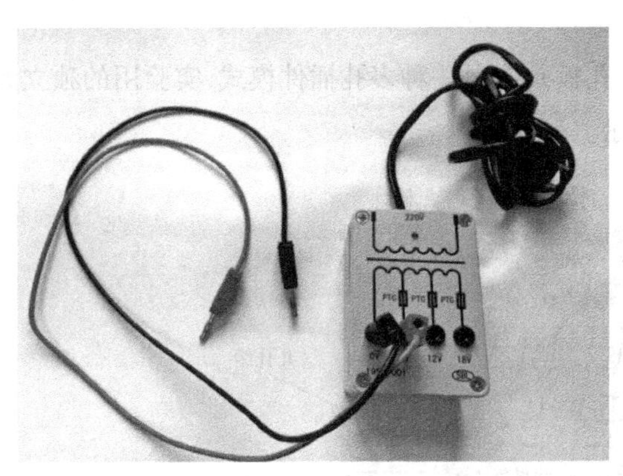

图4-2-3　交流变压器

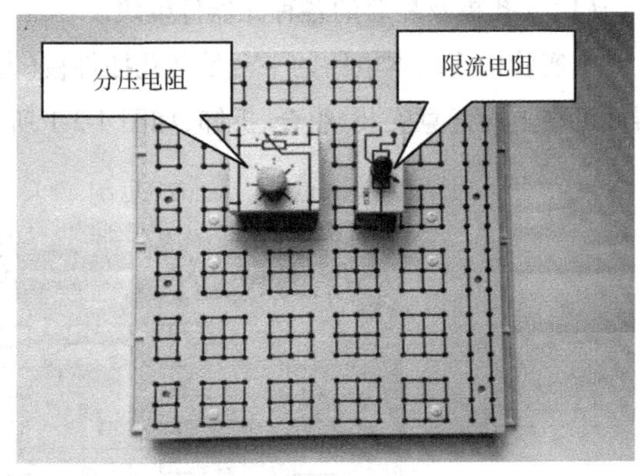

图4-2-4　限流和分压电阻

2. 测量用仪器

(1)数字万用表，如图4-2-5所示。

数字万用表测量注意事项：

①测量前，先确定好测量量，选择好正确的输入接口、功能挡和量程。

②测量电流时(根据要测量的电流大小，将红表笔连至A或mA/μA端子，黑表笔连接至COM端子)，必须把万用表串联在电路中，即先将待测电路连接完整，然后断开待测的电路路径，用测试表笔衔接断口。

③测量电压时(根据要测量的电压大小，将红表笔连至V端子，黑表笔连接至COM端子)，必须把万用表并联在电路中，即将表笔直接接触待测的电路测试点处进行测量。

④测量交流电压、电流时，屏上所显示的数值是正弦交流电的有效值。使用时，电流表串联在电路中，电压表并联在被测电路两端，交流电压表、电流表没有极性之分，但应该注意量程的合理选择。

⑤无论测量什么量，都绝不允许长时间将表笔接通在电路中。

(2)数字示波器，如图4-2-6所示。

示波器原理部分详见实验 4-3，本实验只做简要介绍。使用示波器的自动方式，将待观察的信号经由数据线接入示波器的输入端子，按下 Auto 按键，示波器会处于自动方式并在无外部触发状态下采集波形。

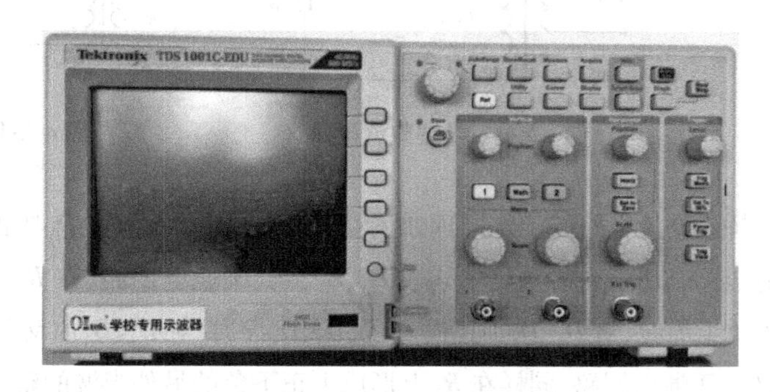

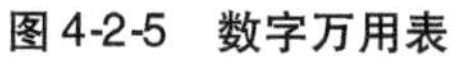

图 4-2-5　数字万用表　　　　图 4-2-6　数字示波器

3. 实验电路介绍

一般电路可分为电源、控制电路和测量电路三部分。控制电路就是控制负载的电流和电压，使其达到预定要求。物理实验常见的电路有限流与分压电路，RC、RL 暂态电路，滤波电路，稳压电路，电桥电路等。本实验仅对限流与分压电路、整流电路进行实际操作。

（1）分压与限流电路。

常见分压电路和限流电路如图 4-2-7 和图 4-2-8 所示，两个电路都是利用滑动变阻器，只调整被测电阻 R_z 的位置，则可分别起到分压和限流的作用。

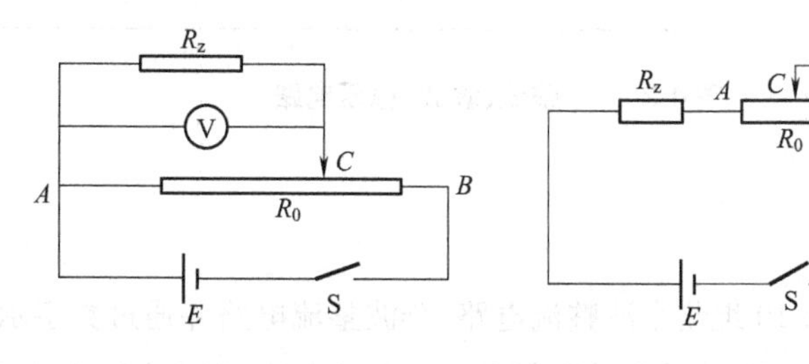

图 4-2-7　分压电路　　　　图 4-2-8　限流电路

（2）整流电路。

电力网供给用户的是交流电，而各种无线电装置需要用直流电。“整流”就是把交流电变为直流电的过程。利用具有单向导电特性的器件，可以把方向和大小交变的电流变换为直流电。下面介绍利用晶体二极管组成的各种整流电路。

①半波整流电路。半波整流电路是一种最简单的整流电路，如图 4-2-9 所示。它由电源变压器 E、整流二极管 D 和负载电阻 R_{fz} 组成。变压器把市电电压（多为 220 V）变换为所需要的交变电压 E_2，D 再把正弦交流电压 E_2，变换为单向脉动电压。

②全波整流电路（本实验使用桥式整流电路）。桥式整流电路是使用最多的一种整流电路。这种电路，只要利用 4 只二极管连接成“桥”式结构，便具有全波整流电路的优点，如图 4-2-10 所示。

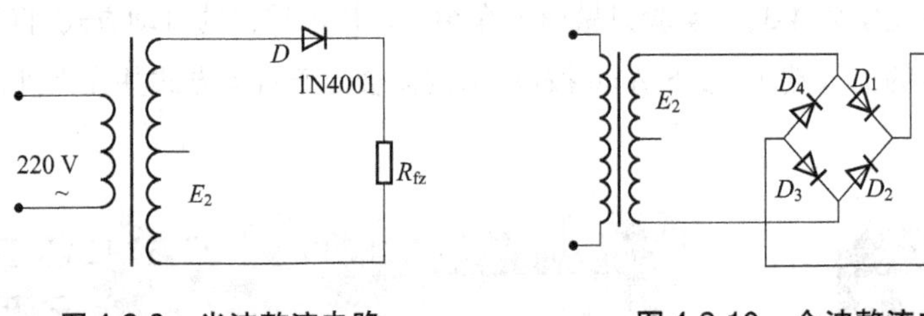

图 4-2-9　半波整流电路　　　　图 4-2-10　全波整流电路

桥式整流电路的工作原理如下：E_2为正半周时，对 D_1、D_3加正向电压，D_1，D_3导通；对 D_2、D_4加反向电压，D_2、D_4截止。电路中构成 E_2、D_1、R_{fz}、D_3通电回路，在 R_{fz}，上形成上正下负的半波整流电压，E_2为负半周时，对 D_2、D_4加正向电压，D_2、D_4导通；对 D_1、D_3加反向电压，D_1、D_3截止。电路中构成 E_2、D_2、R_{fz}、D_4通电回路，同样在 R_{fz}上形成上正下负的另外半波的整流电压。

(3)滤波电路。

经整流电路后输出的电压是含有波动的单向脉动电压，脉动较大时会难以达到稳压的效果，故通过两个滤波电容，利用电容的充、放电作用，滤掉高高低低的脉动，使输出电压趋于平滑，达到输出直流电压的效果，如图 4-2-11 所示。

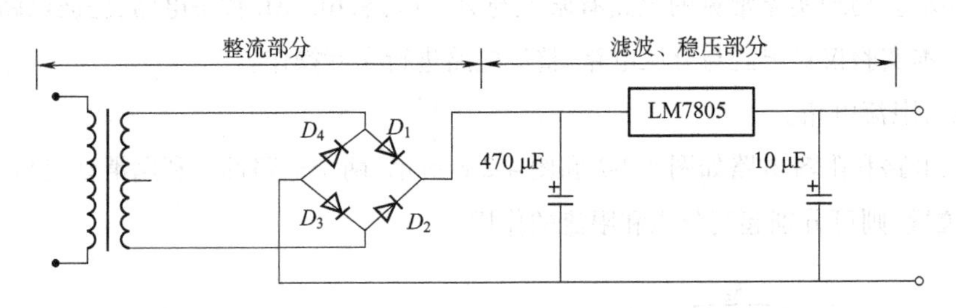

图 4-2-11　整流、滤波、稳压电路

实验内容与步骤

(1)根据图 4-2-9 和图 4-2-10 组装半波整流电路、全波整流电路并通过数字示波器观察未整流的电信号和整流后的电信号。(注意：先用变压器将 220 V 交流电变压成 12 V 的交流电，再进行示波器的观测和整流)要求在坐标纸上画出在示波器上看到的整流前和整流后的电信号图形。

(2)在全波整流滤波电路基础上，利用 LM7805 搭建提供直流稳压的电路，如图 4-2-11 所示。要求用数字万用表测量其输出电压。

(3)测量线性和非线性元件的伏安特性(测量线性电阻、白炽灯元件在直流电路中伏安特性)。

①伏安特性是指元件的端电压与通过该元件电流之间的函数关系。一般线性电阻元件的伏安特性满足欧姆定律。可表示为：$U=IR$，其中 U 为元件两端的电压；I 为通过元件的电流；R 为常量，称为电阻的阻值，它不随其电压或电流改变而改变。非线性电阻元件不遵循欧姆定律，它的阻值 R 随着其电压或电流的改变而改变，即它不是一个常量。

②测量内容：(测量 1 kΩ 电阻与白炽灯的伏安特性曲线)。

a. 在九孔插接板上搭建电源为直流输出的分压电路，调节分压电阻旋钮，使旋钮分别处在 a、b、

c、d、e、f、g 位置，并测量流经负载 R 的电流值及两端电压 U，并计算对应的电阻值。数据记入表 4-2-1 和表 4-2-2 中。

表 4-2-1　线性电阻元件(1 kΩ 电阻)测量数据表

分压电阻位置	a	b	c	d	e	f	g
I/mA							
U/V							
$R=(U/I)/\Omega$							

表 4-2-2　非线性电阻元件(白炽灯)测量数据表

分压电阻位置	a	b	c	d	e	f	g
I/mA							
U/V							
$R=(U/I)/\Omega$							

实验电路如图 4-2-12 和图 4-2-13 所示。

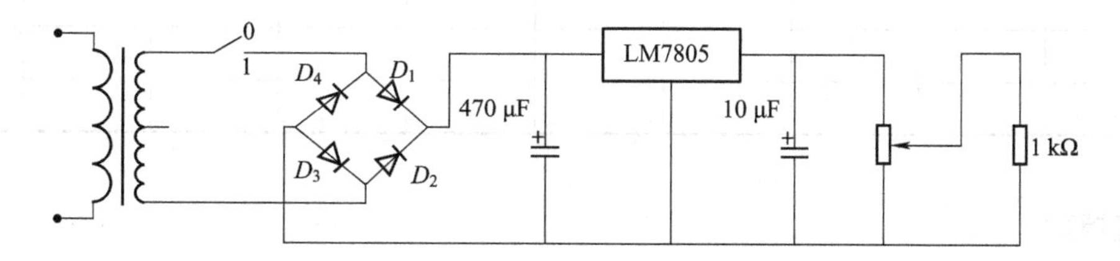

图 4-2-12　线性电阻元件的分压实验电路

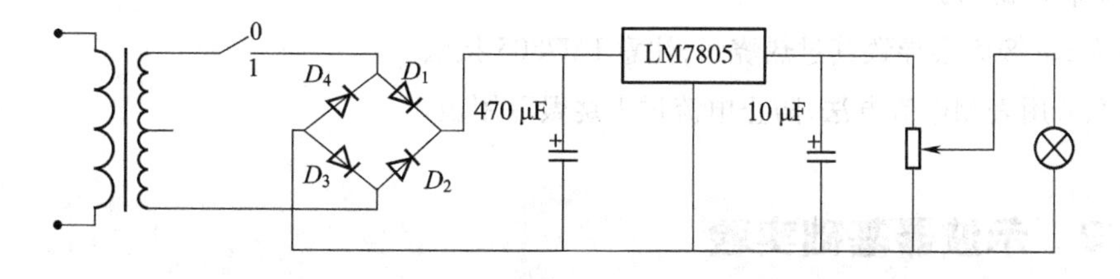

图 4-2-13　非线性电阻元件分压的实验电路

b. 在九孔插接板上搭建电源为直流输出的限流电路，如图 4-2-14 和图 4-2-15 所示，调节限流电阻旋钮，测量负载 R 的电流值及两端电压 U。将数据记入表 4-2-3 和表 4-2-4 中。

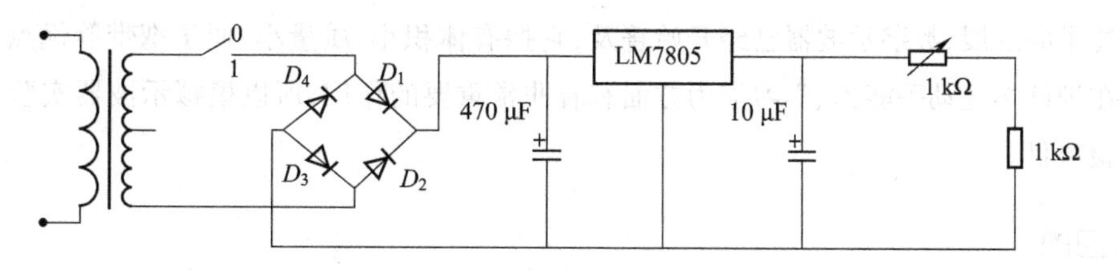

图 4-2-14　线性电阻元件的限流实验电路

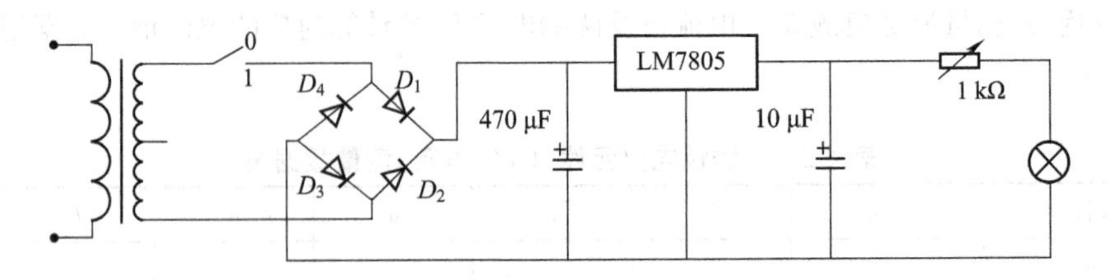

图 4-2-15　非线性电阻元件的限流实验电路

表 4-2-3　线性电阻元件(1 kΩ 电阻)测量数据表

限流电阻位置	0	1	2	3	4	5	6	7	8
I/mA									
U/V									
$R=(U/I)/\Omega$									

表 4-2-4　非线性电阻元件(白炽灯)测量数据表

限流电阻位置	0	1	2	3	4	5	6	7	8
I/mA									
U/V									
$R=(U/I)/\Omega$									

注意事项

(1)分压电路中如果小灯泡在 a、b 点不亮是正常现象,因为此时电流太小。

(2)严禁将电源短路。

(3)错接 LM7805 会导致其过热烧毁,注意 LM7805 接法。

(4)注意万用表测电流方法,防止电流过大烧毁万用表。

实验 4.3　示波器基础实验

示波器是一种用途广泛的测量仪器,它可以把肉眼看不见的电压变化变换成可见的图像,以供人们分析研究。示波器除了可以直接观测电压随时间变化的波形外,还可以测量频率、相位等。如果利用换能器(传感器)还可以将应变、加速度、压力以及其他非电量转换成电压信号并通过示波器进行测量。

随着技术的发展,数字示波器已经开始普及,它拥有体积小、质量小、便于携带等优点。然而模拟示波器在训练学生动手能力、学习能力方面有着非常重要的作用,所以模拟示波器实验还是经典的物理实验项目。

实验目的

(1)了解示波器的基本结构和工作原理。

(2)熟悉示波器的使用方法,能较快地调节出稳定的待测信号波形。

(3)掌握用示波器测电信号幅值、周期、频率及利用李萨如图形测未知信号频率的方法。

(4)了解数字示波器。

实验仪器

模拟双踪示波器、示波器实验教学专用信号源、数字双踪示波器。

实验原理

1. 示波器的基本结构

示波器的规格很多,但不管什么型号的示波器都包括图 4-3-1 所示的几个基本组成部分:显示系统、垂直系统、水平系统,触发系统等。其中显示系统包括示波管(又称阴极射线管,cathode ray tube,CRT),另外还有探头等。

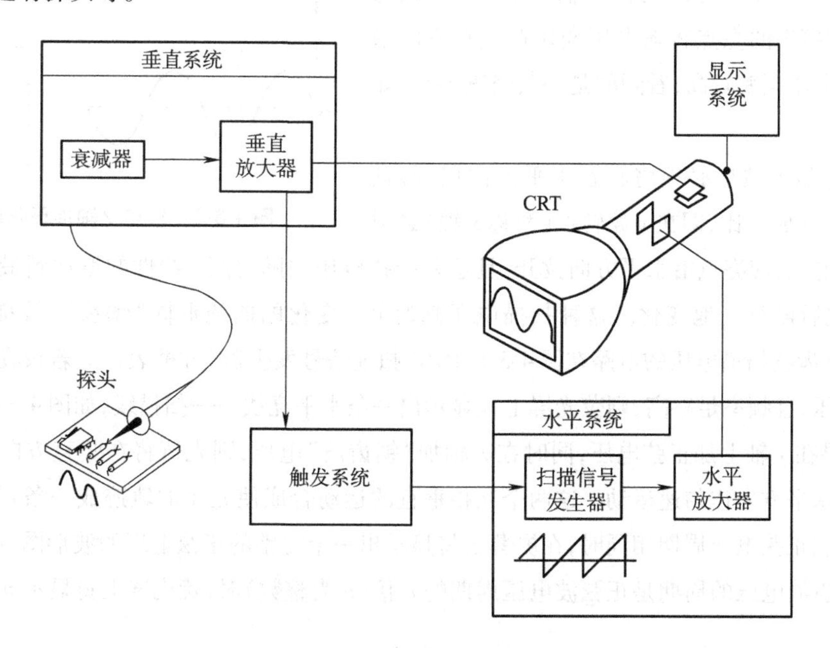

图 4-3-1　示波器的原理框图

示波管的基本结构如图 4-3-2 所示。主要包括电子枪、偏转系统和荧光屏三个部分,全密封在玻璃壳内,里面抽成高真空。

(1)电子枪:由灯丝、阴极、控制栅极、第一阳极、第二阳极五部分组成。示波器面板上的"辉度"调整就是通过调节栅极电位以控制射向荧光屏的电子密度,从而改变荧光屏上光斑亮度的。"聚焦"和"辅助聚焦"调整就是调节第一阳极和第二阳极电位,使荧光屏上的光斑成为明亮、清晰的小圆点。

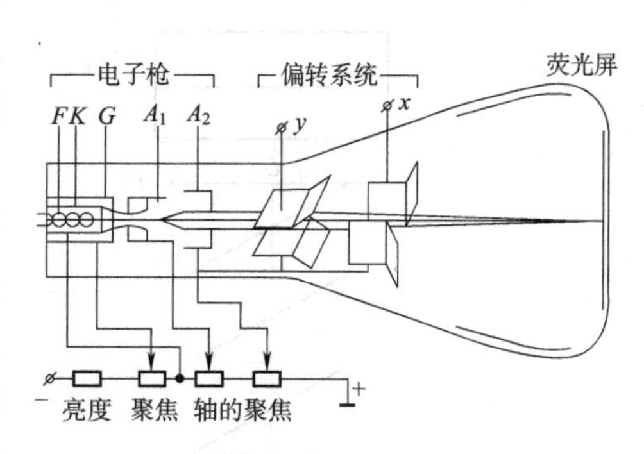

图 4-3-2　示波管的结构简图

A_1—第一阳极;A_2—第二阳极;F—灯丝;K—阴极;G—控制栅极;y—竖直偏转板;x—水平偏转板

(2)偏转系统:它由两对互相垂直的偏转板组成,

一对是竖直偏转板，一对是水平偏转板。在偏转板上加以适当电压，电子束通过时，其运动方向发生偏转，从而使荧光屏上的光斑的位置发生改变。

(3)荧光屏：屏上涂有荧光粉，电子打上去它就发光，形成光斑。

2. x、y 轴信号放大/衰减器

示波管本身相当于一个多量程电压表，这一作用是靠信号放大器实现的。由于示波器本身的 x、y 偏转板的灵敏度不够高，当加在偏转板的信号较小时，电子束不能发生足够的偏转，以致荧光屏上光点的位移太小，不便观测。为此设置 x 轴及 y 轴电压放大器，把信号电压放大后再加到偏转板上。当输入信号电压过大时，则需要在输入端和放大器之间设有衰减器(分压器)，将过大的输入电压衰减，以适应信号放大器的要求。

3. 示波器显示波形的原理

(1)如只在 y 偏转板(简称 y 轴)上加一正弦电压，则电子束打出的亮点将随电压变化在竖直方向来回运动。若电压频率较高，看到的是一条竖直亮线，如图 4-3-3 所示。

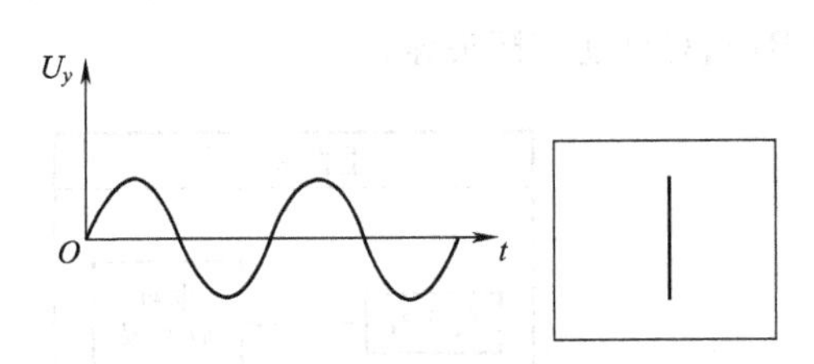

图 4-3-3　只在 y 轴加正弦电压

(2)要想显示波形必须将其在水平方向展开，且使 x 轴与时间 t 成正比，即在 x 偏转板(简称 x 轴)必须加一个扫描电压，使亮点沿水平方向拉开，且这种扫描电压须随时间 t 线性的增加到最大值后突然回到最小，此后再重复地变化。这种扫描电压随时间 t 变化的曲线形同“锯齿”，故称“锯齿波电压”。产生锯齿波扫描电压的电路在图 4-3-1 中用“扫描信号发生器”方框表示。若仅在 x 偏转板上加此扫描电压，且频率足够高，则荧光屏上只显示出一条水平亮线——扫描线，如图 4-3-4 所示。

(3)如果在 y 轴上加正弦电压，同时在 x 轴加“锯齿波”电压，则光斑将在竖直方向作简谐运动的同时还沿水平方向作匀速运动。这两个互相垂直的运动合成使光斑的轨迹成一条正弦曲线。当锯齿波电压和正弦电压周期相同时，在屏幕上将显示出一个完整的正弦电压的波形图，如图 4-3-5 所示。如果锯齿波电压的周期是正弦波电压周期的 n 倍(n 为整数)时，荧光屏上将显示 n 个完整的正弦波形。

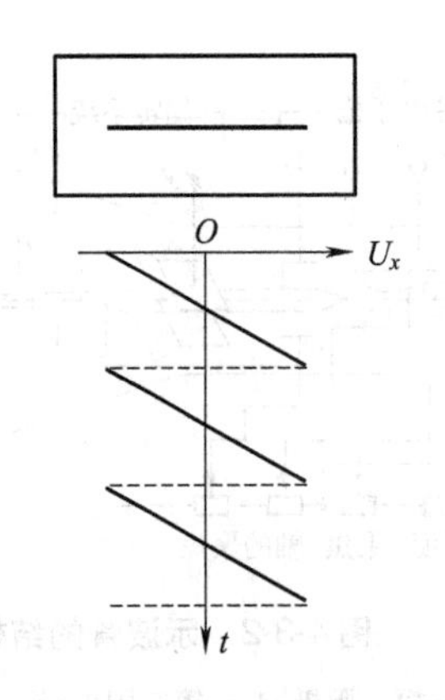

图 4-3-4　只在 x 轴加扫描信号

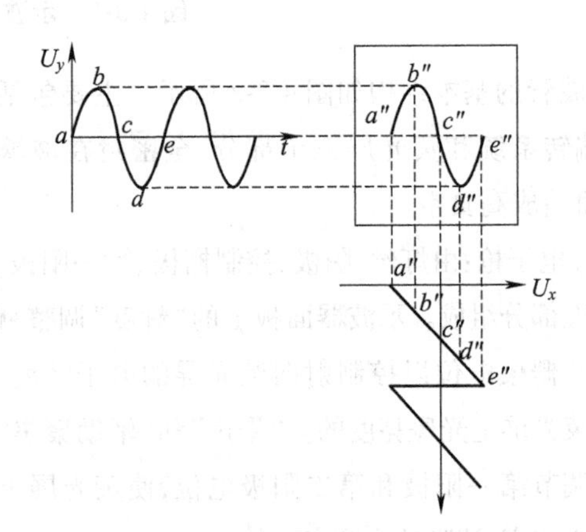

图 4-3-5　正弦电压波形显示原理

(4)若扫描锯齿波电压的周期不是被测(y 输入)信号电压周期的整数倍,则每次扫描的起扫点不重合,屏上的波形不会稳定,将出现波形左右跑动甚至更为复杂的曲线。

为了获得稳定的波形,示波器上设有“扫描速度”“扫描微调”旋钮,用来调节锯齿波电压的周期 T_x(或 f_x),使 $T_x = nT_y$ 成立($n=1,2,3,\cdots$ 由使用者自由选择)。从而使示波器上出现稳定的数目合适的完整波形。

(5)输入 y 轴的被测信号与示波器内部的扫描锯齿电压信号是互相独立的。由于环境或其他因素的影响,它们的周期或频率可能发生微小的改变,这时虽可通过人工调节扫描微调旋钮使波形稳定,但过一会儿,又发生改变,波形又移动起来。在观察高频信号时这一问题尤为突出。为此,示波器内装有扫描同步装置,其实质是将被测信号的一部分引入扫描发生器(见图4-3-1),迫使锯齿波电压的频率自动跟踪被测信号频率的变化,确保 $T_x = nT_y$,这就是所谓的“同步”。面板上的触发“电平”旋钮即为此而设。故显示波形不稳时,在调节“扫描微调”旋钮使波形跑动变慢的基础上,适当调节旋钮“电平”,波形即可稳定下来。

4. 双踪示波器

(1)一般示波器在同一时间里只能观察一个电压信号,而双踪示波器可以在荧光屏上同时显示两个电压信号。为了在只有一个电子枪的示波管(称为单束示波管)的荧光屏上能够同时观察两个电压信号,这种示波器内设有电子开关线路。用电子开关来控制两个 y 轴通道的工作状态,使得待测的两个电压信号 y_A 和 y_B 周期性地轮流作用在 y 偏转板上,这样在荧光屏忽而显示 y_A 信号波形,忽而显示 y_B 信号波形。由于荧光屏荧光物质的余辉以及人眼视觉滞留效应的缘故,在荧光屏上看到的便是两个波形。图4-3-6是双踪示波器的控制电路框图。

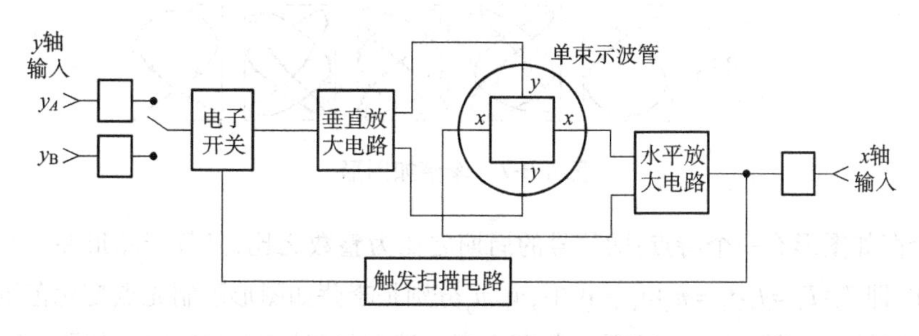

图4-3-6 双踪示波器的控制电路框图

(2)“交替”与“断续”两种工作方式。双踪示波器的 y 轴输入有两个通道,利用电子开关线路把信号 y_A 和 y_B 分别周期性轮流加到 y 偏转板上。其工作方式可分为“交替”和“断续”两种。

①“交替”工作方式。常用 ALT 表示,它是英文 alternate 的缩写。它表示第一次扫描接通 y_A 信号,那么第二次扫描就接通 y_B 信号,如此重复下去,这就是“交替”工作方式。

处于“交替”工作方式时,尽管 y_A 和 y_B 信号波形是交替显示的,但如果扫描频率大于25 Hz,由于荧光物质的余辉和人眼视觉滞留效应,所观察到的波形近乎仍然是持续的,不会有闪烁的感觉。为了能至少显示一个周期的完整波形,待测信号频率不宜低于扫描频率,因此“交替”工作方式不适用于观测低频信号。

②“断续”工作方式。常用英文 chopping 的缩写 CHOP 表示。在每次扫描过程中,快速地轮流接

通两个输入信号 y_A 和 y_B，这种方式称为“断续”工作方式。

在“断续”工作方式时，荧光屏显示的两个波形实际上是由许多不连续的小线段组成的。只要电子开关所控制的通道转换速度足够快，显示的线段足够密集，于是观察到的波形看起来还是连续的。显而易见，在“断续”工作方式时，待测信号的周期要比电子开关通道转换周期大得多，也就是要求待测信号频率远远低于电子开关通道转换频率，因此这种工作方式仅仅用于低频信号测量。

5. 李萨如图形

如果示波器的 x 轴与 y 轴同时输入频率相同或成简单整数比的两个正弦电压，则屏上将呈现特殊形态的光点轨迹，这种轨迹图称为李萨如图形。图 4-3-7 为频率成简单整数比的几组李萨如图形。

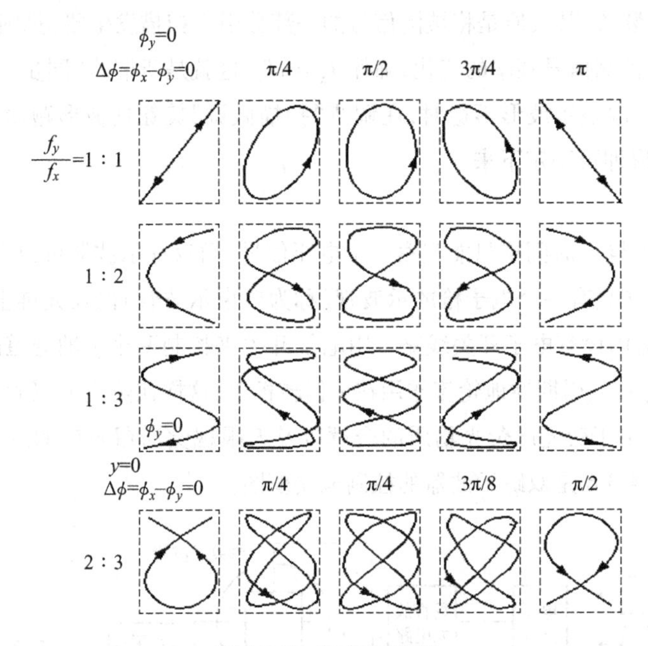

图 4-3-7　李萨如图形

稳定的李萨如图形有一个特点：两信号的周期之比为整数之比，且等于图形在 x 和 y 方向上的外切点数之比，即 $T_x:T_y=f_y:f_x=n_x:n_y$。式中，n_x、n_y 分别是李萨如图形限制光点变化范围的假想方框的横边（x 轴）和竖边（y 轴）上的切点数。但若出现有端点与假想方框相切时（如图 4-3-7 中 $\Delta\phi=0$；$\Delta\phi=\pi$ 的李萨如图形），应把一个端点记为 1/2 个切点。

若有一已知信号的频率，则利用李萨如图形可以很方便地测出另一未知信号的频率，还可得知两信号间的相位差。

实验内容

1. 熟悉示波器

（1）打开示波器和信号源电源。

（2）取带两个小夹子的信号线接到示波器的 CH1 上（侧孔对齐、下压右旋），黑夹子夹在信号源的 GND 上，红夹子夹在信号 3 上。

（3）试着轻调示波器上的各个旋钮，直到示波器上显示出正弦波形。（示波器上旋钮都被打乱，

请耐心尝试）

（4）显示出正弦波后，试着调节旋钮使图形左右移动、上下移动，水平缩放、竖直缩放。

（5）跟随指导老师练习示波器的基本调节直至熟练为止。

2. 校准

（1）调整示波器在屏幕上出现一条（或两条）水平亮线。

（2）设置VOLTS/DIV旋钮（CH1灵敏度选择开关）到0.5 V/DIV，设置SEC/DIV（主扫描时间系数选择旋钮）到0.5 ms/DIV。

（3）找到“校准信号”（0.5 Vp-p，1 kHz for YB4320B），此校准信号为方波。把探头挂到校准信号的吊钩上。（仪器内部共地，此时可省去接地）

（4）通过位移旋钮将波形图像调整到一个合适的位置（方便读格）。调节VOLTS/DIV的校准“微调”旋钮，使波形在y方向占1个大格。调节SEC/DIV的校准“微调”旋钮，使得一个周期在水平方向上占两个大格。

这样，CH1通道的校准就完成了。把校准信号接入CH2，并重复第（3）和（4）步。校准完成后，在整个实验过程中，需要保证这三个校准“微调”按钮不动。

3. 观察并测量输入信号波形及参数

（1）打开信号发生器电源开关，调信号发生器输出频率键，使其输出频率为500 Hz。将此信号输入到示波器CH1或CH2端，调示波器诸键，要求调出稳定、幅值大小适中的可观察到一个或两个完整周期的信号波形。将信号频率（由发生器直接读出）、所用扫描速度键、完整周期数及其在x轴方向所占格数，记录在自拟表格中，在实验过程中，注意体会示波器各按键、旋钮的功能。

（2）测量正弦信号的周期（频率）和幅度。调节信号发生器的频率，测量四种频率不同的正弦波信号周期和幅值。并将所测周期、幅值与信号发生器输出信号的周期、幅值（当作理论值）进行比较。

4. 利用李萨如图形测未知信号频率

调整示波器，利用李萨如图形测未知信号频率。

注意事项

（1）为了防止对示波器的损坏，不要使示波器的扫描线过亮或光点长时间静止不动。

（2）示波器的输入端和探头输出端的最大电压不要高于极限电压值，即y_1、y_2输入极限值为400 V峰-峰值。

（3）测量信号幅度与周期时，应将垂直偏转系数微调开关和扫描微调开关都调到“校准”位置，否则与标准不符。

数据记录与处理

1. 电压测量（见表4-3-1）

表4-3-1　电压测量

信　号	耦 合 方 式	VOLTS/DIV 的使用挡位	信号电压描述
信号1			

续表

信　号	耦 合 方 式	VOLTS/DIV 的使用挡位	信号电压描述
信号 2			
信号 3			
信号 4			

电压信号如果用 $U = A + B\sin(\omega t)$ 来描述，当 $B = 0$ 时，U 为直流信号；当 $A = 0$ 时，U 为交流信号；当 A、B 均不为零时，U 为带直流偏置的交流信号。

2. 周期/频率测量（见表 4-3-2）

表 4-3-2　周期/频率测量

信　号	SEC/DIV 的挡位	一个周期所占格数	周期/ms	频率/Hz
信号 1				
信号 2				
信号 3				
信号 4				

（1）调节信号源至“周期/频率测量”，信号 1 ~ 4 输出四种频率不同的正弦波信号，先测出周期再计算频率。

（2）接线方式同电压测量。

（3）需要调整 SEC/DIV 旋钮（注意微调不能动），使得信号尽可能多的占据屏幕（显示 1 ~ 2 个完整波形），这样测量结果会更准确。

3. 相位差测量（见表 4-3-3）

表 4-3-3　相位差测量

相　位　差	测量点水平距离	一个周期水平距离	相位差/(°)
信号 1 和信号 2			
信号 1 和信号 3			
信号 1 和信号 4			

（1）相位差是指两个同周期信号之间的位相差别，所以需要使用示波器的 CH1 和 CH2 两个通道来测量位相差。这两个信号可以通过交替和断续两种方式来显示。需要把信号 1 接入 CH1，把信号 2、3、4 依次接入 CH2。

（2）示波器选择双踪显示模式，对于 YB4320B 型号，需要确保 CH1 和 CH2 两个按钮已经按下去。

4. 利用李萨如图形测未知信号频率（见表 4-3-4）

表 4-3-4　李萨如图形测量结果

未 知 信 号	画出李萨如图形	频　率　比	频率/kHz
信号 A			

续表

未知信号	画出李萨如图形	频率比	频率/kHz
信号B			
信号C			

①设置示波器为 X-Y 模式。对于YB4320B型号，将SEC/DIV逆时针旋至 X-Y 模式，信号1作为已知信号，频率70 Hz，输入示波器的CH1，作为 X 信号。

②信号2、3、4为待测正弦波信号，分别输入示波器的CH2，作为 Y 信号。画出李萨如图形，根据切点比得到频率比，进而计算出待测信号的频率。

思考讨论

(1)示波器荧光屏上看不到亮线，可能有哪些原因？应如何调节可找到亮线？

(2)在实验内容1和2中，若屏上的图形向左或向右跑动，原因是什么？如何调节才能稳定下来？

实验习题

(1)示波器上图形不断向右跑，说明扫描频率高还是低？用图示法加以说明。

(2)李萨如图形不稳定(不断翻转)是何原因？怎样使其稳定下来？加大触发电平可否？

实验4.4　分光仪的调节和三棱镜顶角测定

分光仪是一种精确测量光线偏转角度的光学仪器。光学中能直接或间接地表现为光线偏转角的物理量，如折射率、光波波长、色散率及光谱等都可以利用分光仪来观察和测量。由于该装置比较精密，操纵控制部件比较多且复杂，故使用时必须按一定的规则严格调整，方能获得较高精度的测量结果。

分光仪的调整思想、方法与技巧在光学仪器中有代表性，学会对它的调节和使用，有助于学习掌握更为复杂的光学仪器。

实验目的

(1)了解分光仪的结构和工作原理。

(2)掌握分光仪的调节方法。

(3)用自准法和平行光法测量三棱镜的顶角。

实验仪器

分光仪、汞灯、双面反射镜、三棱镜。

实验原理

1. 用自准法测量三棱镜的顶角

图4-4-1为自准法测量三棱镜顶角的示意图。固定平台，转动望远镜，利用望远镜内置的“绿色

十字光源”，先使棱镜 AB 面反射的十字像与“叉丝的竖线”重合（即望远镜光轴与三棱镜 AB 面垂直），记下此时刻度盘的两个角度值 θ_1 和 θ_2。然后再转动望远镜使 AC 面反射的十字像与“叉丝的竖线”重合（即望远镜光轴与 AC 面垂直），记下角度值 θ_1' 和 θ_2'（注意方位角标 1、2 不能颠倒），两次读数相减即得 $\angle A$ 的补角 φ。故 $\angle A = 180° - \varphi$，即

$$\angle A = 180° - \frac{1}{2}(\varphi_1 + \varphi_2) = 180° - \frac{1}{2}(|\theta_1' - \theta_1| + |\theta_2' - \theta_2|) \tag{4-4-1}$$

2. 用平行光法测量三棱镜顶角

图 4-4-2 为平行光法测量三棱镜顶角示意图，将三棱镜两个光学面的顶角放在接近平台中心位置，使平行光管射出的光束被三棱镜的两个光学面平分。将望远镜转到三棱镜一侧的反射方向上观察，让望远镜中“叉丝的竖线”与狭缝的像重合，此时读出刻度盘的两个角度值 θ_1 和 θ_2；再将望远镜转到三棱镜另一侧的反射方向，让望远镜“叉丝的竖线”再次对准狭缝的像，读出 θ_1' 和 θ_2'，则三棱镜的顶角为

$$\angle A = \frac{1}{2}\varphi = \frac{1}{4}(|\theta_1' - \theta_1| + |\theta_2' - \theta_2|) \tag{4-4-2}$$

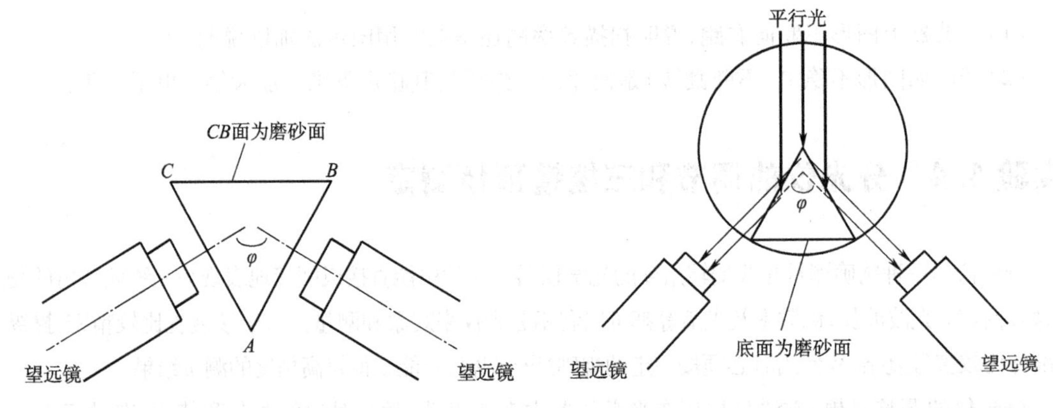

图 4-4-1　用自准法测三棱镜顶角　　图 4-4-2　用平行光法测三棱镜顶角

实验内容与步骤

分光仪中的平行光管和望远镜的光轴分别对应入射光和出射光的方向，而刻度盘和角游标是测量角度的标尺。

为测准光线的偏转角度，测量前应调节分光仪达到以下状态：

（1）入射光线是平行光（即要求调节平行光管，使之发射平行光）。

（2）检测工具能接收平行光（即要求望远镜对无穷远聚焦，接收到的光线成像最清晰）。

（3）光线所形成的平面应精确地与望远镜转动时光轴所扫过的平面，以及刻度盘所在平面平行。由于刻度盘在制造时已垂直于仪器主轴，因此，要求调整平行光管光轴、载物台平面和望远镜的光轴三者均垂直于分光仪的仪器主轴。

具体操作步骤分“目测粗调”和“细调”两步进行：

(1)目测粗调。

从分光仪的各个侧面调节，使望远镜和平行光管光轴大致与仪器主轴垂直，调节载物台下面三个“调平螺钉”将平台支撑的高度尽量相同。粗调完成后，按照图 4-4-3 将双面镜放置的到载物台上，要求望远镜垂直于双面镜的“正面”和“反面”时，均能在视场中呈现清晰的绿色“十字像”。

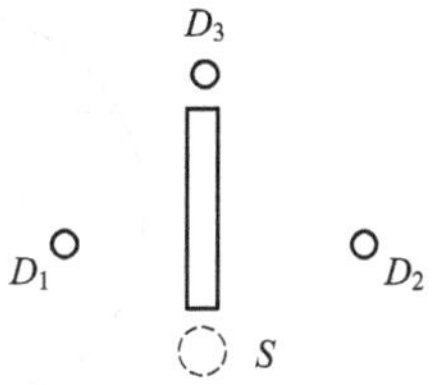

图 4-4-3　分光仪目测粗调完成后双面镜相对载物台“调平螺钉”和“样品架”的放置位置

(2)细调分光仪。

①望远镜调节。调节“目镜视度调节手轮”使目镜中两横一竖的“叉丝”最清晰。然后调节“望远镜焦距调节螺钉”使双面镜反射回来的绿色“十字像”最清晰，且同“叉丝”无视差。此时望远镜聚焦无穷远，能够接收平行光。

转动游标盘(连同平面镜)，从望远镜中观察双面镜反射回来的两个绿色“十字像”。如果反射回来的两个“十字像”都与“叉丝上水平线”等高，则说明望远镜光轴与仪器主轴垂直，这也是判断“垂直”的标准。这里所说的“等高”是指微微转动平台时，十字像恰好沿着“叉丝的上水平线”水平移动。在没有调节的情况下，望远镜一般不能满足以上要求。

为了将望远镜光轴调至与仪器主轴垂直，我们讨论两种极端情况。首先，假设载物台严格水平，望远镜倾斜，如图 4-4-4(a)所示，不难发现反射回来的两个“十字像”，必然同时处于“叉丝上水平线”上方或下方，并且距离“叉丝上水平线”基本等距，此时调节“望远镜高低调节螺钉”，则“十字像”必然同时向上或向下移动，且移动距离基本相等；其次，若望远镜严格水平，载物台倾斜，如图 4-4-4(b)所示，此时反射回来的两个“十字像”，一个处于“叉丝上水平线”上方，另一个处于“叉丝上水平线”下方，且距离“叉丝上水平线”基本等距，若调节载物台“调平螺钉”，则两个“十字像”会同时向“叉丝上水平线”靠拢，且移动距离基本相等。

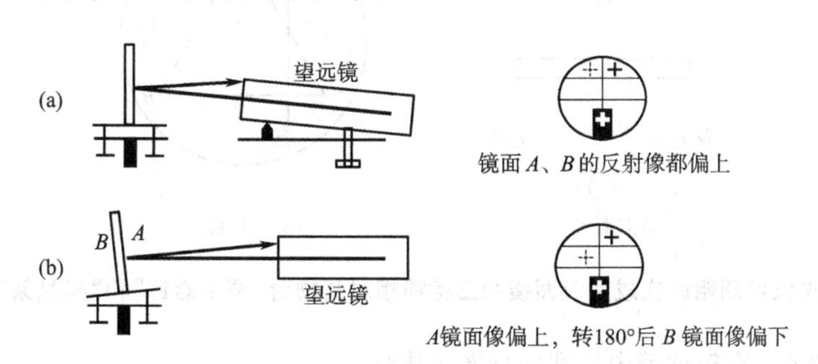

图 4-4-4　十字像和望远镜、平台的关系

根据绿色“十字像”的以上特点，我们采用“逐次逼近各半调整法”将望远镜光轴调平。若从望远镜中看到双面镜反射回来的“十字像”与“叉丝上水平线”不等高，如图 4-4-5(a)所示，假设竖直方向相差距离 h。先调整“望远镜高低调节螺钉”使差距减小为 $h/2$，如图 4-4-5(b)所示。然后调节距离望远镜最近的“载物台调平螺钉”，即图 4-4-3 中的 D_1 或 D_2，将“十字像”调至同与“叉丝上水平线”等高，如图 4-4-5(c)所示。再将载物台旋转 180°，采用同样的方法调节另一面的“十字像”。如此反

复调整,直至双面镜两个反射面反射回来的“十字像”均与“叉丝上水平线”等高。

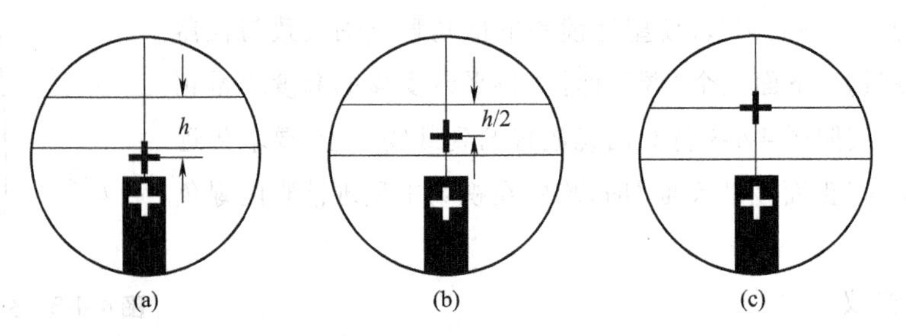

图 4-4-5 “逐次逼近各半调整法”示意图

需要指出,此时望远镜光轴垂直于分光仪“主轴”,之后禁止再调节“望远镜高低调节螺钉”。

②载物台调节。将平面镜垂直转动 90°,使双面镜晶面垂直“样品架 S”和载物台“调平螺钉 D_3”的连线,如图 4-4-6(a)所示。调节载物台螺钉 D_3,使平面镜其中一面的“十字像”同“叉丝上水平线”等高,此时载物台基本水平。进一步取下平面反镜,按照图 4-4-6(b)所示方式换上三棱镜。让望远镜分别垂直于三棱镜的两个抛光面,再次找到反射回来的两个强度变弱的“十字像”,逐次调节距离望远镜最近的“载物台调平螺钉 D_1 或 D_2”使“十字像”再次同“叉丝上水平线”等高。然后完成用自准法测量三棱镜顶角的测量工作。

需要指出,若无法看到三棱镜的两个抛光面各自反射的“十字像”,则认为是载物台不平。此时需要再次调节载物台下面三个“调平螺钉”,使平台被支撑的高度尽量相同,然后按照图 4-4-6(b)所示方式再次放置三棱镜,观察寻找反射回来的两个强度变弱的“十字像”,如此反复,直到看到三棱镜两个反射面反射的绿色“十字像”。

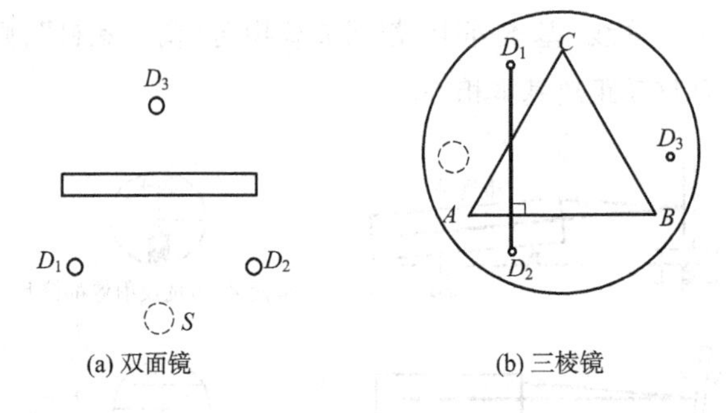

图 4-4-6 分光仪目测粗调完成后双面镜和三棱镜相对载物台“调平螺钉”和“样品架”的放置位置

③平行光管调节。在望远镜中找到平行光管狭缝所成的像,然后调节平行光管透镜到狭缝之间的距离和狭缝宽度,使狭缝的像最清晰。转动狭缝至水平状态,调节平行光管“高低调节螺钉”,使狭缝的像被分划板下水平线平分,如图 4-4-7(a)所示。这时平行光管的光轴已与分光仪的主轴相垂直。再把狭缝转回至竖直状态,并需保持狭缝像最清晰而且无视差,如图 4-4-7(b)

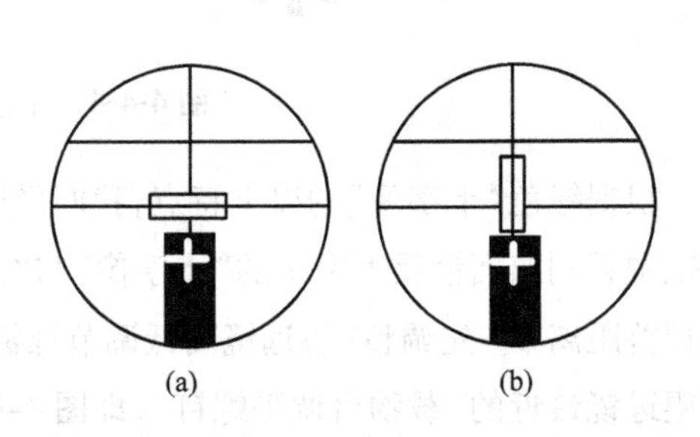

图 4-4-7 狭缝的像与“叉丝”的位置关系

所示。按图 4-4-2 的要求将三棱镜放置在载物台上，使三棱镜的两个抛光面平分来自平行光管的光线，用平行光法测出三棱镜的顶角。

注意事项

（1）调节分光仪时必须严格按照步骤进行，先后次序决不能颠倒，否则调节无效，必须重调，因为后面步骤的调节是以前面为基础的。

（2）望远镜调平后，不能再调节望远镜“高低调节螺钉”，否则前功尽弃。

（3）调载物台时无法看到三棱镜两个抛光面反射的绿色“十字像”，需反复粗调载物台。

（4）读数时，读 θ_1 的游标对应读 θ'_1，读 θ_2 的游标对应读 θ'_2。

（5）注意计算 φ 角时，如果出现 $|\theta_1-\theta'_1|>180°$ 或 $|\theta_2-\theta'_2|>180°$ 时，应将小示数的值加上 360°进行运算。

数据记录与处理

三棱镜的顶角测量数据记录表见表 4-4-1。

表 4-4-1　三棱镜的顶角测量数据记录表

方　法	θ_1	θ_2	θ'_1	θ'_2	$\angle A$
自准法					
平行光法					

思考讨论

（1）在调节望远镜时，如何判断叉丝和十字像是否在同一平面上（即如何判断有无视差）？

（2）载物台下边有三个调节螺钉用来调节其倾斜度，为了在实验中便于调节，对于平面镜和三棱镜应分别如何放置？并在图 4-4-8 中画出。

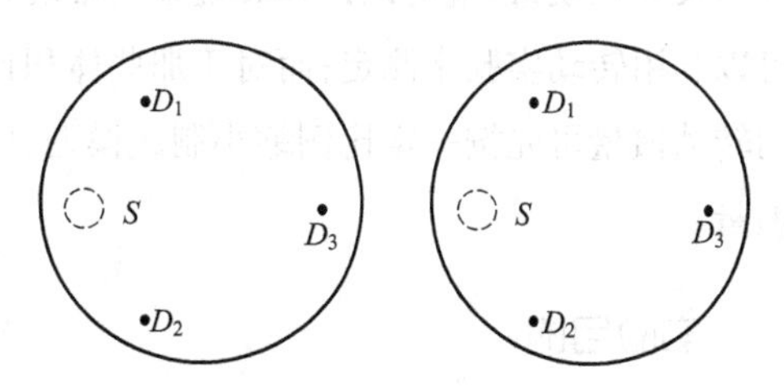

图 4-4-8　思考讨论（2）用图

（3）在测角时，某个游标第一次读数为 343°56′，第二次为 33°28′，游标经过圆盘零点和不经过圆盘零点时所转过的角度分别是多少？

实验习题

若角游标刻度盘中心 O 跟游标中心 O' 不重合（见图 4-4-9，图画得夸张），则游标转过 φ 角时，从刻度盘读出的角度 $\varphi\neq\varphi_1\neq\varphi_2$，但 φ 总等于 φ_1 和 φ_2 的平均值，即 $\varphi=\varphi_1+\varphi_2$，试证明之。

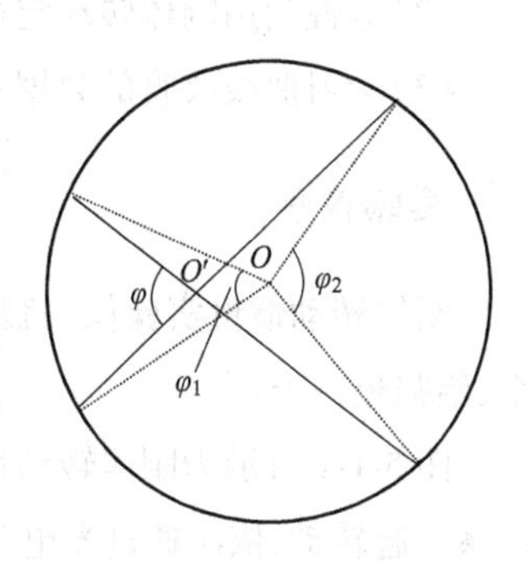

图 4-4-9　实验习题用图

第 5 章 综合性实验 I

本章所列实验项目都是经典的物理实验，每项实验都包含典型的实验方法、实验技术、技巧、数据处理方法等。通过实验提升学生的综合实验能力。建议每项实验按 4 学时安排。

实验 5.1　刚体转动惯量的测量

刚体转动是物体的一种普遍运动形式。刚体转动定律是描述这一运动形式的基本定律，刚体转动惯量则反映物体转动时惯性大小的量度。二者对于研究实际物体的运动，机械设计、制造具有较强的实用价值，尤其在设计枪炮的弹丸、电机转子、钟表摆轮、机器零件时，对转动惯量的考虑是必不可少的。

刚体的转动惯量与刚体的总质量、形状和转轴的位置有关。对于形状简单的均匀刚体，测出其外形尺寸和质量，就可以计算其绕某一轴旋转的转动惯量；对于形状复杂，质量分布不均匀的刚体，可以利用转动实验来测定；而对于那些体积比较大的不规则物体，如雷达天线、高炮等，要测出它们的转动惯量可先按一定比例缩小制成模型，由转动实验测定，再通过计算求出真实物体绕轴的转动惯量。

实验目的

（1）用实验方法检验刚体的转动定律。

（2）掌握利用刚体转动定律测定刚体转动惯量的实验方法。

（3）学习曲线改直的数据处理方法。

实验仪器

刚体转动惯量实验仪一套、毫秒计时器一台（请通过网站查询该仪器的使用说明书）、铝圆环一个、铝圆板一个。

图 5-1-1 所示为刚体转动惯量实验仪，转动体系由十字形承物台和绕线塔轮组成。遮光细棒随体系一起转动，依次通过光电门不断遮光，两光电门将光信号转换成电信号分别输入到双通道电子毫秒计的 A 路和 B 路计时端，以测量转动所经历的时间。在实验仪十字形承物台上，沿半径方向有

等距的三个小孔，如图 5-1-2 所示，小钢柱可以插入在这些小孔的位置上，小孔之间的距离为 d。

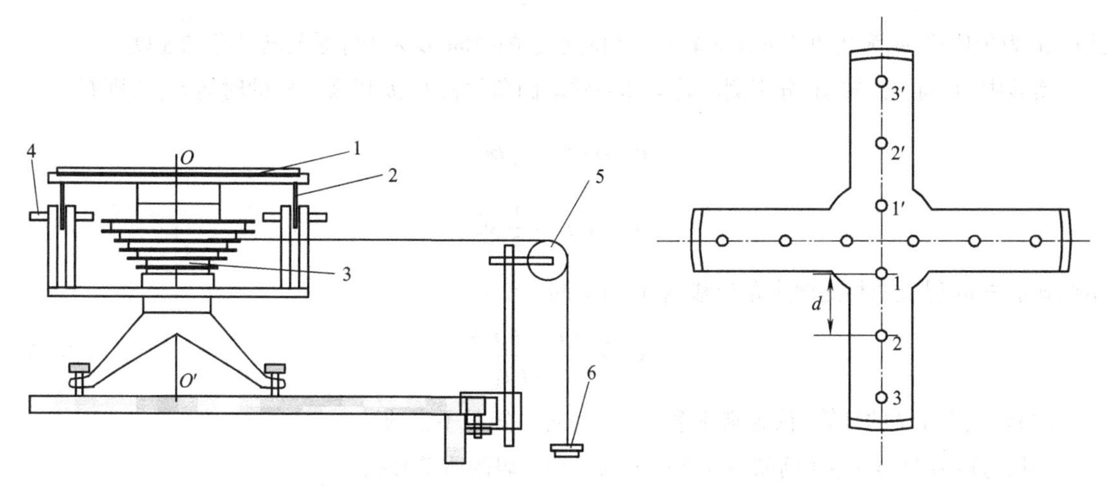

图 5-1-1　刚体转动惯量实验仪

1—承物台；2—遮光细棒；3—绕线轮；4—光电门；5—滑轮；6—砝码

图 5-1-2　承物台俯视图

实验原理

刚体的转动惯量一般指刚体绕某一轴转动时惯性大小的量度，因此，研究或测量一个刚体的转动惯量，最简便直接的方法是令其绕一固定转轴旋转，通过测量其所受的合外力矩及角加速度，根据刚体的转动定律，计算转动惯量。

如图 5-1-1 所示，实验台无载物（空载）转动时，转动体系由承物台和塔轮组成，体系对转轴的转动惯量为 I_0。承载时，转动体系对转轴总的转动惯量为 I，待测物对转轴的转动惯量为 I_x，则 $I_x = I - I_0$。

测量时，令砝码 m 以加速度 a 下落，带动刚体系以角加速度 β 旋转，此时刚体系受的外力矩是线的拉力矩 M_T 和轴上的摩擦力矩 M_μ。如果略去滑轮和细线的质量以及滑轮轴上的摩擦力，认为线的长度保持不变，当拉力 T 与 OO' 垂直时，有

$$M_T = m(g - a)r$$

式中，r 为塔轮半径，由转动定律有

$$m(g - a)r - M_\mu = I\beta \tag{5-1-1}$$

式中，I 为刚体系绕 OO' 轴旋转的转动惯量。

为了使问题简化，实验中控制 a 令其满足 $a \ll g$（如何满足？），则（5-1-1）式可近似为

$$mgr - M_\mu = I\beta \tag{5-1-2}$$

由此可知，测定转动惯量 I 的关键是确定角加速度 β 和摩擦力矩 M_μ。

1. 计算法测定刚体的转动惯量及验证转动定律

（1）角加速度 β 的测量。

在转动过程中，认为刚体系所受的摩擦力矩是不变的，因此，可以把转动视为匀变速转动，故体系的运动可描述为

$$\theta = \omega_0 t + \frac{1}{2}\beta t^2$$

式中,θ 为角位移;ω_0为初角速度;t 为转动 θ 角时经过的时间;β 为刚体系旋转的角加速度。

实验中,对同一次转动,分别测出转动体系转动的角位移 θ_1、θ_2以及对应的时间 t_1、t_2,则有

$$\theta_1 = \omega_0 t_1 + \frac{1}{2}\beta t_1^2$$

$$\theta_2 = \omega_0 t_2 + \frac{1}{2}\beta t_2^2$$

由两式消去 ω_0得(注意:这两个角位移 θ_1、θ_2对应同一个 ω_0)

$$\beta = \frac{2(\theta_1 t_2 - \theta_2 t_1)}{t_1^2 t_2 - t_1 t_2^2} \tag{5-1-3}$$

(2)转动惯量 I 的计算(认为刚体系所受的摩擦力矩是不变的)。

当拉力矩为 $M_1 = m_1 gr$(例如 $m_1 = 5m$,m 为一个砝码的质量)时,

$$m_1 gr - M_\mu = I\beta_1$$

当拉力为 $M_2 = m_2 gr$(例如 $m_2 = 2m$)时,

$$m_2 gr - M_\mu = I\beta_2$$

以上两式消去 M_μ,得

$$I = \frac{(m_1 - m_2)gr}{\beta_1 - \beta_2} \tag{5-1-4}$$

将分别用外力矩 $M_1 = m_1 gr$ 和 $M_2 = m_2 gr$ 得到的 β_1和 β_2代入上式,即可得到 I。对于空载,则得到的是 I_0。

如果测量铝环绕轴的转动惯量,可先测量承载时的转动惯量 I,再测量空载时的转动惯量 I_0,则铝环绕轴的转动惯量 $I_x = I - I_0$。

由式(5-1-4)可知,此种方法的关键是测准角加速度 β,归根到底是测准时间 t,亦即此种方法的测量准确度将受限于时间 t 的测量。若采用通常秒表,用手工测量,时间的误差通常在 0.1 s 左右,由此引入的角加速度误差很大,为此,计算法测转动惯量时,采用配有光电接收装置的电脑毫秒计时器测时。

2. 最小二乘法测定刚体的转动惯量

图形的线性化即曲线改直,它是处理数据时常用的方法。这是因为图形线性化了,比较容易判断是否与预期的理论结果相符合。随着计算机的普及和应用,利用计算机进行测量数据的线性回归处理不仅克服了手工计算的烦琐,而且为数据处理工作开辟了更为广阔的天地。以下便是这种方法的具体应用。

(1)令刚体系的初角速度 $\omega_0 = 0$(如何实现?),则上面转动体系的运动方程可写为

$$\begin{cases} \theta = \frac{1}{2}\beta t^2 \\ \beta = \frac{2\theta}{t^2} \end{cases} \tag{5-1-5}$$

将式(5-1-5)代入式(5-1-2)得

$$mgr - M_{\mu} = \frac{2I\theta}{t^2} \tag{5-1-6}$$

（2）分两种情况讨论。

①如果保持刚体系结构不变，转过的角度 θ 和外力臂 r 不变，式(5-1-6)中 m 与 t 的关系可改写为

$$m = \frac{2\theta I}{grt^2} + \frac{M_{\mu}}{gr} = k_1 \frac{1}{t^2} + C_1 \tag{5-1-7}$$

式中，$k_1 = \frac{2\theta I}{gr}, C_1 = \frac{M_{\mu}}{gr}$。

式(5-1-7)表明，这种情况下 m 与 $\frac{1}{t^2}$ 成线性关系。只要测出不同质量砝码 m 使体系转过相同角度 θ 所对应的时间 t，就可利用最小二乘法求出 m—$\frac{1}{t^2}$ 的直线拟合方程及线性相关系数。此直线拟合方程的一次项系数即为 $k_1 = \frac{2\theta I}{gr}$，常数项 $C_1 = \frac{M_{\mu}}{gr}$。由此可求出转动惯量 I 和摩擦力矩 M_{μ}，并由线性相关系数 R 的数值可间接检验转动定律。

②如果保持刚体系结构不变及 θ、m 不变，式(5-1-6)中 r 与 t 的关系可改写为

$$r = \frac{2\theta I}{mgt^2} + \frac{M_{\mu}}{mg} = k_2 \frac{1}{t^2} + C_2 \tag{5-1-8}$$

式中，$k_2 = \frac{2\theta I}{mg}, C_2 = \frac{M_{\mu}}{mg}$。

式(5-1-8)表明，这种情况下 r 与 $\frac{1}{t^2}$ 成线性关系。只要测量时用同一个砝码，转过相同角度 θ，在不同塔轮半径下所对应下落时间 t，同样可利用最小二乘法求出 r—$\frac{1}{t^2}$ 的直线拟合方程及线性相关系数，进而求出 I 及 M_{μ} 值。

实验数据处理可以利用 Origin 软件或手机选课客户端对应的计算工具，利用最小二乘法得到拟合直线的斜率和截距，进而求出 I、M_{μ} 值。

3. 验证平行轴定理

如果转轴通过物体的质心，转动惯量用 I_c 表示，另有一转轴与这个轴平行，两轴之间的距离为 d，绕这个轴转动时的转动惯量为 I，I 和 I_c 之间满足下列关系

$$I = I_c + md^2 \tag{5-1-9}$$

式中，m 为转动物体的质量。式(5-1-9)称为平行轴定理。

实验内容与步骤

1. 用计算法测量铝环对中心轴的转动惯量

（1）测承载时转动惯量 I。把铝环放在承物台上，取 m 为五个砝码质量，$r = 2.50$ cm，取 θ_1、θ_2 分别为 8π 和 2π，由毫秒计时器分别读出对应的时间 t_1 和 t_2，重复五次，填入表 5-1-1 中。根据式(5-1-4)计算转动惯量 I。

（2）测空载时转动惯量 I_0。把铝环从承物台上取下，重复上述步骤，得 t_1'、t_2'，重复五次，填入表 5-1-2 中。计算转动惯量 I_0。

2. 最小二乘法测铝环对中心轴的转动惯量

需要满足 $\omega_0=0$，为此挡光初始位置在光电门处，使体系一转动就开始计时。

（1）测量 I。把铝环放在承物台上，$r=2.50$ cm，取 $\theta=8\pi$，所对应的时间 t，砝码 m 选 3、4、5、6、7 个，填入表 5-1-3 中。

（2）测量 I_0。把铝环从承物台上取下，其余条件不变，重复上一步内容。

3. 验证平行轴定理

把两个小钢柱分别放在承物台上的小孔 2 和 2′处，每个小钢柱的质量为 m，随承物台一起转动时，把两小钢柱看作一个单独的转动体系，是绕质心的转动，转动惯量为 I_c，用上述计算法可测出

$$I_1=I_0+I_c \tag{5-1-10}$$

再把两小钢柱放在 1 和 3′（或 1′和 3）的位置上，此时质心与转轴的距离为 d，用 I 表示小钢柱对转轴的转动惯量，可测出

$$I_2=I_0+I \tag{5-1-11}$$

按平行轴定理 $I=I_c+2md^2$，则有

$$I_2-I_1=2md^2 \tag{5-1-12}$$

分别把 I_1、I_2、m 和 d 代入上式，如果等式成立就验证了平行轴定理。

注意事项

（1）向轮轴绕线时，要保证线垂直于轮轴，且绕线不要互相重叠。

（2）注意线的长度，保证体系转四周时砝码不会落在地上且线仍然在初始的塔轮上。

（3）为了满足 $\omega_0=0$，启动前应该用一张纸片将挡光柱挡在光电门旁边，抽离纸片，挡光柱即开始挡光，保证一启动就开始计时。

数据记录与处理

1. 用计算法测量铝环对中心轴的转动惯量 I_x

（1）测量承载时转动惯量 I（见表 5-1-1）。

表 5-1-1　承载时转动惯量 I（$\theta_1=8\pi$，$\theta_2=2\pi$，$r=2.50$ cm）

条　件	次　数	1	2	3	4	5
$M=5mgr$	t_1/s					
	t_2/s					
	β_1/(1/s^2)					
$M=2mgr$	t_1'/s					
	t_2'/s					
	β_2/(1/s^2)					

由测量结果得到 I 及其不确定度。

(2)测量空载时转动惯量 I_0(见表 5-1-2)。

表 5-1-2　空载时转动惯量 I_0($\theta_1=8\pi,\theta_2=2\pi,r=2.50\ \text{cm}$)

条　件	次数	1	2	3	4	5
$M=5mgr$	t_1/s					
	t_2/s					
	$\beta_1/(1/\text{s}^2)$					
$M=2mgr$	t_1'/s					
	t_2'/s					
	$\beta_2/(1/\text{s}^2)$					

由测量结果得到 I_0 及其不确定度。

(3)计算出 I_x 及其不确定度。

(4)用理论公式计算铝环的转动惯量,并与实验结果比较。转动惯量的理论值为

$$I_x=\frac{1}{2}m(R_{内}^2+R_{外}^2)$$

用天平称铝环的质量 m,用游标卡尺分别测量其内、外半径 $R_{内}$、$R_{外}$。

注:对时间 t 的测量有两种测量条件,即等精度测量和非等精度测量,以上表格和计算是按非等精度条件设计的。想一想,要进行等精度测量要满足什么条件?如何计算结果?

2. 最小二乘法测量铝环对中心轴的转动惯量 I_x

用最小二乘法测量铝环,对中心轴的转动惯量 I_x,见表 5-1-3。

表 5-1-3　用最小二乘法测量转动惯量 I_x($r=2.50\ \text{cm},\theta=8\pi$)

条　件	m/g									
承载	t/s									
	$1/t^2$									
空载	t'/s									
	$1/t'^2$									

应用最小二乘法求出斜率 k 和截距 C,从而求出 I、I_0,进而求出 I_x,并与理论值进行比较。

3. 验证平行轴定理(表格自拟)

注:刚体转动惯量 I 的测量不确定度计算公式为

$$\bar{I}=\frac{(m_1-m_2)gr}{\overline{\beta_1}-\overline{\beta_2}}$$

则转动惯量 I 的相对不确定度为

$$E_I=\sqrt{\left(\frac{u_{m_1-m_2}}{m_1-m_2}\right)^2+\left(\frac{u_r}{r}\right)^2+\left(\frac{u_{\beta_1}}{\overline{\beta_1}-\overline{\beta_2}}\right)^2+\left(\frac{u_{\beta_2}}{\overline{\beta_1}-\overline{\beta_2}}\right)^2}$$

式中,m_1-m_2、r 仅考虑 B 类不确定度,分别取 $u_{(m_1-m_2)}=0.05\ \text{g}$;$u_r=0.03\ \text{cm}$。

思考讨论

(1)什么是物体的转动惯量？它与哪些因素有关？

(2)什么叫曲线改直？试举例说明。

(3)式(5-1-2)忽略了哪些条件，并做了怎样的近似？

实验习题

(1)式(5-1-10)和式(5-1-11)中，如果I_0很大，而I_c和I都很小，对验证平行轴定理有何不利影响？实验时应怎样减少I_0，并增大I_c和I？

(2)试对实验中用到的两种数据处理方法(计算法和最小二乘法)进行比较。

(3)总结用计算法测量铝环转动惯量的原理，并用方框图的形式表示出来。

(4)最小二乘法中的数据能否用逐差法来进行处理？为什么？

(5)本实验由于近似$a \ll g, g-a \approx g$，使得测量结果偏大或偏小？若$\omega_0=0$不满足，将使得I值偏大还是偏小？

实验5.2 声速测量

声波是一种在弹性媒质中传播的机械波。声波在媒质中传播时，声速、声衰减等诸多参量都和媒质的特性与状态有关。通过测量这些声学量可以探知媒质的特性及状态变化。例如，通过测量声速求出固体的弹性模量、气体或液体的密度、成分等参量。在同一媒质中声速基本与频率无关，例如在空气中，频率从20 Hz变化到80 kHz时声速变化不到0.02%。由于超声波具有波长短、易于定向发射、不会造成听觉污染等优点，因此可以通过测量超声波的速度来确定声速。声速测量有非常广泛的应用，如声波定位、超声探伤、测距、测液体的流速等。

实验目的

(1)理解应用示波器进行非电学量测量的思路，提高综合使用示波器的能力。

(2)掌握共振干涉法和相位比较法两种测量空气或水中声速的方法。

(3)熟练使用逐差法处理实验数据。

实验仪器

声速测定仪、声速测定信号源(30~45 kHz)、示波器、Q9线等。

实验原理

1. 声波在空气中的传播速度

声波在理想气体中的传播可认为是绝热过程，由热力学理论可以导出其速度为

$$v = \sqrt{\frac{\gamma RT}{\mu}} \tag{5-2-1}$$

式中，γ 为气体的比热比（气体比定压热容与必定容热容之比）；R 为普适气体常数，μ 为摩尔质量；T 为气体的绝对温度。从式(5-2-1)可看出，声速仅与气体的温度和性质有关，与频率无关，因此，测定声速可以推算出气体的一些参量，并可利用式(5-2-1)的函数关系制成声速速度计。

在正常情况下，根据干燥空气成分按质量的比例可算出空气的平均摩尔质量 $\mu = 28.946 \times 10^{-3}$ kg/mol，在标准状态下，干燥空气中声速 $v_0 = 331.5$ m/s。在温度为 t（单位：℃）时，干燥空气声速为

$$v = v_0 \sqrt{1 + \frac{t}{T_0}} \tag{5-2-2}$$

式中，$T_0 = 273.15$ K，则

$$v = v_0 \sqrt{1 + \frac{t}{273.15}} = 331.5 + 0.6t \tag{5-2-3}$$

2. 测量声速的实验方法

声速测量的常用方法有两类。第一类方法直接根据 $v = s/t$，测出声波传播距离 s 和所需时间 t 后即可算出声速 v，称为“时差法”，这是工程中常用的方法。第二类方法是利用 $v = f\lambda$，测出频率 f 和波长 λ 来计算声速 v。声源振动频率 f 和声速测定仪信号源上输出电信号频率相同，可直接从仪器上读出，因此本实验的核心任务是测出声波的波长 λ。

测量声波波长可用“共振干涉法”或“相位比较法”。两种测量方法的实验连接图相同，如图 5-2-1 所示。实验用到的实验装置有声速测定仪信号源、声速测定装置和双踪示波器。本实验以两个锆酸铅压电陶瓷换能器（图 5-2-1 中 S_1 和 S_2）用于超声波的发射和接收。S_1 是利用压电体的逆压电效应，由信号源发出一定频率的电功率正弦波信号使压电体 S_1 产生机械振动，在空气中激发出超声波。S_2 是利用压电体的正压电效应，将接收到的超声波转换成电信号。示波器两个通道分别观察 S_1 上的电压信号和 S_2 转换后的电压信号。S_1 和 S_2 固定在游标尺的左右量爪上，借助游标的移动可精确调节或测量它们之间的相对距离。

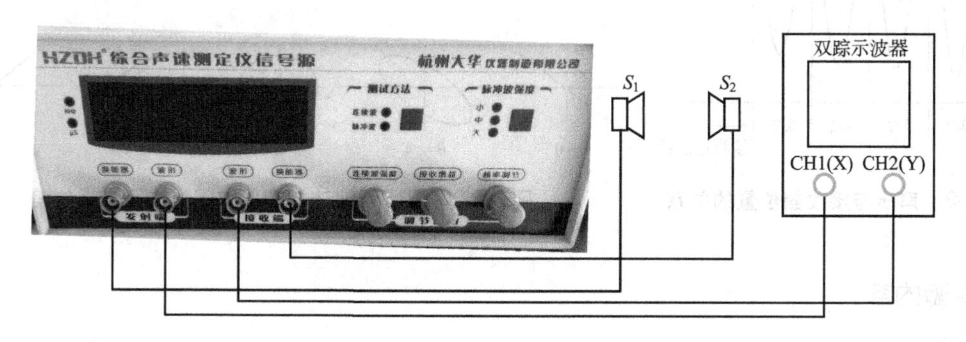

图 5-2-1　声速测定实验装置连接图

(1) 共振干涉法。

S_1 为声波源，S_2 为接收器。S_2 不但接收到声波，而且能反射部分声波。当 S_1 发出近似平面波且 S_1 和 S_2 表面相互平行时，S_1 发出的声波和 S_2 反射的声波在 S_1 和 S_2 之间相互干涉叠加。叠加的波可近似地看作具有弦驻波加行波的特征。在示波器上观察到的是这两个相干波在 S_2 处合成振动情况。根据纵

波的性质，当接收器端面按振动位置来说处于波节时，按声压来说是处于波腹（即振幅最大）。

当发生共振时，接收器端面近似为一波节，接收到的声压最大，经接收器转换成电讯号最强。声压的变化和接收器位置的关系如图 5-2-2 所示。

随着接收器位置的变化，示波器观察到合成振动振幅的大小将呈周期性变化。在示波器上的电信号幅度每一次周期性变化，就相当于 S_1 和 S_2 之间的距离改变了 $\lambda/2$。测定这个距离，由频率计读出相应的频率 f，即可算出声速 v。

（2）相位比较法。

波是振动状态的传播，它不仅传播振幅也进行相位的传播，沿波传播方向上的任何两点，其相位和波源的相位间的相位差相同时，这两点间的距离就是波长的整数倍。依此可以测定波长。

由于发射器发出近似于平面波的声波，当接收器的端面垂直于波的传播方向时，端面上各点都具有相同的相位。沿波传播方向缓慢移动接收器时，总可以找到一个位置，使得接收到的电讯号与发射器激励的电讯号同相，此时移动的这段距离等于声波的波长。

用相位比较法测声速时，装置连接图如图 5-2-1 所示。此时仍可通过两种方法实现相位比较法测量声速，如图 5-2-3 所示。方法一为双踪示波法比较相位差：移动 S_2，每当 S_2 位相改变 2π 时，示波器上显示的波形变化一个周期，S_2 移动的相对距离对应一个波长 λ。方法二为李萨如图形法比较相位差：移动 S_2，每当位相差改变 2π 时，示波器上显示的李萨如图形相应变化一个周期。若选李萨如图形为一斜直线（位相差为 0 或 π）时，当直线斜率符号每改变一次时，位相差改变为 π，S_2 相对测量起点相应地移动了 $\lambda/2$。由频率计读出相应的发射信号 f，即可计算声速 v。

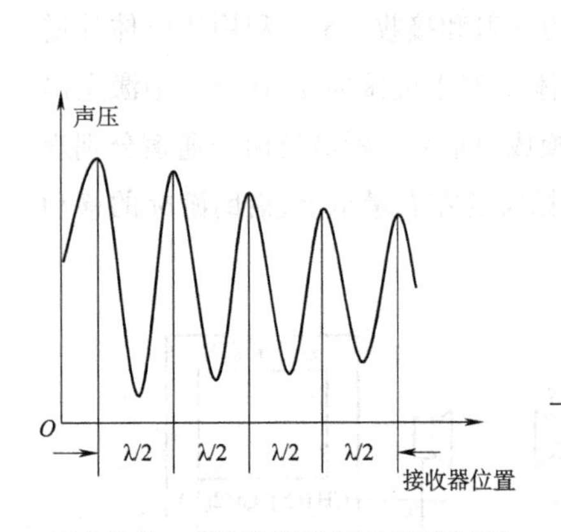

图 5-2-2　声压与接收器位置的关系

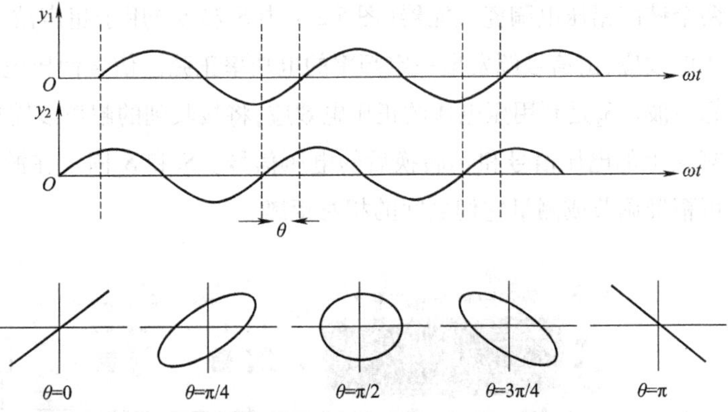

图 5-2-3　双踪示波法与李萨如图形法比较相位差

实验内容

1. 谐振频率的调节

按图 5-2-1 接好各实验装置。调整 S_1 和 S_2 的端面相互平行，并与移动方向相垂直。

当压电陶瓷换能器本身的固有频率与外加的交变电场的频率相同时，换能器输出的振动振幅最大。此时的频率即为系统的谐振频率。实验时将 S_1 和 S_2 靠近（约 5 cm），连续波强度和接收增益调整到大约 1/3 处，调节信号发生器的频率在 30 ~ 60 kHz 变动，当示波器中 S_2 的波形振幅最大时，发射频率即为谐振频率。

2. 共振干涉法测声速

转动手轮由近及远移动 S_2，在近处选择示波器上出现振幅最大时作为起点，记下 S_2 位置 L_0。然后连续找出 9 个振幅最大的位置，记下 $L_1, L_2, \cdots, L_9$。利用逐差法求波长。并记下室温。

注：S_1 与 S_2 较近时，示波器上显示的幅度可能很大，可改变示波器的衰减旋钮以便观测。

3. 相位比较法测声速

(1)按图 5-2-1 接好实验装置。保持信号源处于谐振频率。示波器显示模式选择 X-Y 工作模式，此时可在示波器上看到椭圆或斜直线的李萨如图形。调节示波器 y 轴衰减旋钮及信号发生器输出电压，使图形大小适中。

(2)在谐振频率下，使 S_2 靠近 S_1 然后慢慢移开，当示波器屏上出现斜直线时，记下 S_2 的位置 L_0，继续移动，示波器上李萨如图形变为斜率相反的斜直线，此时 S_2 与测量起点相位差变化为 π。依次继续移动 S_2，每当相位差改变 π 就记下相对位置，于是得 $L_1, L_2, \cdots, L_9$，用逐差法求波长。

(3)利用双踪示波器直接比较发射器信号和接收器信号，同时沿传播方向移动接收器寻找同位相点。(方法自拟)

4. 水中声速的测量

测量水中的声速时，将实验装置整体放入水槽中，槽中的水高于换能器顶部 1～2 cm。将 S_2 移动至与 S_1 相距约 3 cm，重新进行谐振频率的调节，并保持在实验过程中不改变声波频率。可采用共振干涉法或相位比较法完成水中声速的测量。

数据记录与处理

采用逐差法进行计算，数据记录与运算参见表 5-2-1。

表 5-2-1　测量记录与运算

声源频率 f = ________ kHz;　　　　室温 t = ________ ℃

振幅最大位置	L_0	L_5	L_1	L_6	L_2	L_7	L_3	L_8	L_4	L_9
L_i 测量值										
$\Delta L_i = L_{i+5} - L_i$										
$\Delta \overline{L} = \frac{1}{5}\sum_{i=0}^{5}\Delta L_i$						$u_{\Delta L} = \sqrt{u_{\Delta L_A}^2 + u_{\Delta L_B}^2}$ = ________				
$\overline{\lambda} = \frac{2}{5}\Delta \overline{L}$						$u_\lambda = \frac{2}{5}u_{\Delta L}$ = ________				
$\overline{v} = f \cdot \overline{\lambda}$						E_v = ________ u_v = ________				
测量结果标准表示										

注：①不确定度的计算：$u_{\Delta L_A} = S_{\overline{\Delta L}} = \sqrt{\frac{\sum_{i=1}^{5}(\Delta L_i - \overline{\Delta L_i})^2}{5(5-1)}}$，$u_{\Delta L_B} = \frac{\Delta_{ins}}{\sqrt{3}}$($\Delta_{ins}$ = 0.01 mm)，u_f = 0.001 kHz，中间量的不确定度 $u_{\Delta L_A}$、$u_{\Delta L_B}$ 和 $u_{\Delta L}$ 计算结果取两位以上有效数字。

②E_v 的计算结果取两位有效数字，并用百分数表示，u_v 的计算结果只取一位有效数字。

③$\overline{v}$ 计算结果的最后一位与它的不确定度 u_v 所在位对齐。

注意事项

(1)实验时,测量系统要始终处于共振条件下,以保证信噪比足够大。

(2)信号源上的连续波强度旋钮可以改变输出信号的振幅,接收增益旋钮用于调整接收信号的放大器倍数。调整连续波强度旋钮和接收增益旋钮以使 S_2 信号保持一定的强度。当 S_2 远离 S_1 时可能会因为衰减使得接收信号变弱,此时应适当增大连续波强度和接收增益。相反,如果 S_2 距离 S_1 很近可能会因为信号过大导致 S_2 信号失真(消顶),此时应适当降低连续波强度和接收增益

(3)使用逐差法的目的是充分利用测量数据,它不能减小误差。

(4)时差法测定声速也可以通过本实验装置完成,需要将信号源调整为脉冲波信号,S_1 与 S_2 距离保持不变,在示波器上测量 S_1 与 S_2 信号波形的时差。

思考讨论

(1)声速与哪些因素有关?测量时为什么选择超声波做声源?

(2)为什么换能器要在谐振频率条件下进行声速测定?怎样判断并调整系统的谐振状态?

实验习题

(1)用共振干涉法和相位比较法测声速有何相同和不同?

(2)定性分析共振法测量时声压振幅极大值随距离变长而减小的原因。(提示:是否为平面波、反射面的大小、传播和界面是否吸收)

实验 5.3 单臂电桥测电阻

单臂电桥由英国科学家兼数学家塞缪尔·亨特·克里斯蒂(Samuel Hunter Christie)发明并知名于英国科学家兼发明家查尔斯·惠斯通。桥式电路最初是被用作实验室中的精确度量,现在则被广泛用于各式线性及非线性电路上,包括仪器仪表、电子滤波器及电能转换等场合。电桥按用途可分为平衡电桥和非平衡电桥,按使用的电源又可分为直流电桥和交流电桥。直流电桥是用来测量电阻和与电阻有关的物理量的仪器,待测电阻阻值为中值电阻(1 ~ 100 kΩ)时用单臂电桥(又称惠斯通电桥)测量,待测电阻为低值电阻(10^{-5} ~ 1 Ω)时用双臂电桥(又称开尔文电桥)测量;交流电桥主要用来测量电容、电感等物理量。本实验是用单臂电桥测中值电阻。

实验目的

(1)理解单臂电桥的设计思路,理解平衡法、比较法的设计思想。

(2)理解保护电阻与电桥灵敏度的关系,学会快速调节电桥平衡的技术。

(3)理解电桥灵敏度的概念并学会测量。

实验仪器

电阻箱(0.1 级 2 只)、滑动变阻器、待测电阻(中值电阻)、检流计(AC5/1 型)、直流稳压电源、

双刀双掷换向开关、箱式单/双臂两用电桥，导线若干。

实验原理

1. 单臂电桥测量中值电阻的原理

单臂电桥的电路如图 5-3-1 所示，被测电阻 R_x 和标准电阻 R_0 及电阻 R_1、R_2 构成电桥的四个臂。在 CD 端加上直流电压，AB 间串联检流计 G，用来检测其间有无电流（A、B 两点有无电位差）。“桥”指 AB 这段线路，它的作用是将 A、B 两点电位直接进行比较。当 A、B 两点电位相等时，检流计中无电流通过，称电桥达到了平衡。这时，电桥四个臂上电阻的关系为

$$\frac{R_x}{R_0}=\frac{R_1}{R_2} \quad 或 \quad R_x=\frac{R_1}{R_2}\cdot R_0 \tag{5-3-1}$$

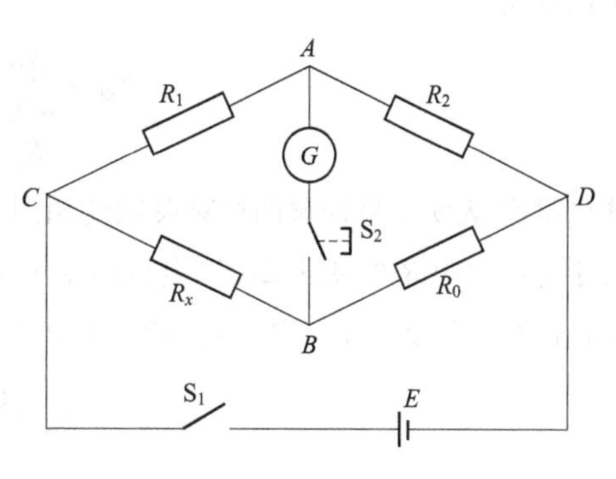

图 5-3-1　单臂电桥原理图

上式称为电桥的平衡条件。若 R_0 的阻值和 R_1、R_2 的阻值（或 R_1/R_2 的比值）已知，即可由上式求出 R_x。

由以上电桥平衡条件注意到，由于单臂电桥测电阻采取的是电位比较法进行的，即通过对桥路两端 A、B 两点的电位进行直接比较，它的实质是把未知电阻和标准电阻相比较，因此，在工作电源一定的情况下，其电桥测量的误差大小由比例臂 R_1/R_2 的比值、电阻 R_0、检流计的灵敏度决定，克服了用伏安法测电阻所引入的线路接入误差。制造较高精度的电阻并不困难。用电桥测电阻时只要检流计和电路灵敏度足够，且选高精度的标准电阻作为桥臂，测量结果即可达到较高精度。

调节电桥平衡方法有两种：一种是保持 R_0 不变，调节 R_1/R_2 的比值；另一种是保持 R_1/R_2 不变，调节电阻 R_0，本实验用后一种方法。

2. 电桥灵敏度

式(5-3-1)是在电桥平衡的条件下推得的，而判断电桥是否已经平衡，在实验中是看检流计是否指零。电桥调到了平衡，因为检流计的灵敏度有限，这时如果 I_g 小到检流计上察觉不出来，就仍然会认为电桥是平衡的，从而给测量带来误差，为此引入电桥灵敏度 S 的概念

$$S=\frac{\Delta n}{\Delta R_x} \tag{5-3-2}$$

式中，ΔR_x 是电桥平衡后 R_x 的微小改变量，Δn 是由改变量 ΔR_x 而引起的检流计指针偏转格数（实验中待测电阻阻值是不能改变的，实际测量时是改变标准电阻阻值，它们之间有一定的对应关系）。灵敏度 S 的物理意义是电桥平衡后，改变待测电阻阻值大小引起检流计指针偏转的格数。S 越大，灵敏度越高。S 还可以写成

$$S=\frac{\Delta n}{\Delta I_g}\cdot\frac{\Delta I_g}{\Delta R_x}=S_i\cdot S_1 \tag{5-3-3}$$

式中，S_i 为检流计的灵敏度，检流计的灵敏度越高，电桥灵敏度越高。实验中使用的检流计灵敏度约为 10^7 格/A。S_1 为线路灵敏度，它与电源电压、桥臂电阻及电阻位置有关。电源电压越高，电桥灵敏度越高；桥臂电阻越大，电桥灵敏度越低。灵敏度越高，由其带来的误差越小。

定义相对灵敏度$S_{相}$为

$$S_{相}=\frac{\Delta n}{\frac{\Delta R_x}{R_x}} \tag{5-3-4}$$

可以证明

$$S_{相}=\frac{\Delta n}{\frac{\Delta R_x}{R_x}}=\frac{\Delta n}{\frac{\Delta R_0}{R_0}}=\frac{\Delta n}{\frac{\Delta R_1}{R_1}}=\frac{\Delta n}{\frac{\Delta R_2}{R_2}} \tag{5-3-5}$$

式(5-3-5)表明电桥四臂的相对灵敏度相同,由相对灵敏度带来的误差也相同,因此,可以通过测相对于标准电阻R_0的变化ΔR_0测电桥的相对灵敏度。在计算由灵敏度带来的不确定度时,通常假定检流计的0.2分度为难以分辨的界限,即取$\Delta n=0.2$,则由灵敏度带来的不确定度为

$$u_x=\frac{0.2}{S},\qquad \frac{u_x}{R_x}=\frac{0.2}{S_{相}} \tag{5-3-6}$$

可以证明,电桥平衡时若将检流计与电源易位,电桥仍然是平衡的,但易位前后电桥的灵敏度是不同的。为得到较大的灵敏度,在自组电桥中$R_1\approx R_2$,即$R_1/R_2\approx 1$。

用单臂电桥测电阻时,并未考虑各桥臂间的连接导线电阻和各接线端钮的接触电阻。这主要因为被测电阻较大,其余各臂电阻也较大,上述附加电阻(即连接导线电阻和各接线端钮的接触电阻之和,约为10^{-3} Ω)对测量结果的影响很小,以致可以忽略。当被测电阻较小(1 Ω以下)时,附加电阻的影响将引起不可忽略的误差,如测0.01 Ω的电阻时,附加电阻的影响可达10%以上。用单臂电桥适合测量中值电阻,如需测量低值电阻,需要采用双臂电桥(双臂电桥测低值电阻的原理和电路图见第7章相关内容)。

QJ60电教学单双两用电桥的仪器使用说明详见本书第9章。

实验内容

1. 用自组单臂电桥测两未知电阻值及相应的电桥灵敏度

按图5-3-2接线自搭单臂电桥实验电路。图中R'是保护电阻,防止大电流通过检流计,保护检流计(允许通过的电流在10^{-4} A以下)。保护电阻大,检流计安全,而电桥灵敏度降低;保护电阻小甚至为0,检流计不安全,但电桥灵敏度高。如何使用保护电阻才能既保护检流计又使电桥灵敏度尽可能高为本实验操作的重点和难点。要求在实验前自行设计保护电阻使用操作方案。

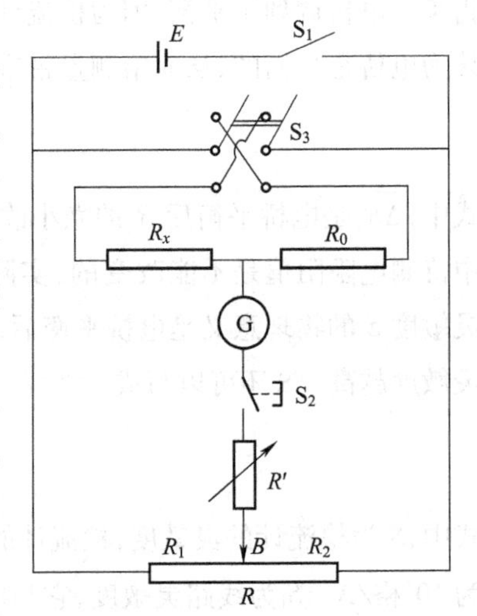

图5-3-2　单臂电桥接线图

R是滑动变阻器,由滑动端B将其分为R_1和R_2,作为电桥的两个臂;S_3是双刀换向开关,其作用是在不需要拆线路的情况下方便地交换R_x和R_0的位置(要求理解该开关的工作过程)。

(1)工作条件:电源电压取4 V;B点在中间附近。

(2)测量电阻时采用交换法,即将S_3打到一边,调整R_0,使

电桥平衡后有

$$\frac{R_1}{R_2}=\frac{R_x}{R_0} \tag{5-3-7}$$

B 点不变，将 R_x、R_0互换位置（将 S_3打到另一边）再调整 R_0为 R'_0，使电桥平衡后有

$$\frac{R_1}{R_2}=\frac{R'_0}{R_x} \tag{5-3-8}$$

由式（5-3-7）和式（5-3-8）得

$$R_x=\sqrt{R_0\cdot R'_0} \tag{5-3-9}$$

（3）交换法消除了装置不对称引起的系统误差，待测电阻阻值只与标准电阻直接相关，不需要 R_1、R_2的读值（滑动变阻器）。保证该测量方法的高精度。

（4）测电桥的相对灵敏度 $S_{相}$。在电桥平衡时改变 R_0，使检流计至少偏转 3～5 格，由式（5-3-5）计算出 $S_{相}$。

2. 用箱式电桥测两未知电阻值

（1）使用箱式电桥前请仔细阅读仪器介绍（参见本书第 9 章）。

（2）电桥使用“内接”“单臂”。

（3）电桥在接通 B、G 前先调零。接通 B 为接通电路电源，接通 G 为接通检流计。

（4）根据待测电阻阻值的大小选择适当的比例臂，选择标准为：使比较臂的四个旋钮都用上，可保证多的有效数字位数。

（5）“灵敏度”旋钮逆时针旋至底为灵敏度最小，顺时针旋到底为灵敏度最大，每次调节电桥平衡必须使灵敏度由低到高，保证检流计不超量程。

（6）接通 B、G 要采用跃接法，即接通 B 后应试探性按下 G，密切注意通过检流计的电流，如果指针偏转过大，超过量程，必须迅速断开 G，降低电桥灵敏度后再次进行测试。

注意事项

（1）拟好实验步骤，接好线路，经检查无误后方可通电实验，注意电源电压应符合要求。

（2）本实验的主要操作技巧为保护电阻的使用。在测量开始时，电桥通常远离平衡，必须通过大保护电阻保护检流计，但电桥的灵敏度低。在调整到平衡点附近后，又必须逐渐减少保护电阻阻值直至为零，以保证电桥足够灵敏。

（3）检流计为灵敏易损仪器，请轻拿轻放，具体操作见第 9 章内容。

数据记录与处理

1. 用自组单臂电桥测电阻及其电桥灵敏度（见表 5-3-1）

表 5-3-1　数据记录与计算

被测电阻	R_0	R'_0	R_x	Δn	ΔR_0	$\Delta n'$	$\Delta R'_0$	$S_{相}$	$S'_{相}$
R_{x1}									
R_{x2}									

实验为一次性测量，测量结果的不确定度由B类测量不确定度评价，具体分析如下：

(1)电阻箱示值误差造成的测量不确定度 u_{x_1}，因 $R_x=\sqrt{R_0\cdot R_0'}$，所以由不确定度传递公式得到

$$\frac{u_{x_1}}{R_x}=\sqrt{\left(\frac{u_{R_0}}{2R_0}\right)^2+\left(\frac{u_{R_0'}}{2R_0'}\right)^2} \tag{5-3-10}$$

式中，$u_{R_0}=0.1\% R_0+0.002n$，n 为使用电阻箱步进盘个数。

(2)由电桥灵敏度造成的测量不确定度 u_{x_2}：

$$\frac{u_{x_2}}{R_x}=\sqrt{\left(\frac{0.2}{S_{相}}\right)^2+\left(\frac{0.2}{S'_{相}}\right)^2} \tag{5-3-11}$$

这里设定人眼最小分辨检流计0.2格。

(3)总测量不确定度 u_x：

$$u_x=\sqrt{u_{x1}^2+u_{x2}^2}=R_x\sqrt{\left(\frac{u_{R_0}}{2R_0}\right)^2+\left(\frac{u_{R_0'}}{2R_0'}\right)^2+\left(\frac{0.2}{S_{相}}\right)^2+\left(\frac{0.2}{S'_{相}}\right)^2} \tag{5-3-12}$$

测量结果表达：

$$R_x=\overline{R_x}\pm u_x \tag{5-3-13}$$

2. 用箱式单臂电桥测两未知电阻值(见表5-3-2)

表5-3-2 数据记录与计算

被测电阻	比例臂	比较臂	测量值	Δn	ΔR_0	$S_{相}$	结果表达
R_{x1}							
R_{x2}							

注：不确定度分析参考自组电桥。

思考讨论

(1)在自组电桥调平衡的过程中，保护电阻和标准电阻如何配合使用？

(2)从电桥原理讲，只需测量一次即可得到待测电阻阻值，用单臂电桥为什么要采用交换法？

实验习题

(1)下列因素是否使单臂电桥测量误差增大？为什么？

①电源电压不太稳定；

②导线电阻不能完全忽略；

③检流计没有调好零点；

④检流计灵敏度不够高。

(2)能否用直流电桥测定电表内阻？

(3)是否能用电桥偏离平衡位置程度的不同来测定未知电阻？应如何进行测量？

(4)如果在自组电桥通电后，无论如何调节 R_0，检流计指针：(a)始终向一边偏；(b)始终不偏转。试分析电路故障原因。

实验 5.4　直流非平衡电桥的应用

非平衡电桥也称不平衡电桥或微差电桥，通过直接测量电桥非平衡状态下流经指器的电流或两端电压大小来测量总参数元件。由于它具有操作简单、测量时间短、易实现数字化测量等特点，近年来在教学中受到了较多的重视。通过它可以测量一些变化的非电量，这就把电桥应用的范围拓展到很多的领域，实际上在工程测量中非平衡电桥得到了广泛的应用。

实验目的

（1）掌握直流非平衡电桥的工作原理及与直流平衡电桥的异同。

（2）掌握直流非平衡电桥的使用方法。

（3）理解传感器非线性特性的线性化设计思路。

（4）学会用直流非平衡电桥设计一款数字温度计。

实验仪器

DHQJ-1 型非平衡电桥、导线、DHW-1 型温度传感实验装置（铜电阻、热敏电阻）。

实验原理

1. 直流非平衡电桥

直流电桥可分为平衡电桥和非平衡电桥。平衡电桥需要工作在平衡态下，可以准确测量未知电阻，测量精度很高。但平衡的调节要求严格，需要耗费一定的时间。非平衡电桥工作在非平衡态下可测量任一桥臂上的物理量变化。

实际生产技术中，往往有些待测量准确度要求不是很高，但需要连续快捷的测量。如铁路桥梁的应力检测、产品质量检测及待测量的变化量等，尤其是传感器技术越来越广泛地应用于各种非电学量测量、智能检测和自动控制系统中。在这种情况下，直流非平衡电桥就显示出了优势，这时电桥中某一个或几个桥臂，往往是具有一定功能的传感元件，这些元件的电阻值随待测物理量（如温度、压力）的变化而相应改变，电桥处于非平衡状态。利用非平衡电桥可以很快连续测量这些传感元件电阻的变化，获得这些物理量变化的信息。本实验就是利用直流非平衡电桥设计一款数字温度计。

2. 非平衡电桥工作原理

（1）非平衡电桥的工作思路。

直流非平衡电桥的电路如图 5-4-1 所示，如果电路中的待测电阻 R_x 换成一个电阻型传感器，在某一条件下，先调整电桥达到平衡，得到此条件下的电阻阻值。当外界条件改变时，传感器阻值会有相应变化，即 R_x 变化，因为桥臂上的电阻 R_1、R_2、R_3 保持不变，所以，电桥不再平衡，桥路两端的电压随之而变。桥路两端电压 U_0 的大小反映了电阻的变化情况，如果测出 B、D 两点的非平衡电压信号

U_0,就可以根据 U_0 与 R_x 的函数关系,通过检测连续变化的 U_0 就可以检测连续变化的 R_x,由此可检测传感器电阻对应的连续变化的非电量。

(2)直流非平衡电桥的输出电压。

当电桥处于非平衡态时,B、D 两端电压不为零,即 $U_0 \neq 0$,U_0 的大小即为非平衡电桥的输出电压。根据图 5-4-1 电路分析可得 U_0 为

$$U_0 = \left(\frac{R_x}{R_2 + R_x} - \frac{R_3}{R_1 + R_3}\right) \cdot E \tag{5-4-1}$$

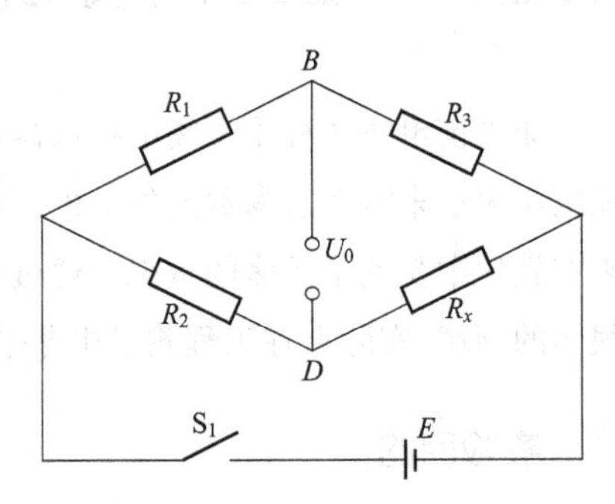

图 5-4-1 直流非平衡电桥

3. 热敏电阻的电阻温度特性

热敏电阻的电阻温度特性可以用下述指数函数来描述:

$$R_T = A\mathrm{e}^{\frac{B}{T}} \tag{5-4-2}$$

式中,A 为与热敏电阻几何形状有关的常数;B 为半导体热敏电阻温度系数,它与半导体材料的性质有关;T 为绝对温度。

4. 用非平衡电桥进行热敏电阻线性化设计的方法——数字温度传感器的设计

本实验采用半导体热敏电阻作为温度传感器,温度数值由非平衡电桥上的数字电压表显示。半导体热敏电阻具有负的电阻温度系数,电阻值随温度升高而迅速下降。不同温度对应的电阻 R_T 有不同的值。将热敏电阻接到非平衡电桥的某一桥臂上,这时,非平衡电桥的 U_0 会随着电阻 R_T 变化有相应的变化。这时,由于热敏电阻的“电阻—温度”关系是非线性的,造成非平衡电桥的 U_0 与 T 的关系也是非线性的。非线性关系会造成显示和使用不方便。这就需要根据 U_0 与 T 的函数关系对其进行线性化改造,称为传感器非线性特性的线性化,是传感器应用中十分重要的问题。

在图 5-4-1 中,R_1、R_2、R_3 为桥臂电阻,选用温度系数小的电阻,R_x 为热敏电阻,根据式(5-4-1)和式(5-4-2),有

$$U_0 = \left(\frac{R_x}{R_2 + R_x} - \frac{R_3}{R_1 + R_3}\right) \cdot E = \left(\frac{A\mathrm{e}^{\frac{B}{T}}}{R_2 + A\mathrm{e}^{\frac{B}{T}}} - \frac{R_3}{R_1 + R_3}\right) \tag{5-4-3}$$

可见 U_0 是温度 T 的非线性函数。为分析其非线性关系,将 U_0 在需要测量的温度范围的中点温度 T_1 处,按泰勒级数展开为

$$U_0 = U_{01} + U_0'(T - T_1) + \frac{1}{2}U_0''(T - T_1)^2 + \sum_{n=3}^{\infty} \frac{1}{n!}U_0^{(n)}(T - T_1)^n \tag{5-4-4}$$

式中,U_{01} 为常数项,不随温度变化;$U_0'(T - T_1)$ 为线性项,其中 U_0' 是 U_0 对 T 的一阶导数,T 的二次方项及高次方项为非线性项。要想使 U_0 与 T 之间满足线性关系,只能保留式(5-4-4)中的前两项,非线性项应等于零或接近于零。

实验中,令 $U_0'' = 0$,并忽略其他项数值,式(5-4-4)变为线性关系式

$$U_0 = U_{01} + U_0'(T - T_1) \tag{5-4-5}$$

为了分析方便,将式(5-4-5)非平衡电桥输出电压 U_0 与温度 T 的线性关系改写为

$$U_0 = \lambda + m(t - t_1) \tag{5-4-6}$$

式中,t 和 t_1 分别 T 和 T_1 对应的摄氏温度。

对比式(5-4-5)与式(5-4-6)可以得到

$$\lambda = U_{01} = \left(\frac{R_{x(T_1)}}{R_2 + R_{x(T_1)}} - \frac{R_3}{R_1 + R_2}\right) \cdot E = \left(\frac{B + 2T_1}{2B} - \frac{R_3}{R_1 + R_3}\right) \cdot E \tag{5-4-7}$$

$$m = U_0' = \left(\frac{4T_1^2 - B^2}{4BT_1^2}\right) \cdot E \tag{5-4-8}$$

另外,根据式(5-4-1)可推导出满足 $U_0'' = 0$ 的条件是

$$R_x = \frac{B + 2T}{B - 2T} \cdot R_2 \tag{5-4-9}$$

将式(5-4-7)~式(5-4-9)整理可得方程组

$$\begin{cases} E = \left(\dfrac{4BT_1^2}{4T_1^2 - B^2}\right) \cdot m \\ R_2 = \dfrac{B - 2T_1}{B + 2T_1} R_{x(T_1)} \\ \dfrac{R_1}{R_3} = \dfrac{2BE}{(B + 2T_1)E - 2B\lambda} - 1 \end{cases} \tag{5-4-10}$$

当非平衡电桥上的 E、R_1、R_2、R_3 四个参数值满足式(5-4-10)时,式(5-4-5)成立,即 U_0与 T 实现了线性化。非平衡电桥上的 E、R_1、R_2、R_3 值由方程组(5-4-10)的一组解来确定,由此就得到了一个数字化的温度传感器——数字温度计。这个数字温度计的显示器为数字电压表,电压表上的电压数值与温度数值有一一对应关系,热敏电阻为温度探头。

5. 非平衡电桥参数的确定

方程组(5-4-10)共有三个方程、四个未知数,理论上有无数组解。实验中可以取 $R_1 = 100\ \Omega$,即可得到一组确定的解。在电桥上按照这组解来设置电桥参数,U_0与温度 T 一定满足线性关系。

方程组的右侧含有 λ、m、B、T_1、$R_{x(T1)}$ 等参数。T_1 为设计温度计测量范围中点值、$R_{x(T1)}$ 为该温度下热敏电阻的阻值。

根据图 5-4-2 数字电压表头显示温度的需求分析及式(5-4-6),可以得到 λ 与 m 的值。

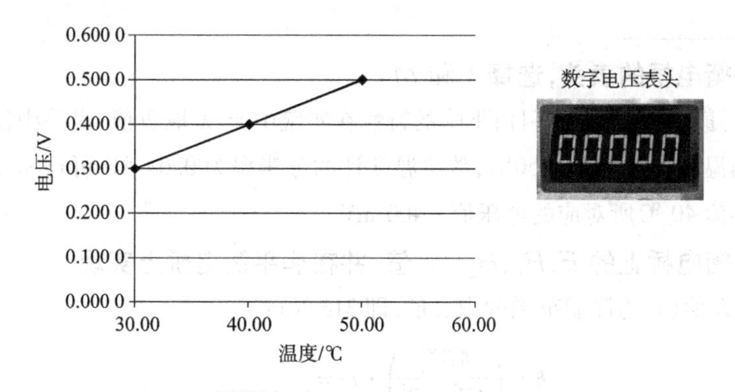

图 5-4-2　数字电压表头显示温度的需求分析

为了获得热敏电阻特性参数 B,可利用曲线改直法,即对式(5-4-2)两边取对数得到式(5-4-11),把研究 R_T—T 之间的非线性关系问题转化为研究 $ln\ R_T$—1/T 之间的线性关系问题。

$$\ln R_T = \ln A + \frac{B}{T} \tag{5-4-11}$$

通过平衡电桥测定不同温度下热敏电阻的阻值 R_T，绘制 $\ln R_T$—$1/T$ 关系曲线，该曲线的斜率即为 B，截距为 $\ln A$。

实验内容与步骤

1. 用单臂平衡电桥测量不同温度下的热敏电阻值 R_x

在用非平衡电桥进行热敏电阻线性化设计之前，为了获得较为准确的热敏电阻温度特性，可以先用非平衡电桥的单臂平衡电桥功能（用卧式：$R_1 = R_3$；$R_2 = R_x$；并取 $R_1 = 1\ 000\ \Omega$）准确测量不同温度下的热敏电阻值（注意调节平衡时，用数字电压表量程 200 mV 挡位）。

（1）将电源电压输出端接入数字电压表输入端，电压量程放在 20 V 处，按下电桥的 G 按钮，通过调节电源调节旋钮，使数字电压表显示 3 V 电压。

（2）将 DHW-1 型温度传感实验装置的“热敏电阻”端接到电桥的 R_x 端，按照表 5-4-1 依次设定控温仪的目标温度，加热电流调整到 0.8 A 以下。加热开始后，随着加热筒内温度升高，热敏电阻的阻值也开始变化。从 30 ℃开始，每隔 5 ℃利用平衡电桥法测出 R_x。

表 5-4-1　利用平衡电桥法测 R_x

温度/℃	30	35	40	45	50
$(1/T)/(1/\mathrm{K})$					
热敏电阻 R_x/Ω					
$\ln R_x/\Omega$					

2. 绘制 $\ln R_T$— $1/T$ 曲线并计算斜率和截距

根据表 5-4-1 测得的数据，绘制 $\ln R_T$— $1/T$ 曲线，利用作图法或线性回归法求出该曲线的斜率和截距，根据式（5-4-11），曲线的斜率为 B，截距为 $\ln A$。

$B =$ ________________

$\ln A =$ ________________

3. 根据非平衡电桥的表头，选择 λ 和 m

由于热敏电阻随着温度的升高阻值下降的特性在实验中 m、λ 取负值，实验中使用 2 V 表头，设计的数字温度计的温度范围为 30 ~ 50℃，数字温度计的分辨率为 0.01 ℃，可选 m 为 −10 mV/℃，λ 为测温范围的中心值 40 ℃所对应的电压值 −400 mV。

4. 计算非平衡电桥上的 E、R_1、R_2、R_3 值，并在非平衡电桥上实现

（1）确定电源 E 值（T_1 为测温范围的中心值，即 313 K）：

$$E = \left(\frac{4BT_1^2}{4T_1^2 - B^2}\right) \cdot m = \underline{\qquad\qquad}$$

调节“电压调节”旋钮，将“电源输出”端用导线接至“数字表输入”，接通 G 按钮，用数字表头的合适量程进行测量，调节电源电压 E 为所需值，保持电位器位置不变。这时非平衡电桥的 E 已调好。

(2)确定 R_1、R_2、R_3 的值:

$$R_2 = \frac{B-2T_1}{B+2T_1} \cdot R_{x(T_1)}$$

$$\frac{R_1}{R_3} = \frac{2BE}{(B+2T_1)E-2B\lambda}$$

按上式求得 R_2 =________ Ω;R_1/R_3 =________,根据 R_1、R_3 的阻值范围确定 R_1 选 100 Ω,R_3 =________ Ω。

(3)按求得的 R_1、R_2、R_3 值,设置电桥相应桥臂的阻值。这时,调热敏电阻所处温度为 40.0 ℃,电桥应输出 U_0 =400 mV。如果不为 400 mV,再微调 R_2 值(R_1、R_3 阻值不变)。最后得:R_1 =________ Ω,R_2 =________ Ω,R_3 =________ Ω。

(4)在 30~50℃的温度测量范围内测量 U_0 与 t 的关系,并作记录,见表 5-4-2。

表 5-4-2　测量 U_0 与 t 的关系

温度 t/℃	30	32	34	36	38	40	42	44	46	48	50
电压 U_0/mV											

(5)对 U_0—t 关系作图,检查该数字温度计的线性度。

思考讨论

(1)非平衡电桥与平衡电桥有何异同?

(2)阐述用热敏电阻作为探头、用非平衡电桥法设计数字温度传感器的基本思路。

实验习题

利用非平衡电桥和光敏电阻设计一个光照强度测量仪。

实验 5.5　用示波器观测二极管伏安特性

在同一个物理过程中,各物理量相互依赖,共同变化。如果将其中两个物理量通过一定的方法(如使用各种传感器)转换成电压信号,分别加在示波器的水平偏转板和垂直偏转板,示波器光点在示波屏上就描绘出函数曲线 $y=f(x)$,因此用示波器可以直观地研究两个相关的物理量变化过程中的依赖关系。例如,示波器可以观察非线性元件(如半导体二极管、三极管)的特征曲线、铁磁材料的磁滞回线、有源或无源四端网络的频率响应曲线等。

实验目的

(1)掌握示波器显示二极管输出特性的原理。

(2)学习用示波器观察两个相关物理量变化关系的思想和方法。

实验仪器

双踪示波器、低频信号发生器、滑动变阻器、晶体二极管。

实验原理

通常将碳膜电阻、金属膜电阻、线绕电阻等电阻元件称为线性元件，将半导体二极管、三极管等元件称为非线性元件。测试电阻元件的伏安特性曲线通常采用伏安法，即在被测元件两端加上直流电压，用电压表和电流表直接测出通过元件的电流与端电压之间的关系 $I=f(U)$，此方法为逐点描述。本实验采用示波器观测，不仅方法简单，而且能观测其伏安特性全貌。

普通二极管的伏安特性曲线如图 5-5-1 所示，其正向特性是，当正向电压较小时，正向电流几乎为零，只有当正向电压超过死区电压（一般硅管为 0.5 V，锗管为 0.1 V）后，正向电流才明显增大，当正向管压降达到导通电压时（一般硅管为 0.6 ~ 0.7 V，锗管为 0.2 ~ 0.3 V），二极管才处在正向导通状态。从反向特性可以看出，当反向电压较小时，反向电流很小，当反向电压超过反向击穿电压（一般在十几伏以上）后，反向电流突然增大，二极管处于击穿状态，普通二极管只能工作在单向导通状态。

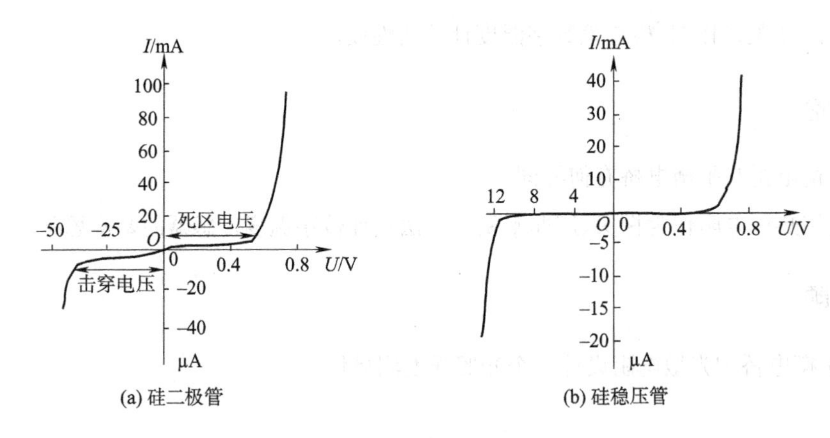

图 5-5-1　二极管伏安特性曲线

稳压管是一种特殊的 PN 结面接触型硅二极管。稳压管的伏安特性与普通二极管相似，其差异是反向特性比较陡，且稳压管工作于反向击穿区。从反向特性曲线可以看出，当反向电压增高到击穿电压时，反向电流突然剧增，此后，虽然流过管子的电流很大，但管子两端电压变化却很小，达到“稳压”效果。稳压管与一般二极管不一样，它的反向击穿是可逆的，当去掉反向电压后，稳压管又恢复正常。但如果反向电流超过允许范围，它会因热击穿而损坏。

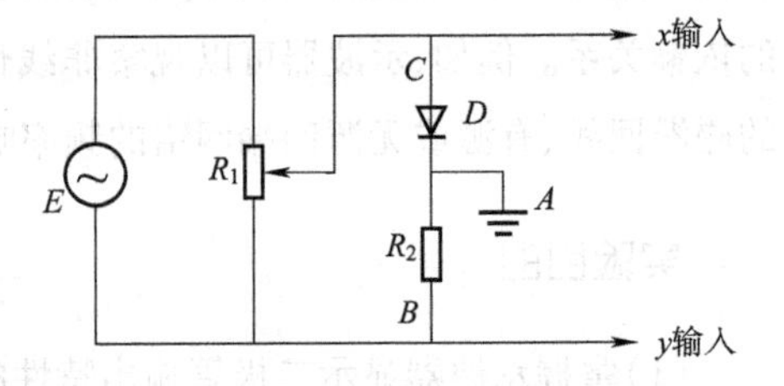

图 5-5-2　二极管伏安特性测量电路

测试二极管伏安特性的电路如图 5-5-2 所示，图中 E 为低频信号发生器，R_1 为滑动变阻器，D 为被测二极管，R_2 为一纯电阻，将 D 上的电压通过 x 轴传输线加至水平偏转板，将 R_2 上的电压通过 y 轴传输线加至垂直偏转板。因为电阻与二极管的串联关系，通过电阻 R_2 的电流就是通过二极管的电流。也就是说，R_2 两端的电压变化可以定性地反映通过二极管 D 的电流变化。这时示波器显示出的图形就可以反映二极管的伏安特性曲线。

实验内容与步骤

（1）在示波器荧屏上观测稳压管（或普通二极管）伏安特性的图像。

（2）在坐标纸上定量地描绘出伏安特性曲线，找出坐标原点，正确标出 x 轴和 y 轴的单位和坐标（注意消除系统误差的影响）。

（3）从伏安曲线中给出二极管的正向导通电压，反向击穿电压值。

注意事项

（1）在测二极管伏安特性时，原则上按图 5-5-2 接线，但有时受实验室现有仪器设备本身结构的限制，可能示波器 y 轴信号被短路，因此，在实际电路设计中，将图 5-5-2 中 B 点作为接地点，A 点作为 y 输入端。这种情况相当于伏安法测量中的电表内接方式，为了减小系统误差，R_2 选用电阻箱，且值尽可能小（$R_2 \approx 50\ \Omega$），同时，在数据处理时，应消除这个测量误差的影响。

（2）在实验中要求正确选择低频信号的频率，一般取 500 ~ 5 000 Hz。

（3）二极管在加电压时，为保证其不受损坏，对普通管，正向有最大整流电流的限制，反向有反向击穿电压的限制，对稳压管，反向有最大稳定电流的限制，因此，在观测中，要特别注意被测二极管的这些参数，以免二极管受损。

（4）选择触发信号和触发电路之间的耦合方式为 DC。

思考讨论

（1）伏安法与示波器测非线性元件特性各有什么优缺点。

（2）当把示波屏上的特性曲线描绘到坐标纸上时，应注意什么？如何消除由于实际接地点由图 5-5-2 中 A 点变为 B 点而带来的系统误差？

实验习题

（1）用伏安法测二极管特性时，提供下列仪器和器件：稳压电源、滑动变阻器、限流电阻、毫伏表、微安表、锗二极管等，分别画出测量二极管正反向特性的电路图。

（2）对上述测量，导出电流表内接时，电压的修正公式和电流表外接时电流的修正公式。

实验 5.6　杨氏模量测量

杨氏模量（Young's modulus）是表征在弹性限度内物质材料抗拉或抗压性能的物理量，它是沿纵向的弹性模量。由于此定义最初由英国医生兼物理学家托马斯·杨（Thomas Young，1773—1829）提出，故称杨氏模量。杨氏模量的大小标志了材料的刚性，杨氏模量越大，材料越不容易发生形变。

杨氏模量是选定机械零件材料的依据之一，是工程技术设计中常用的参数。杨氏模量的测定对研究金属材料、光纤材料、半导体、纳米材料、聚合物、陶瓷、橡胶等各种材料的力学性质有着重要意义，还可用于机械零部件设计、生物力学、地质等领域。

测量杨氏模量的基本方法有拉伸法、梁弯曲法、振动法等，此外，利用光纤位移传感器、莫尔条纹、电涡流传感器和波动传递技术（微波或超声波）等实验技术和方法也可以测量杨氏模量。本实验采用拉伸法测量钢丝的杨氏模量。

实验目的

（1）掌握用光杠杆测量微小长度变化的方法。

（2）熟练运用逐差法处理数据。

实验仪器

杨氏模量测量仪包括光杠杆、砝码、镜尺组一套，钢卷尺、钢直尺、外径千分尺各一把。

实验原理

1. 测定杨氏模量的原理

本实验讨论最简单的形变，即棒状物体（金属丝）仅受轴向外力作用而发生伸长的形变（称为拉伸形变）。

图 5-6-1 为测定杨氏模量的原理图。

设有一长度为 L、截面积为 S 的均匀金属丝或棒，沿长度方向受一外力 F 的作用后金属丝伸长 ΔL。单位横截面上垂直作用力 F/S 称为正应力，金属丝的相对伸长 $\Delta L/L$ 称为线应变。根据胡克（Robert Hooke）定律，金属丝在弹性限度内，线应变$\frac{\Delta L}{L}$与正应力$\frac{F}{S}$成正比，即

$$\frac{F}{S}=Y\frac{\Delta L}{L} \tag{5-6-1}$$

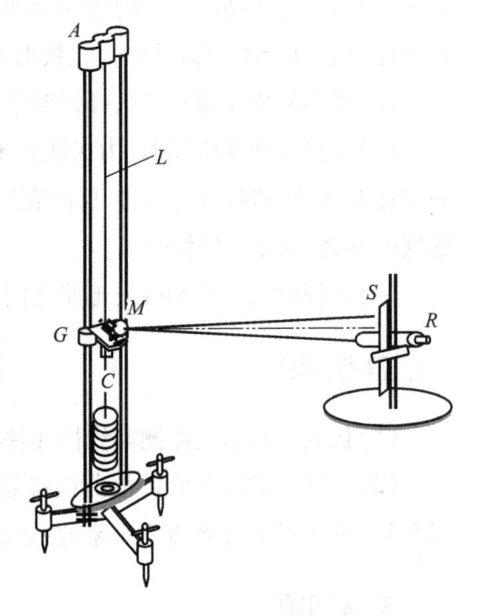

图 5-6-1　杨氏模量仪

式中，Y 称为该金属材料的杨氏模量，它的大小仅与材料有关，与外力、物体长度、横截面积等无关。在 SI 制中，Y 的单位是 N/m^2。式中 F、S、L 都比较容易测量，而 ΔL 是个微小量，不能用常规的尺子直接测量，本实验中采用光杠杆放大的办法测量。

2. 装置简介及光杠杆放大原理

（1）金属丝及支架。

如图 5-6-1 所示，通过砝码为金属丝提供拉力。改进型仪器可以通过多种形式为金属丝提供拉力，且可以通过各种形式读出拉力大小。

（2）光杠杆和镜尺组。

这是测量ΔL 的主要部件。光杠杆 M 的构造如图 5-6-2 所示，T 形镜架下面有三个脚 f_1、f_2、f_3 构

成等腰三角形，f_1至$\overline{f_2f_3}$连线的垂直距离为b（光杠杆常数），镜架上面装有一个平面反射镜。镜尺组包括一个竖直刻度尺S和尺旁的一个望远镜R，都固定在另一个小支架上。

（3）光杠杆放大原理。

测量时，光杠杆下面的两只脚f_2、f_3放在平台G的固定槽里，尖脚f_1放在金属框架C的上端。调节支架底部的三个调节螺钉可使平台水平。镜尺组距平面镜的距离为D，约1 m，望远镜中可以看到有平面镜反射的竖直的像。望远镜中有细叉丝。可以对准尺像的某一刻度进行读数。

当金属丝受力伸长ΔL时，光杠杆的尖脚f_1也随之下降ΔL（见图5-6-3），而脚f_1、f_2保持不动，于是f_1以$\overline{f_1f_2}$为轴，以b为半径旋转一角度α。在α较小时，即$\Delta L << b$，它可以近似地表示为

$$a=\frac{\Delta L}{b} \tag{5-6-2}$$

若望远镜中的叉丝原来对准竖尺上的刻度n_i，平面镜转动后，根据光的反射定律，镜面旋转α角，反射线将旋转2α角，设这时对准的新刻度为n_{i+1}，则$\Delta n=|n_{i+1}-n_i|$，当α较小，即$\Delta n << D$时，有

$$2\alpha=\frac{\Delta n}{D} \tag{5-6-3}$$

比较式（5-6-2）和式（5-6-3），即可得到ΔL的测量公式为

$$\Delta L=\frac{b}{2D}\Delta n \tag{5-6-4}$$

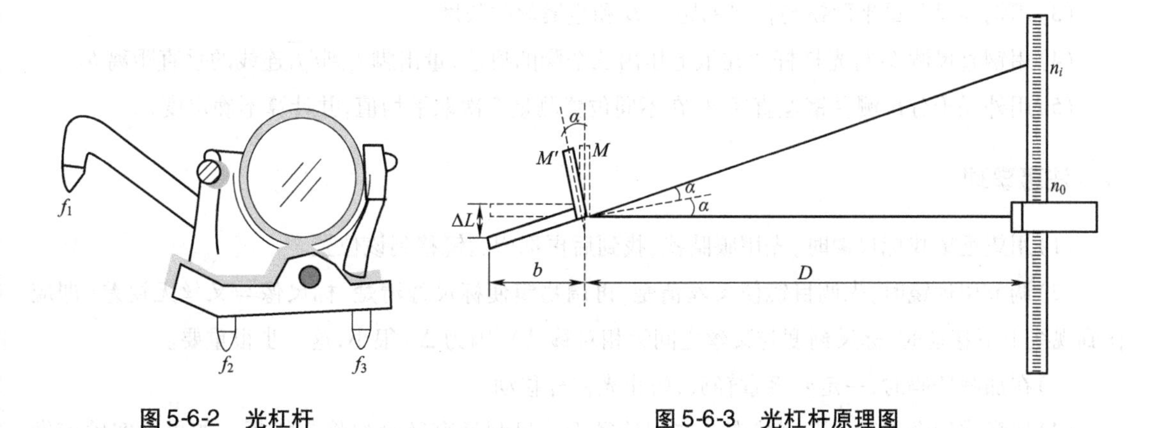

图5-6-2　光杠杆　　　　图5-6-3　光杠杆原理图

可见，利用光杠杆装置测量微小长度变化量的实质是：将未消长度变化量ΔL经光杠杆装置转变为微小角度变化量α，再经尺度望远镜转变为刻度尺上较大范围的读数变化量Δn。通过测量Δn，实现对微小长度变化量ΔL的计量。这样不但可以提高测量的准确度，而且可以实现非接触测量。$\frac{2D}{b}$称为光杠杆的放大倍数。在光杠杆常数b不变的情况下，增加光杠杆到标尺间的距离D就可以增加光杠杆的放大倍数。

将式（5-6-4）代入式（5-6-1），并利用$S=\frac{1}{2}\pi d^2$，式中d是金属丝的直径，可得

$$Y=\frac{8FLD}{\pi d^2 b\Delta n} \tag{5-6-5}$$

实验内容与步骤

1. 调节仪器

(1)先调节支架底部的三个调节螺钉,使两立柱与地面垂直,小平台水平,砝码不能与立柱相碰(应先看一下,因为可能已经调节好)。

(2)使平面镜与平台大致垂直,再调望远镜高度,与平面镜等高。

(3)调节目镜,使叉丝清楚,改变望远镜镜架位置,直到眼睛顺着望远镜准星可以看到标尺像,再在望远镜内观察标尺像。

(4)调节望远镜物距,使标尺像清楚且与叉丝间无视差。

2. 测量 Δn

(1)未放砝码前记下叉丝横线对准标尺某一刻度 n_0(注:亦可加 1 到 2 个砝码作为本底砝码,见注意事项)。

(2)按顺序逐渐增加砝码(每次一个,其质量为(1.00 ±0.01) kg),在望远镜中观察标尺的像,并逐次记下相应的标尺刻度 $n_1,n_2,\cdots,n_7$,然后按相反的次序将砝码逐个取下,记下相应的标尺读数 $n_7',n_6',\cdots,n_1'$,在同一负荷下,标尺读数的平均值为 $\bar{n}_i=\frac{n_i+n_i'}{2},i=1,2,\cdots,7$。

(3)用钢卷尺测量平面镜与标尺的距离 D 和金属丝的长度 L。

(4)用钢直尺测 b:将光杠杆放在纸上压出三个脚的痕迹,量出脚 f_1 到 $\overline{f_2f_3}$ 连线的垂直距离 b。

(5)用外径千分尺测量钢丝直径 d(在不同位置测量 5 次取平均值,并计算不确定度)。

注意事项

(1)用望远镜找标尺像时,先用眼睛找,找到后再把望远镜移到该位置。

(2)调节望远镜时,先调目镜使叉丝清楚,再调物镜使标尺像清楚、标尺像与叉丝无视差(即应作到视线上下移动时,标尺刻度与叉丝之间无相对移动),因为 Δn 很小,这一步很重要。

(3)在加减砝码时,一定要轻拿轻放,防止光杠杆移动。

(4)注意维护金属丝的平直状态。在用外径千分尺测量直径时勿将它扭折。如果做实验前发现金属丝略有弯折,可在砝码钩上先加上一定量的本底砝码,使之在伸直状态下实验。

数据记录与处理

测量 Δn,逐次记下测量数据,见表 5-6-1。

测量 D、L、b:由于测量条件的限制,L、D、b 三个量只作单次测量,它们的仪器误差限应根据具体情况估算。其中 L、D 用钢卷尺测量,其极限误差可估算为 5 mm。测量光杠杆常数 b 的方法是,将三个尖脚压印在硬纸板上,作等腰三角形,从后尖脚至两前尖脚连线的垂直距离即为 b。由于压印,作图连线宽度可达到 0.2 ~0.3 mm,故其误差限可估算为 0.5 mm。

用逐差法计算 Δn，并对钢丝杨氏模量的结果进行不确定度评定。

测量钢丝直径 d，见表 5-6-2。

表 5-6-1　测量 Δn 数据表

<table>
<tr><th rowspan="2">次数</th><th rowspan="2">拉力示值/kg</th><th colspan="3">标尺读数/mm</th></tr>
<tr><th>第一次 n_i</th><th>第二次 n_i'</th><th>平均值/mm
$P_i=(n_i+n_i')/2$</th></tr>
<tr><td>1</td><td></td><td></td><td></td><td></td></tr>
<tr><td>2</td><td></td><td></td><td></td><td></td></tr>
<tr><td>3</td><td></td><td></td><td></td><td></td></tr>
<tr><td>4</td><td></td><td></td><td></td><td></td></tr>
<tr><td>5</td><td></td><td></td><td></td><td></td></tr>
<tr><td>6</td><td></td><td></td><td></td><td></td></tr>
<tr><td>7</td><td></td><td></td><td></td><td></td></tr>
<tr><td>8</td><td></td><td></td><td></td><td></td></tr>
<tr><td rowspan="2">逐差值/mm</td><td>$\Delta n_1=P_5-P_1$</td><td>$\Delta n_2=P_6-P_2$</td><td>$\Delta n_3=P_7-P_3$</td><td>$\Delta n_4=P_8-P_4$</td></tr>
<tr><td></td><td></td><td></td><td></td></tr>
<tr><td colspan="3">平均值 $\overline{\Delta n}=\frac{1}{4}\sum_{i=1}^{4}\Delta n_i=$ ____mm</td><td colspan="2">标准偏差 $U_{\overline{\Delta n}}=\sqrt{\frac{1}{4-1}\sum_{i=1}^{4}(\Delta n_i-\overline{\Delta n})^2}=$ ____mm</td></tr>
</table>

表 5-6-2　用外径千分尺测量钢丝直径 d　　单位：mm

次数	1	2	3	4	5	平均值
测量值						

要求对实验数据进行完整的记录、计算和结果表达。同时，通过误差分析，对实验所采用的仪器选择的合理性进行判断。

思考讨论

(1)材料相同，但粗细长度不同的两根钢丝，它们的杨氏模量是否相同？

(2)本实验利用 $Y=\frac{8FLD}{\pi d^2 b\Delta n}$ 求杨氏模量必须满足哪些实验条件？这些条件是如何提出的？

实验习题

(1)用实验数据分析出影响测量的最大因素是什么？测量仪器的选择是否合理？

(2)挂衣服的杆长为 $L=1.000$ m，正方形截面 0.01 m $\times 0.01$ m，如图 5-6-4 所示。端点挂一件质量为 1 kg 的大衣，计算杆端下垂的高度为多少。已知 $Y=2.1\times10^{11}$ N/m^2（提示：受力下垂距离 $y=\frac{4PL^3}{h^3bY}$）。

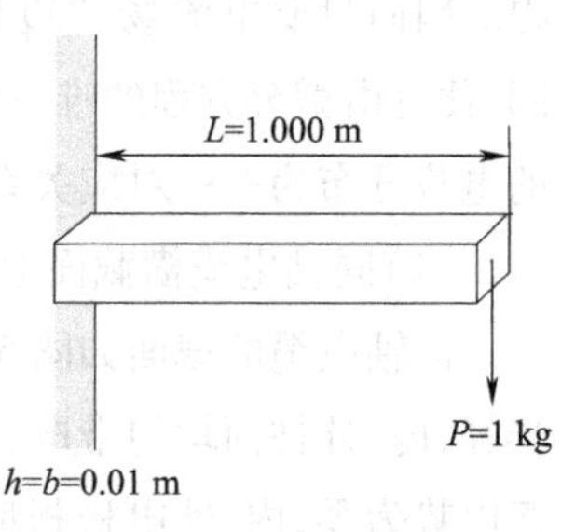

图 5-6-4　实验习题 2 用图

实验 5.7 静电场模拟

模拟法是在实验室里先设计出与某被研究现象或过程(即原型)相似的模型,然后通过研究模型,间接地获得原型规律的一种实验方法。根据模型和原型之间的相似关系,模拟法可分为物理模拟、数学模拟。当今,随着科学技术的高速发展,数学在各种科技领域中得到广泛运用,特别是电子计算机等先进技术的作用和推广,模拟法的应用范围也越来越广阔,成为提出新的科学设想,探索未知世界不可缺少的研究方法之一。

模拟静电场有很多方法,主要区别是采用的导电介质不同,如导电溶液、导电纸、导电玻璃等都可以作为模拟静电场的导电介质。本实验选择矿物质水或自来水作为导电溶液。

实验目的

(1)了解用模拟法测量物理量的原理和方法。

(2)学会用模拟法来研究静电场,掌握准确模拟的实验条件和保证措施。

实验原理

1. 稳恒电流场与静电场的物理相似性

描述静电场的空间分布可以用电场强度 E 和电势 u 两个基本量,由于标量在计算和测量上要比矢量简单得多,所以实验中对静电场的研究往往通过电势分布来进行。然而,即便如此,直接测量静电场分布仍然很困难。原因有两点:其一,静电场是指对于观察者静止的电场,场区不能有电荷运动,所以不能用伏特计直接测量电势;其二,当探针放入待测的静电场时,探针上会产生感应电荷,这些电荷产生的电场叠加在原电场上,使原电场发生显著的畸变,测量将失去意义。实验中为了解决这一困难,常采用以电流场模拟静电场的方法间接达到测量静电场的目的。

为了使稳恒电流场模拟的静电场结果具有确切意义,模拟用的电流场必须具备物理的相似性,即满足以下三个条件:①电流场与静电场存在一一对应的物理量;②对应的物理量满足形式相同的数学方程;③具有形式相同的边值条件。通过对稳恒电流场和静电场的分析、比较可以清楚地看到:两种场都有电势的概念,而且两种场都遵守高斯定理和拉普拉斯方程。因而只要电流场的边界条件(包括几何条件)与静电场的相同,便可由微分方程的唯一性定理得知电流场的电压分布与静电场的电势分布为一一对应关系。

(1)同轴电缆横截面上的静电场分布。

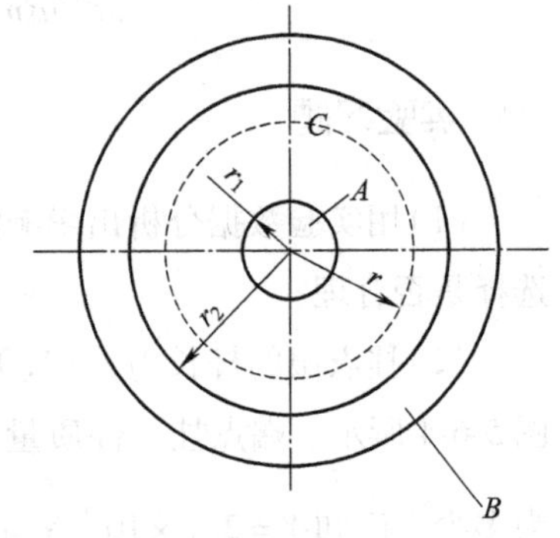

图 5-7-1 同轴电缆截面示意图

同轴电缆的截面如图 5-7-1 所示。r_1为内柱体半径,r_2为外柱体半径,内、外柱面均匀带电,其线密度分别为 $+\tau$, $-\tau$。设此时外极板电势为零,内、外电极板间产生的电势差为 U_0。由对称性可知,电场线沿半径呈辐射状,等势面是不同半径的同轴柱面。由高斯定理可得在两柱面之间任一半径 r 处的电势为

$$U_r = U_0 \cdot \left(\frac{R_{r,2}}{R_{1,2}}\right) = U_0 \cdot \frac{\ln(r_2/r)}{\ln(r_2/r_1)} \tag{5-7-1}$$

(2)同轴电缆在横截面的电流场分布。

设有一与同轴电缆的横截面形状完全相同的电极C,其间充满电阻率为ρ的导电介质,导电介质的厚度为t,在内、外柱面的电极间加一直流电压U_0(外柱面为零电势),如图5-7-2所示,则从半径r的圆周到半径$(r+\mathrm{d}r)$的圆周之间薄层的电阻是

$$\mathrm{d}R = \rho \cdot \frac{\mathrm{d}r}{s} = \frac{\rho}{2\pi t} \cdot \frac{\mathrm{d}r}{r} \tag{5-7-2}$$

则从内柱面到外柱面之间薄层电阻为

$$R_{1,2} = \frac{\rho}{2\pi t}\ln\frac{r_1}{r_2} \tag{5-7-3}$$

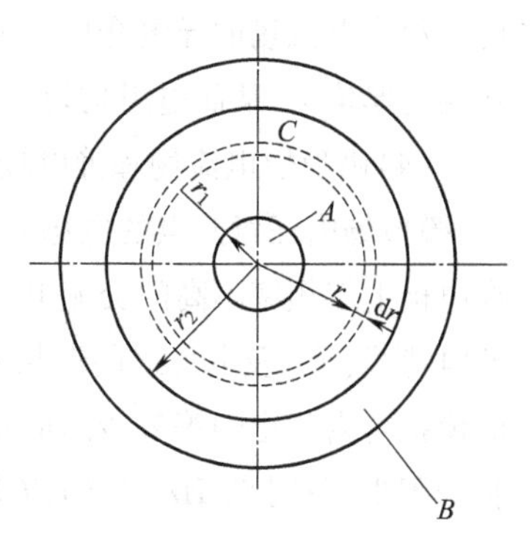

图5-7-2　电流场分布分析图

从半径为r的圆周到外柱面之间薄层电阻为

$$R_{r,2} = \frac{\rho}{2\pi t}\ln\frac{r_2}{r} \tag{5-7-4}$$

因此从内柱面到外柱面的总电流为

$$I_{1,2} = \frac{U_0}{R_{1,2}} = \frac{2\pi t}{\rho\ln\left(\frac{r_2}{r_1}\right)} \cdot U_0 \tag{5-7-5}$$

半径为r的圆周相对外柱面之间电势为

$$U_r = U_0 \cdot \left(\frac{R_{r,2}}{R_{1,2}}\right) = U_0 \cdot \frac{\ln(r_2/r)}{\ln(r_2/r_1)} \tag{5-7-6}$$

比较式(5-7-1)与式(5-7-6)可看出模拟电流场与静电场的电势分布完全相同。从电荷产生电场的观点分析,真空中的静电场和有稳恒电流通过时导电介质中的场都是有电极上的电荷产生的。事实上,真空中电极上的电荷是不动的,在有电流通过的导电介质中,电极上的电荷一边流失,一边由电源补充,在动态平衡下保持电荷的数量不变,所以这两种情况下电场分布是相同的。

2. 模拟条件

本实验是模拟真空或空气中的静电场分布,故如上的物理相似性条件要通过以下实验条件来保证:

(1)在设计电极形状时,需按电器设备中带电体的形状、大小分布以一定比例放大或缩小制成电极。在具体问题中,可利用场的对称性,合理简化电极的形状。例如,无限长均匀带电圆柱周围的电场分布在整个三维空间,但由于它的电场具有轴对称性,电力线垂直于柱体。所以模拟的电流线也只在垂直于圆柱体的平面内。这样,只要测量其中任何一个截面的径向电势分布就可以了,因此电极的形状可制成有限高的柱体。

(2)几何上的相似并不等于物理也相似,只有当两种场在边界上满足相同的边值条件时其分布才会相同,因此,当静电场中的带电体是等势体时,电流场中的电极也必须尽量接近等势体,这就要求制作电极的金属材料电导率必须远大于导电介质的电导率,此时金属电极上的电势降便可以忽

略。本实验中采用铜或铝作电极，基本满足上述要求，但实验中电极要除锈，导线与电极要接触良好。另外，模拟场范围应远离水盘边缘。

(3) 为了模拟真空或空气中的静电场分布，所采用的导电介质应选择电阻均匀和各向同性的导电材料为电流场的导电介质。本实验用自来水作为导电介质。实验时水盘要调平以保证水盘中的水层薄厚均匀，从而电阻均匀。

(4) 由稳恒电流场和静电场的电势分布函数可知，若各模拟电极上的电势按相同比例增大或缩小，模拟场内任意两点的电势差也同时按相同比例增大或缩小，等势面的形状不发生改变，因此，可在电极上接频率不高的交流电，当交流电场瞬时值可看作稳恒电流场时，等势面形状不变，描述电场的电势线(面)及电力线的形状亦不随时间而改变。在频率不高的交流电流场里测定等势线与在直流模拟场内测定的等势线的形状和位置完全相同。本实验为了克服水受电极作用发生电解影响实验的困难，采用 50 Hz 交流电流场模拟静电场。

实验仪器

静电场描绘仪及专用电源、同步探针、带有各种形状电极的水盘等。

实验内容与步骤

(1) 打开描绘架上层的黑色金属方框，放上描绘用的坐标纸，并将其合上压紧。

(2) 水槽内注入干净的自来水至电极高度或略低于电极板，并将电极板水槽放于描绘架下层。

(3) 对每一个模拟电极模型，按仪器接头标注连线，即将电极板两电极分别与 WQE-3 型静电场电源的“电源输出”“接地端”相连接；同步探针与 WQE-3 型静电场电源的“探针输入”相连接。将探针放置在平台上并使下侧探针碰触高电位电极板，同时把挡位开关置于“内侧”挡，调整电压调节旋钮至 10 V；再把挡位开关置于“外侧”挡，调整电压调节旋钮至 10 V。

(4) 每个电极模型至少测试四条等势线，每条等势线上测出 10 个以上的点，描点连线画出等势线。

(5) 由等势线作出电场线。

静电场描绘仪示意图如图 5-7-3 所示。各种形状的模拟电极图如图 5-7-4 所示。

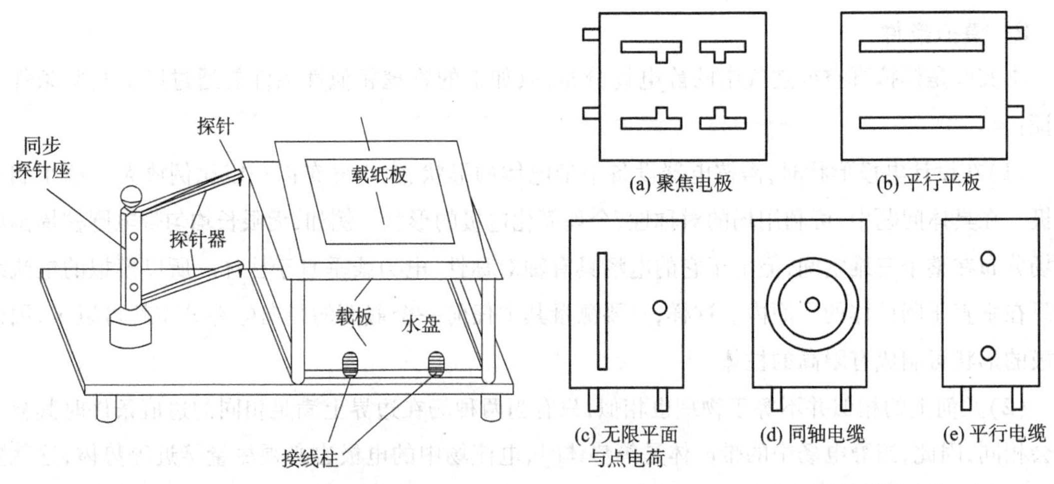

图 5-7-3　静电场描绘仪示意图　　图 5-7-4　各种形状的模拟电极图

数据记录与处理

本实验由于使用的是描点作图,故不再进行不确定度计算和数据的数学处理,但要求在测绘的等势线(面)图中,同时用虚线绘出电场线图。

描点连线时应该注意:因每一个描绘点的误差情况不一定相同,故不能强求描点连线画出的等势线通过每一个描绘点,而应使等势线两侧的描绘点与等势线的距离最为接近且两侧分布大体均匀。

绘制电场线时要注意:电场线与等势线正交,导体表面是等势面,电场线垂直于导体表面,电场线发自正电荷而终于负电荷,疏密能表示出场强的大小,根据电极正、负画出电场线方向。

实验习题

(1)出现下列情况时测绘的等势线和电力线的形状有无变化?

①电源电压提高一倍；　　②水盘不水平；

③水盘盘底不平整；　　④电极与导线接触不良；

⑤电极表面有氧化锈斑。

(2)怎样由测得的等势面绘出电力线?电力线的疏密和方向如何确定?能否从你绘制的等势线或电力线图中判断哪些地方较强,哪些地方较弱?

(3)实验中若水盘不平,水深处和水浅处等势分布将如何变化?平行板之一接触不好,等势线又将如何变化?

(4)实验中检测电势的方法是电压表测压法,除此之外,还可采用示零法(电桥法)。试设计出利用电桥法检测电势的电路,并比较两种方法的优劣。

实验 5.8　电位差计校准毫安表

直流电位差计是电学实验中常用的一种高精度测量仪器,它应用电压的补偿原理来测量电势差。在测量时,通过电压补偿使测量回路无电流通过,克服了由于测量仪表内阻的存在产生的接入误差。其测量结果的精度仅仅依赖于标准电池、标准电阻和检流计。若选择高精度的标准电池、标准电阻及高灵敏度的检流计,会使测量结果准确、数据稳定、精度提高,一般可达 0.01 级甚至更高。它不但可以直接或间接测量电动势、电压、电流、电阻等,还可以借助传感器测量非电学量,是物理测量常用的测量仪器。

实验目的

(1)熟悉电位差计的使用。

(2)掌握电压补偿法测量物理量的方法。

(3)会绘制毫安表校准曲线并测量其内阻。

实验仪器

电位差计、标准电池、灵敏电流计、直流稳压电源、标准电阻箱、滑动变阻器、待校毫安表、开关、导线等。

实验原理

1. 电位差计测量原理

电位差计的工作原理可类比天平,称为电压补偿法。当要测量一个元件的电压 U_x时可以将一个探测回路中的电位器与之并联,并在电路中加入一个检流计。如图5-8-1 所示,当探测电位器的电压高于待测电压时电流会从探测电位器的高电位端流出,检流计指针会相应向一侧倾斜;而当探测电位器电压刚好和待测电压一致时,两侧电压平衡,此时检流计将指向零刻度线。如此一来只要知道电位器当前的电阻和通过其上的电流即可得知待测元件的电压。待测元件和探测电位器分别属于待测电路和电位差计。补偿法的好处是当达到补偿条件时两个回路之间没有电流交换,有效避免了电压探测器和待测回路之间分流对电压测量的影响。

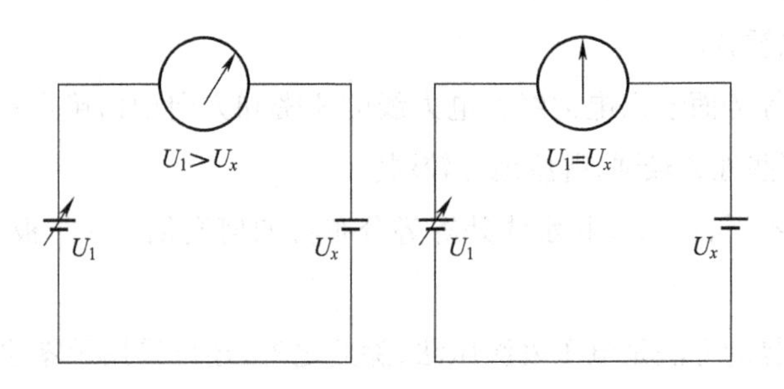

图5-8-1　电压补偿法示意图

图5-8-2 为 UJ-31 型电位差计,图5-8-3 为其原理图。面板上的 R_T,相当于原理图中的 R_T,通过 R_T的调节,使标准电池在不同温度下得到补偿;R_{p1},R_{p2},R_{p3}为三个电阻调节盘,相当于原理图中的 R_p,用来调节工作电流 I_0;a、b、c 是三个电阻转盘,相当于原理图的 R_u,在工作电流 I_0一定的情况下,调节此电阻可使 R_u上的电压随之改变。当检流计指零时,R_u上的电压与待测电压 E_x相同,三个电阻转盘上的刻度已经转换为相应的电压值,因此读取三个电阻转盘刻度即可得待测电压值。

2. 电位差计使用方法

(1)将 S_1拨至“断”的位置上,按面板上的指示依次接上标准电池、检流计、工作电源,注意接线柱的正负极性不能接反。

(2)校准工作电流:将 R_T拨至与标准电池电动势相同数值的位置,S_1打到“标准”位置上。把工作电源的电压调到指定范围(5.7 ~6.4 V),按下检流计的“粗”按钮,调节 R_P使检流计近似指零。弹起“粗”按钮,再按“细”按钮,精调 R_P,使检流计指零。此时工作电流已调好,大小为 10 mA。这一过程称为定标,测量过程中要保持工作电流不改变。(思考:如何做到工作电流不变)

(3)将 S_1转至“未知 1”或“未知 2”的位置,测量电位差。调节 a、b、c 三个旋钮,使检流计指 0,就可读出所测电压,要注意乘上 S_0所示倍率。

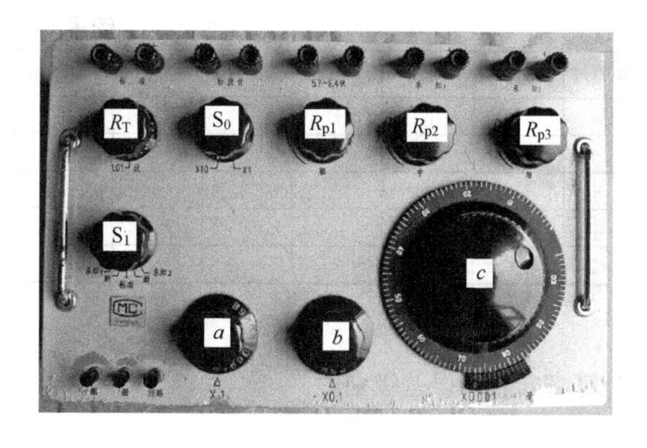

图 5-8-2　电位差计的面板

a、b—十进制步进测量盘；c—滑线式测量盘；R_T—温度补偿旋钮；S_0—量程转换开关；S_1—测量选择开关；R_{p1}、R_{p2}、R_{p3}—工作电流调节盘

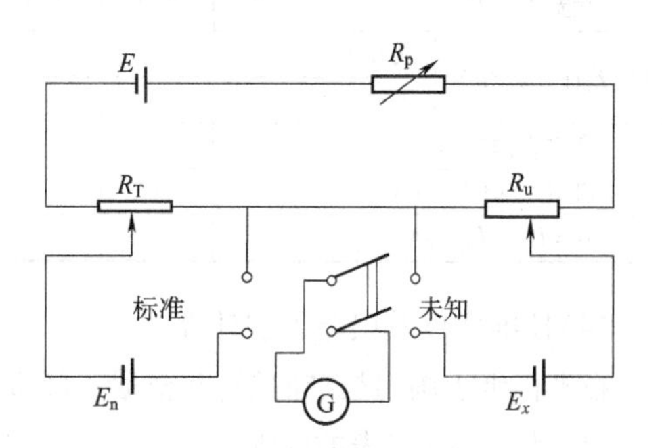

图 5-8-3　电位差计的原理图示

E—电源；E_n—标准电池；E_x—待测电压；R_u—读数盘电阻；G—检流计；R_p—工作电流调节电阻；R_T—调定电阻

3. 校准毫安表的方法

实验线路如图 5-8-4 所示，R 为滑动变阻器，起分压作用。R_0为标准电阻箱，R_0已知，两端接电位差计的未知 2，毫安表两端接电位差计的未知 1。由电位差计可测出 R_0 两端电压 U_{R_0}，则通过毫安表的实际电流为

$$I_{标} = U_{R_0}/R_0 \tag{5-8-1}$$

把 $I_{标}$与毫安表的示数作比较找出其误差即

$$\Delta I = I_{标} - I_{示} \tag{5-8-2}$$

由定义知该毫安表的等级 k 为

$$k = \frac{\Delta I_{max}}{I_m} \times 100\% \tag{5-8-3}$$

式中，ΔI_{max}为最大误差；I_m为毫安表量程。同时，测出毫安表两端电压 U_{mA}，则毫安表内阻 r 为

$$r = U_{mA}/I_{标} \tag{5-8-4}$$

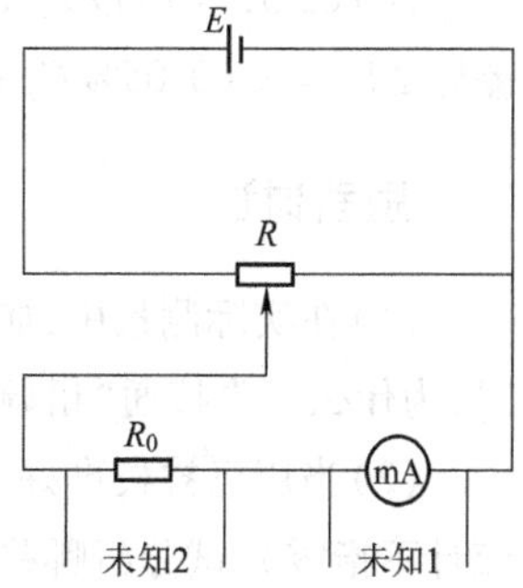

图 5-8-4　待测电路

数据记录与处理

（1）按图 5-8-4 连接电路，标准电阻箱取 10 Ω 左右。（思考：为什么取这个值）

（2）将电位差计工作电压调至 5.7～6.4 V 之间，根据电位差计的使用步骤标定工作电流。

（3）校准毫安表，从被校表的零点至满量程共校准 10 个刻度。记录相应位置未知 1 和未知 2 的电压值并完成表 5-8-1 的记录与计算。

表 5-8-1　实验数据记录表

毫安表示数/mA	1.0	2.0	3.0	4.0	5.0	6.0	7.0	8.0	9.0	10.0
标准电阻/Ω	10.0	10.0	10.0	10.0	10.0	10.0	10.0	10.0	10.0	10.0

续表

毫安表示数/mA		1.0	2.0	3.0	4.0	5.0	6.0	7.0	8.0	9.0	10.0
电位差计读数/mV	未知1										
	未知2										
毫安表内阻 r/Ω											
标准电流值 $I_{标}$/mA											
$\Delta I = I_{标} - I_{示}$/mA											

(4)校准曲线及误差级别计算。

在坐标纸上画出校准曲线,并根据式(5-8-3)计算毫安表的误差级别。

(5)计算出毫安表的内阻。

注意事项

(1)S_1不得长时间置于"标准"位置。不测量时,S_1应置于"断"的位置。

(2)在"校准"前根据室温求出标准电动势 E_n,再将温度补偿盘(R_T)旋至对应位置,该盘直接按电池电动势标定分度 $R_T = E_n/0.010\,000$。

(3)工作电源的电压必须在规定范围内。"校准"时,旋粗、中、细三个调节盘,使检流计指零,这时 $I_0 = 10.000$ mA。

(4)UJ-31 型电位差计的测量范围:1 μV ~ 17 mV(×1 挡)或 10 μV ~ 170 mV(×10 挡)。

(5)操作时按照"先粗调,后细调"的调节方式进行,先按"粗"按钮(这时检流计串有 10 kΩ 电阻)调节 R_u,当检流计指针指零时,弹起"粗"按钮,再按下"细"按钮,继续调节 R_u直至检流计指零。按下"短路"按钮时(此时检流计内部电路形成回路),指针能迅速回零以保护检流计。

(6)UJ-31 型电位差计的准确度等级为 0.05,在周围温度与 20 ℃相差不大等条件下,其基本误差限 $\Delta U_x = \pm(0.05\%\, U_x + \Delta U)$,式中,$\Delta U$ 当倍率为 ×10 时取 5 μV;当倍率为 ×1 时取 0.5 μV。

思考讨论

(1)在实际测量中,如何提高电位差计的灵敏度?在对电位差计进行校准或用其进行电压测量时,为什么要先接通"粗调"再接通"细调"直到最后平衡?

(2)当用已被校准好的箱式电位差计去测标准电阻上的电压时,发现无论如何也调不平衡(检流计不指零),试分析哪些因素会导致上述现象发生。

(3)如何利用低量程的电位差计校准比其量程高的电压表?画出测试线路图。

实验习题

(1)如何用电位差计测量干电池电动势和内阻?画出电路图,写出测量原理。

(2)若毫安表读数为 8.6 mA,问回路实际电流应为多少。

实验 5.9　迈克尔逊干涉仪的调节及使用

迈克尔逊干涉仪是 1881 年由美国著名的实验物理学家迈克尔逊(Albert Abraham Michelson,

1852—1931）设计制造的精密光学仪器，它是世界上第一台测定微小长度、折射率和光波波长的干涉仪。迈克尔逊用这种干涉仪完成了历史上极有价值的三个实验：1887年，迈克尔逊与莫雷（Morley，1838—1923）合作完成了非常著名的迈克尔逊-莫雷“以太”漂移实验，实验结果否定了“以太”的存在，解决了当时关于“以太”是否存在的争论，并确定光速为定值，从而，为爱因斯坦（Einstein，1879—1955）创立狭义相对论铺平了道路；1896年，迈克尔逊和莫雷用迈克尔逊干涉仪首次观察到氢光谱的 H_a 线是双线结构，并系统地研究了此光谱线的精细结构，这在现代原子理论中起到了重要作用；迈克尔逊还用这种干涉仪测得镉红线波长（$\lambda=643.846\ 96$ nm），并以此波长确定了标准米的长度（1 m = 1 553 164.13倍镉红线波长）。1907年，迈克尔逊因为迈克尔逊干涉仪和借助这套仪器所进行的光谱学和度量学研究等工作，获得1907年度诺贝尔物理学奖，成为第一位获得诺贝尔物理学奖的美国人。

迈克尔逊干涉仪在近代物理和计量技术中有着广泛的应用。不仅可用它测量光的波长、微小长度和光源的相干长度，如果采用相干性较好的光源（激光），还可用它精确测量较大的长度。另外，也可用它研究温度、压力对光传播的影响等。

本实验内容所体现的思想方法以及对实验技术的训练，已使其成为大学物理实验的经典。

实验目的

（1）观察干涉条纹，研究点光源的非定域干涉，面光源的等倾、等厚干涉的形成条件和条纹特点，巩固和加深对干涉理论的理解。

（2）熟悉迈克尔逊干涉仪的结构、原理、特点及调整和使用方法，学会用它测量单色光波波长及钠光双线的波长差。

（3）掌握利用逐差法处理数据。

实验仪器

迈克尔逊干涉仪、多光束扩束激光源、钠光灯。

迈克尔逊干涉仪是根据分振幅干涉原理制成的双光束干涉精密实验仪器。实物图如图5-9-1所示，基本光路图如图5-9-2所示，结构图如图5-9-3所示。

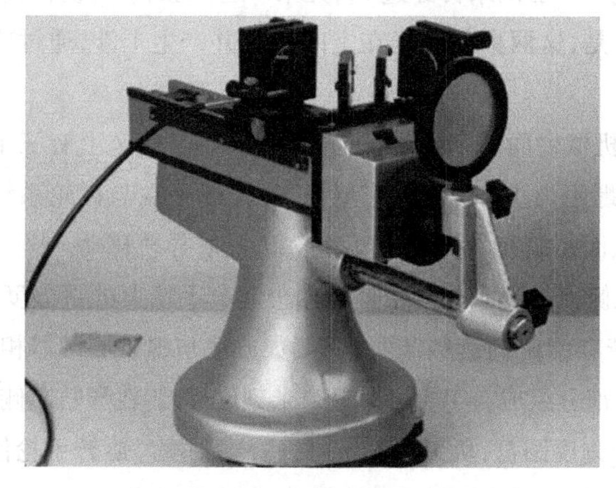

图5-9-1　迈克尔逊干涉仪实物图

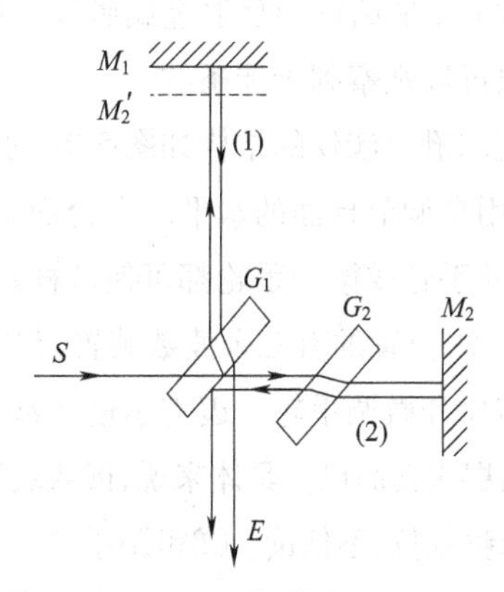

图5-9-2　迈克尔逊干涉仪光路图

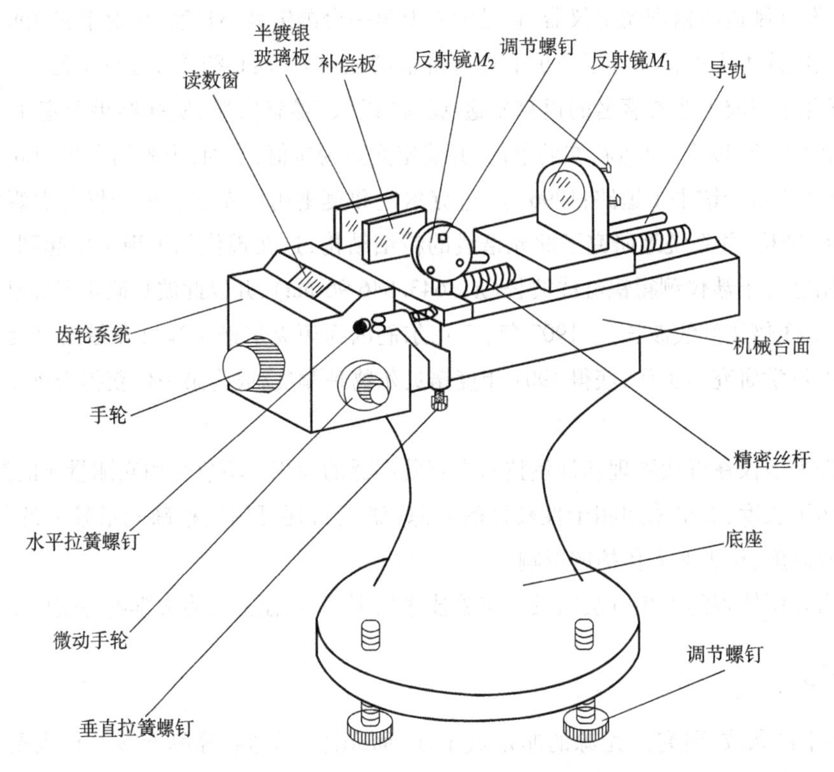

图 5-9-3　迈克尔逊干涉仪的结构图

迈克尔逊干涉仪的基本光路如图 5-9-2 所示。S 为光源。G_1、G_2为平行平面玻璃板。G_1称为分束镜,在它的后表面镀有半反射金属膜,可将入射光分为光强近似相等的反射光束和透射光束。G_2称为补偿板,它的作用是使 1、2 两光束在玻璃中经过的光程完全相同,可使任何波长的光经过这两条光路时都有相同的光程差,于是白光也能产生干涉,因此,要求 G_1、G_2两板的折射率和厚度相等且两者应相互平行,在制作过程中是将同一块平行平面玻璃板分割为两块,一块作为分光镜,一块作为补偿板。M_1、M_2是互相垂直的平面镜,G_1、G_2与 M_1、M_2均成45°。

从光源 S 发出的一束光,在分光镜 G_1的半反射金属膜处被分成反射光束 1 和透射光束 2,两束光的光强近似相等。光束 1 射出 G_1后投向 M_1镜,反射回来再穿过 G_1;光束 2 经 G_2投向 M_2镜,反射回来再通过 G_2,在 G_1的半反射金属膜处反射。于是,这两束相干光在空间相遇并产生干涉,通过望远镜或人眼可以观察到干涉条纹。

迈克尔逊干涉仪的结构如图 5-9-3 所示。机械台面固定在较重的铸铁底座上,底座上有三个调节螺钉,用来调节台面的水平。在台面上装有螺距为 1 mm 的精密丝杆,丝杆的一端与齿轮系统相连接,转动手轮或微动手轮都可使丝杆转动,从而使骑在丝杆上的反射镜 M_1沿着导轨移动。

确定 M_1位置的有三个读数装置,包括导轨侧面的毫米刻度主尺和两个调节手轮上的百分度盘,即读数窗口和微调手轮。迈克尔逊干涉仪上带有精密的读数装置,其读数方法与螺旋测微器相同,只是有两层嵌套而已。具体来说,读数装置由三部分组成。①主尺。是毫米刻度尺,装在导轨左侧,只读到毫米整数位,不估读。②粗调手轮。控制着刻度圆盘,从读数窗口可以看到刻度。旋转手轮使圆盘转一周,动镜 M_1就移动 1 mm,而圆盘有 100 个分格,故圆盘转动一个分格时 M_1移动 0.01 mm。③微调鼓轮。上有100个分格,它转一个分格可使M_1移动0.000 1 mm。若测量时使用的是粗调手轮,需要在读数窗口精读两位后再估读一位;若测量时使用的是微调鼓轮,需要在微调鼓轮处精读两位后再估读一位。也就是说,每一级装置读数时只读出整数个分格数,不估读,估读位应该由下一级给出,就是说最后一级必须估读。

M_2镜被固定在台面上。M_1、M_2镜的倾斜度可以利用它们背后的螺钉调节。M_2镜台下面还有一个水平方向的拉簧螺钉和一个垂直方向的拉簧螺钉,利用这两个拉簧螺钉可以更精确地调节M_2镜的方位。

实验原理

1. 产生干涉的等效光路

如图5-9-2所示,观察者自E点向M_1镜看去,除直接看到M_1镜外,还可看到M_2镜经G的镀银面反射的像M_2'。在观察者看来,两束相干光好像是同一束光分别经M_1、M_2'反射而来的,因此,从光学上讲,迈克尔逊干涉仪所产生的干涉花样与M_1、M_2'间的空气薄膜(厚度为d)所产生的干涉是一样的。故今后讨论干涉条纹的形成时,只需考虑M_1、M_2'两个反射面和它们之间的空气层即可。

迈克尔逊干涉仪产生双光束干涉,其形成条件与条纹特点不仅与M_1、M_2'的相对位置有关,还与所用光源有关。

2. 单色点光源产生的非定域干涉

用He-Ne激光做光源,使激光束通过扩束镜会聚后发散,此时得到一个相干性很好的点光源。它发出的球面波先被分束镜G_1分光,然后射向两个全反镜,经M_1、M_2'反射后,在人眼观察方向得到两个相干的球面波,它们如同是由位于M_1后的两个虚点光源S_1、S_2产生的,如图5-9-4所示。由两虚点光源产生的两列球面波,在它们相遇的空间处,都能进行干涉,干涉条纹不定域,故称非定域干涉。即在两束光相遇的全部空间内均能用观察屏接收干涉图样。非定域干涉的图样,随观察屏的不同方向和位置而异。当观察屏垂直于S_1、S_2连线时,则是同心圆条纹,圆心就是S_1、S_2连线延长线和屏的交点。如转动观察屏不同角度,则可看到椭圆、双曲线和直线几种干涉图样。如调节反光镜M_2的微调螺钉,使$M_1 /\!/ M_2'$,此时和M_1平行放置的观察屏就出现同心圆条纹,圆心在光场的中心。两虚点光源间距是M_1和M_2'间距d的两倍,即圆心处光程差为$2d$。当d增加时,中心条纹一个个"冒出",当d减小时,中心条纹一个个"缩进"。

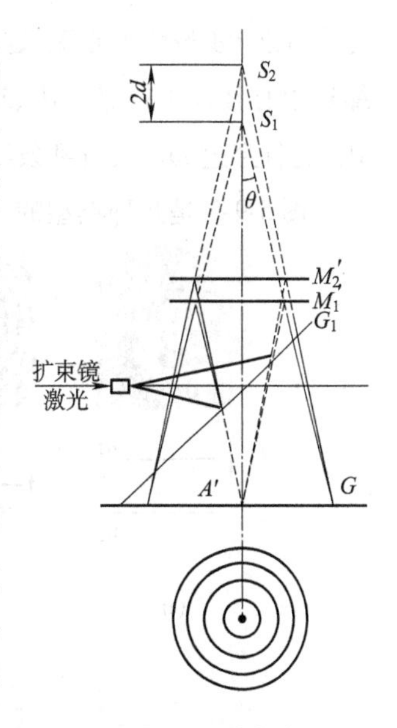

图5-9-4 单色点光源产生的干涉

若将屏E放在满足$Z>>d$的地方(Z是屏E到虚光源S_1、S_2间的距离),且在光轴附近(即θ角很小)观察干涉条纹,此时,由S_1、S_2到屏上任一点B的光程差可近似为

$$L=2d\cos\theta \tag{5-9-1}$$

形成明条纹的条件是:

$$L=2d\cos\theta=k\lambda \tag{5-9-2}$$

形成暗条纹的条件是：

$$L=2d\cos\theta=\left(k+\frac{1}{2}\right)\lambda \tag{5-9-3}$$

式中，$k=0,1,2,\cdots$称为干涉级。

由于点光源发出的光线是球对称的，满足式(5-9-2)和式(5-9-3)的点的轨迹是以A(S_1、S_2的连线与屏E的交点)为中心的圆，所以在满足θ很小和$Z>>d$条件的地方观察到的干涉条纹是一组明暗相间的同心圆环。

对干涉条纹的讨论：

①由式(5-9-2)知，$\theta=0$时，光程差L最大，故圆心A点对应的干涉级k最高。移动M_1，若d增加，与k级相应的条纹的θ角变大，条纹沿半径外移，可看到条纹从中心"涌出"的现象；反之，条纹向中心"收缩"。每"涌出"或"收缩"一个条纹，光程差L改变一个波长。设M_1移动了Δd距离，相应地"涌出"或"收缩"的条纹数为N，则$L=2\Delta d=N\lambda$，即

$$\lambda=\frac{2\Delta d}{N} \tag{5-9-4}$$

只要从仪器上读出M_1移动的距离Δd，并数出中心"涌出"或"收缩"的条纹数N，利用式(5-9-4)就能测出光源波长λ。

②相邻两条纹的角距离为$\Delta\theta=\dfrac{\lambda}{2d\sin\theta}$，$d$一定，$\theta$越大即离中心越远，$\Delta\theta$越小，表明条纹间距离越小，故干涉条纹中心疏，越向外越密。当M_1距M_2'较远，即d较大时，条纹较密，当M_1靠近M_2'，条纹缩进中心且越来越疏。M_1、M_2'完全重合时($L=0$)，中心斑点扩大到整个视场。若沿原方向继续推进M_1，它就穿过M_2'，又看到条纹不断从中心"涌出"，且条纹逐渐变密。

图5-9-5是几种典型的干涉条纹图样。

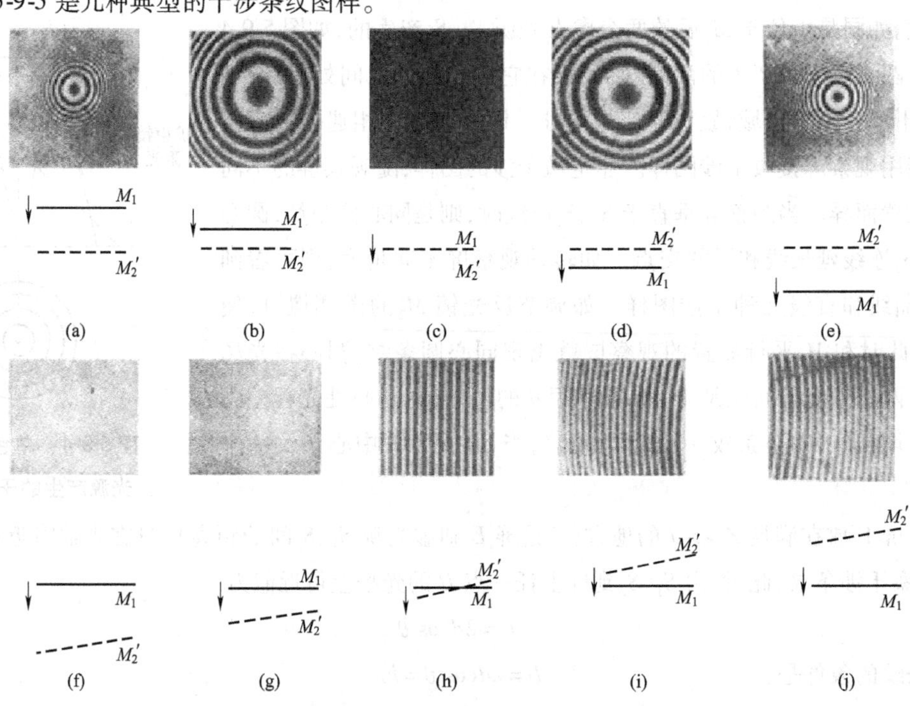

图5-9-5 几种典型干涉条纹图样

3. 单色面光源产生的定域干涉

普通光源没有激光的干涉性好，而且也非点光源，是由许多互不相干的点光源组成的集合体，称为面光源。面光源中不同的发光点发出的光束虽互不相干，但每个点光源发出的光束，经迈克尔逊干涉仪后都产生自己的干涉图样，因为强度极其微弱，所以无法显示在观察屏上。然而，无数点光源产生一系列不可见的干涉图样，经过凸透镜会聚后，互相叠加，就可以在特定位置形成稳定的、可见的干涉图样，而且干涉图样取决于 M_1、M_2'的相对位置。

(1)等倾干涉。

当 $M_1 /\!/ M_2'$时，如图 5-9-6 所示。入射角为 θ 的光线经 M_1、M_2'的反射成为光线(1)和(2)。此二光线相互平行，光程差为

$$L = \overline{AC} + \overline{CB} - \overline{AD} = 2d\cos\theta \tag{5-9-5}$$

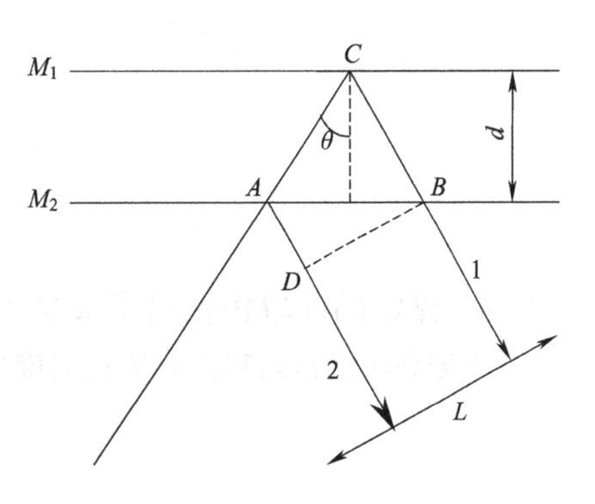

图 5-9-6 等倾干涉

可见，在 d 一定时，光程差只决定于入射角 θ(等于反射角)。面光源上每一点所发出的光束中，入射角为 θ 的光线经 M_1、M_2'反射后，光程差相等。若用薄透镜聚焦，反射角相同的平行光束在透镜的焦平面上产生干涉。其条纹是一组以透镜光轴为圆心的明暗相间的圆环。用望远镜代替薄透镜 L 可观察到这一组干涉条纹，也可以将眼睛聚焦于无穷远并向着 M_1方向观察这组干涉条纹。

当 $L = 2d\cos\theta = k\lambda$ 时形成明纹；$L = 2d\cos\theta = \left(k + \frac{1}{2}\right)\lambda$ 时形成暗纹，式中，$k = 0, 1, 2, \cdots$称为干涉级。

由于同一级干涉条纹是在 d 相同的条件下，由反射角相同的光线相干涉而产生的，所以称为等倾干涉，干涉级以圆心为最高。当 d 增加时，条纹从中心“涌出”，且逐渐变密变细；当 d 减小时，条纹向中心“收缩”且逐渐变疏、变粗。当 $d = 0$ 时，中心斑扩大到整个视场。

显然，等倾干涉条纹的形状及随 d 变化规律同上述单色点光源产生的非定域干涉条纹，可利用等倾干涉条纹测单色光的波长。不同的是单色面光源产生的干涉条纹定域在无穷远处，且形成条件也不相同。

(2)等厚干涉。

当 M_1与 M_2'有微小夹角 δ 时，M_1、M_2'间形成楔形空气层，就会出现等厚干涉条纹。如图 5-9-7(a)所示，光源 S 发出不同方向的光线(1)、(2)经 M_1、M_2'反射后在镜面附近相交，产生干涉。把眼睛聚焦在 M_1附近可以观察到干涉条纹(定域在 M_1附近)。当微小夹角 δ 很小时，光线(1)、(2)的光程差可近似地用 $L = 2d\cos\theta$ 表示。d 为 B 处空气层的厚度，θ 为入射角。在 M_1、M_2'的交线处，$d = 0$，$L = 0$，形成中央条纹。当入射角很小时，$\theta = 0$，即接近垂直入射时，$L = 2d$。故在中央条纹附近，等厚处(d 相同)产生的干涉条纹是与中央条纹平行的直线，称为等厚干涉。距中央条纹较远处，随着角 θ 的增大，干涉条纹逐渐发生弯曲(两侧向外弯曲)，如图 5-9-7(b)所示。

由此可见，等厚条纹是入射角 $\theta = 0$ 即近于垂直入射时，定域在 M_1 镜附近的直线干涉条纹。可用眼睛向 M_1方向直接观察，光源应为面光源。

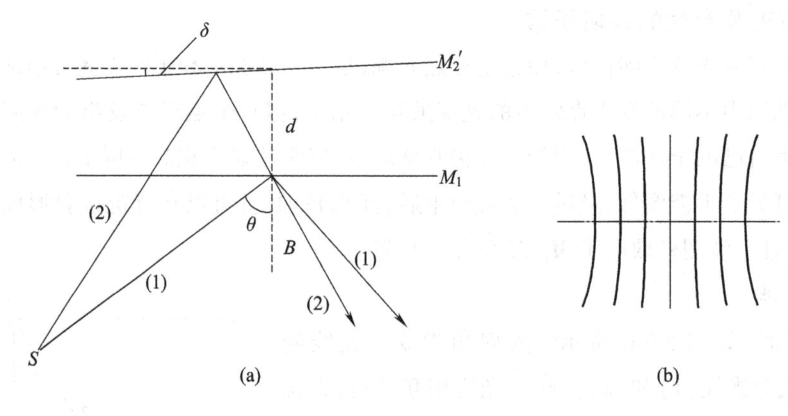

图 5-9-7　等厚干涉

4. 光源的非单色性对干涉条纹的影响与钠黄光 D 双线波长差的测定

干涉条纹的清晰程度称为反衬度(或称视见度),其定义为

$$V=\frac{I_{\max}-I_{\min}}{I_{\max}+I_{\min}} \tag{5-9-6}$$

式中,$I_{\max}$是亮条纹的光强极大值,$I_{\min}$为暗条纹的光强极小值。可用反衬度这一物理量来讨论光源的非单色性对干涉条纹的影响。

当观察单色面光源的等倾圆纹时,M_1镜缓慢移动,虽视场中心有条纹不断“涌出”或“陷入”,但反衬度不变。若迈克尔逊干涉仪的分束镜所分两相干光束强度相等,则恒有 $V=1$。单一波长的光(理想的单色光)实际上是不存在的,任何单色光都有一定的谱线宽度。许多看来是单色的光,实际上是由彼此十分接近的双线或多重线组成的。如钠黄光(称为 D 线)是由波长 $\lambda_1=589.0$ nm,$\lambda_2=589.6$ nm 两条谱线组成,而其中的每一条谱线又有自己的谱线宽度。光源的非单色性使不同颜色的干涉条纹重叠,引起反衬度下降。

若光源中包含有波长相近的两种单色光 λ_1 和 λ_2,$\lambda_1=\lambda_2+\Delta\lambda$。移动 M_1 改变 d,则可遇到这样的情况:分束镜所分两束光的光程差恰为 λ_1 的整数倍而同时又为 λ_2 的半整数倍,亦即

$$L=K_1\lambda_1=\left(K_2+\frac{1}{2}\right)\lambda_2 \tag{5-9-7}$$

此时,λ_1 光生成亮环的地方,恰为 λ_2 光生成暗环的地方。若这两列光波强度相等,则由定义式(5-9-6)知,这些地方的反衬度为零,这时视场中将看不到干涉条纹。继续移动 M_1,λ_1的明纹和 λ_2的暗纹渐渐错开,反衬度增加。当 λ_1的明纹和 λ_2的明纹相重叠时,反衬度最高 $V=1$,此时干涉条纹最清晰。d 进一步增加,反衬度开始下降。当 λ_1 的暗纹和 λ_2 的明纹重叠时,反衬度又下降为零。从某一反衬度为零到相邻的下一次反衬度为零,光程差的变化 ΔL 对 λ_1 是半个波长的奇数倍(第一次为明纹,第二次为暗纹)同时对 λ_2 也是半个波长的奇数倍(从暗到明),又因这两个奇数是相邻的,故有

$$\Delta L=K\frac{\lambda_1}{2}=(K+2)\frac{\lambda_2}{2} \tag{5-9-8}$$

式中,K 为奇数。

由式(5-9-7)得

$$\frac{\lambda_1-\lambda_2}{\lambda_2}=\frac{2}{k}=\frac{\lambda_1}{\Delta L},\quad \Delta\lambda=\lambda_1-\lambda_2=\frac{\lambda_1\lambda_2}{\Delta L}$$

考虑到 λ_1 与 λ_2 相差很小,故 $\lambda_1\lambda_2=\overline{\lambda}^2$;又 $\Delta L=2\Delta d$,故

$$\Delta\lambda=\frac{\overline{\lambda}^2}{2\Delta d}\tag{5-9-9}$$

由式(5-9-9)知,只要知道两波长的平均值 $\overline{\lambda}$ 和视场中心相继两次反衬度为零 M_1 所移过的距离 Δd,就可求出两者的波长差 $\Delta\lambda$。根据这一原理,可测黄光 D 双线的波长差。

实验内容与步骤

1. 迈克尔逊干涉仪调节

(1)调节迈克尔逊干涉仪底座下的水平调节螺钉,使干涉仪处于水平状态。

(2)打开 He-Ne 激光光源,取一条扩束激光光纤,将其固定在迈克尔逊干涉仪上的激光支架上,要注意调整好光路,出射激光光束应水平且与分束板成45°。

(3)调节手轮使 M_1 镜移至 50 mm 附近,并调节 M_2 镜下端垂直和水平方向的两个拉簧螺丝至中间位置。

(4)取下观察屏,直接向 M_1 镜方向看过去。细心调整 M_1、M_2 镜后的调节螺钉(注意螺钉不可拧得过紧),改变反射镜的倾度,使 M_1 镜里两列像点中最亮的两个点完全重合。此时,看到光点闪耀跳动,并伴有干涉条纹(不清晰)。这时,大致有 $M_1 /\!/ M_2'$。按上观察屏即可看到干涉条纹即点光源的非定域干涉条纹。缓慢、细心地调节两个拉簧螺钉,使干涉条纹呈圆形且圆心在视场中心。此时,基本上做到了 $M_1 /\!/ M_2'$(或 $M_1 \perp M_2$)。轻而缓慢地旋转粗调手轮,移动 M_1 镜,观察干涉条纹的变化("涌出"或"陷入")。由干涉条纹的变化判断 M_1、M_2'间距离 d 的变化情况。

2. 测 He-Ne 激光的波长

在观察点光源的非定域干涉圆条纹的基础上,按如下步骤进行 He-Ne 激光波长的测量。

(1)微调手轮零点调节。

转动微动手轮时,粗调手轮随着转动,但转动粗调手轮时,微动手轮并不随着转动,因此在读数前应先调整零点。

零点调节方法:旋转微调手轮,观察干涉条纹是否开始变化("涌出"或"陷入"),开始变化后,选定一个方向("涌出"或"陷入"任选一个),按照选定的条纹运动方向调节微调手轮,将微调手轮上测微尺的零刻线对准刻度线;以同样的旋转方向转动粗调手轮,将读数窗口百分尺上任一刻度对准刻度线。

(2)消除螺纹间隙误差

为保证测量结果正确,必须避免引入空程(螺旋间隙误差)。也就是说,在调整好零点后,应将微调手轮按原方向转几圈,直到确定干涉条纹开始变化,才可开始读数测量。在以后的测量过程中,一直要以相同方向转动微调手轮使 M_1 镜移动,这样才能使粗调手轮与微调手轮上的读数相互配合。

(3)测量激光波长。

开始时($N=0$)记下 M_1镜的位置(d_0)。缓慢而均匀地旋转微调手轮,记数从干涉圆环中心"涌出"(或"陷入")的条纹数,每"涌出"(或"陷入")20 个条纹记一次 M_1 的位置($d_0, d_{20}, d_{40}, d_{60}, \cdots, d_{180}$),一直记到 d_{180}为止,共得到 10 组数据。利用逐差法处理数据,即将 10 个读数 d_x值按顺序排列,前后分成两组,用逐差法计算得到 5 个与 100 个条纹"涌出"(或"陷入")相应的 Δd 值。求$\overline{\Delta d}$,用式(5-9-4)计算激光波长 $\overline{\lambda}$,用不确定度完整表示测量结果。

3. 观察等倾干涉、测量钠黄光 D 双线的波长差

在上面实验的基础上,移动 M_1,使 $d \approx 0$(如何判断?)。取掉激光器,换上钠光灯。在钠光灯前放置毛玻璃片,使光束经毛玻璃漫散射后成为均匀的扩展面光源照亮分束板 G_1。在 E 处用望远镜或用眼睛向着 M_1观察,将看到圆形条纹(如看不到,可缓慢移动 M_1;如圆心不在视场中心,可利用一对互相垂直的拉簧螺丝调节),这就是等倾干涉条纹。

转动粗调手轮,缓慢移动 M_1,找到条纹反衬度最小的位置,记录 M_1的位置 d_1(只需记录到 10^{-2} mm 的精度即可,不必转动微动手轮)。继续移动 M_1镜,反衬度增加,经过反衬度最大的位置以后,又逐渐到下一个反衬度最小的位置,记录此时 M_1的位置 d_2,得到 $\Delta d = |d_2 - d_1|$,利用式(5-9-9)即可得到钠光 D 双线波长差 $\Delta\lambda$($\overline{\lambda}$ 取 589.3 nm)。

继续移动 M_1,重复五次,求出钠光 D 双线波长差(也可用逐差法处理),用不确定度完整表示测量结果。

4. 观察等厚干涉

移动 M_1镜,使 $d \approx 0$,调节水平拉簧螺钉,使 M_2倾斜。用眼睛沿光轴由 E 向着 M_1方向观察,能看到平行直线型干涉条纹,这就是面光源的等厚干涉条纹。通过调节一对拉簧螺钉,可改变直线形条纹的倾斜方向。

注意事项

(1)迈克尔逊干涉仪是精密、贵重的仪器,尤其调整迈克尔逊干涉仪的反射镜时,须轻柔操作,不能把调节螺钉拧得过紧或过松。

(2)务必保持光学器件的清洁,切勿用手触摸或用手帕擦拭镜面。

(3)实验中发现运转不灵活,立即停止操作,检查原因。严禁强行操作,以免损坏仪器。

(4)为使测量结果准确,操作必须细心、耐心。粗调手轮、微动手轮的转动要缓慢均匀,以免引起较大偶然误差,更不能引入空程(螺旋间隙)误差。粗调手轮、微动手轮的读数要协调一致。

(5)激光束亮度很高,不可用眼睛直接观看未经扩束的激光束,以免损伤眼睛。

(6)实验完毕,必须放松 M_1、M_2镜背面的调节螺钉,以免镜面变形。

思考讨论

(1)非定域干涉圆形条纹产生的条件和特点是什么?面光源的等倾、等厚干涉条纹各发生在何处?

(2)在实验内容 2 ~ 4 中如何从干涉图样看出 $d \approx 0$?为什么?

实验习题

(1)在观察面光源的等倾干涉中,眼睛左右移动看到条纹“涌出”或“陷入”,这说明 M_1、M_2' 镜成什么关系?

(2)在实验内容3中,若换成白光光源,能否看到等倾条纹?白光等倾条纹的特点是什么?

(3)试写出利用白光等厚条纹测透明薄膜厚度(折射率已知)或折射率(厚度已知)的原理和大致步骤。

实验5.10 稳态法测量不良导体的导热系数

导热系数是表征物质热传导性质的物理量,与物质成分、微观结构、温度、压力、以及杂质含量等密切相关,在各类保温设计、科学实验中应用。

本实验为综合性实验,采用了换测法等实验方法,采用了列表法、作图法、直线拟合、最小二乘法等数据处理方法,并且,实验过程中操作细节多、技巧多,有助于锻炼动手能力。

实验目的

(1)学习不良导体的导热系数测量方法,理解换测法的思想精髓。

(2)了解动态平衡的控制方法,了解PID自动控制。

(3)熟练掌握数据记录、最小二乘法或作图法等数据处理方法。

实验仪器

(1)导热系数测定仪(含实验装置、数字电压表、数字秒表)。

(2)杜瓦瓶(保温杯)。

(3)橡皮、电木、牛筋测件。

实验原理

传热是物体间热量相互传递的过程,传热基本方式有导热、对流、热辐射三种。其中,导热是物体相互接触时,通过分子间的相互作用而实现的由高温部分向低温部分传递热量的过程。所谓稳态法是指在传递热量过程达到动态的平衡,系统形成稳定的温度分布。为研究导热过程,简化导热物理过程为一维过程,即热量沿一个方向传递,热传导的基本公式可写为

$$dQ = -\lambda \left(\frac{dT}{dz}\right)_Z dS \cdot dt \tag{5-10-1}$$

它表示在 dt 时间内通过 dS 面的热量为 dQ;dT/dz 为温度梯度,是热量传递的动力;λ 为导热系数,它的大小由物体本身的物理性质决定,单位为 W/(m·K),它是表征物质导热性能大小的物理量;式中负号表示热量传递向着降低的方向进行。不同的材料有不同的导热系数,通过研究、生产、选用不同的材料,可以获得所需要的不同的热力学性能的需求。

在图 5-10-1 中，B 为待测材料，夹在上下两铜盘 A、P 间，它的上下表面分别和上下铜盘紧密接触。

物理过程如下：将上铜盘 A 通电加热，上铜盘温度升高，与下铜盘 P 存在温度差，热量由高温上铜盘通过待测物 B 向低温的下铜盘传递，（若 B 足够薄，则通过 B 侧面向周围环境的散热量可以忽略不计，视热量沿着垂直待测圆板 B 的单方向传递，将热量传递的物理过程简化为一维问题），下铜盘吸热大于散热（通过热辐射、对流形式向周围散热），温度逐渐升高。下铜盘温度升高，散热加强，当从材料盘吸收的热量与散出热量相等时温度不再升高。如果控制上铜盘温度稳定，下铜盘温度上升到某一定温度值后不再升高。此时，通过材料层的热量达到稳态，即各处温度趋于稳定（即温度场中各点的温度不随时间而变）。注意此稳定是动态稳定，热流量持续流过材料层，但流入多少就流出多少，没有集聚，宏观表现为各处温度稳定。

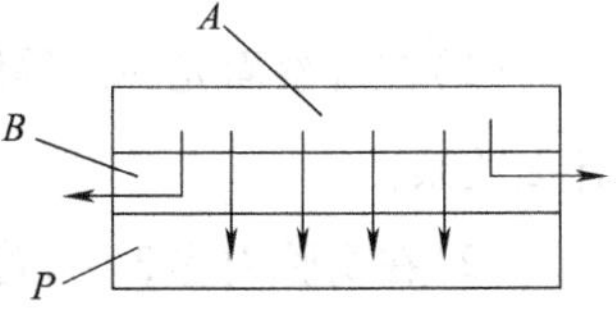

图 5-10-1　导热过程示意图

热稳态条件下，在 Δt 时间内，通过面积为 S（可测）、厚度为 h（可测）的匀质板的热量为

$$\Delta Q = -\lambda \frac{\Delta T}{h} S \cdot \Delta t \tag{5-10-2}$$

式中，ΔT 为匀质待测材料盘上下表面的恒定温差（铜盘是热的良导体，上下铜盘温度即为材料盘的上下表面的温度，铜盘温度可测）。若把式(5-10-2)写成式(5-10-3)的形式

$$\frac{\Delta Q}{\Delta t} = -\lambda \frac{\Delta T}{h} S \tag{5-10-3}$$

那么$\frac{\Delta Q}{\Delta t}$，便为待测物的导热速率。只要知道了导热速率，由式(5-10-3)即可求出 λ。实验的关键变为测量$\frac{\Delta Q}{\Delta t}$。

稳定状态下，如果忽略材料盘的侧面的散热量，流过材料盘的热量全部通过导热传给下铜盘，再通过下铜盘以热辐射和对流形式散失到周围空气中，即 B 的导热速率等于 P 的散热速率，因此，只要求出了 P 在温度 T_2 时的散热速率，就求出了 B 的导热速率$\frac{\Delta Q}{\Delta t}$。

问题又演变为求下铜盘的散热速率$\frac{\Delta Q}{\Delta t}$（换测法）。注意：$\frac{\Delta Q}{\Delta t}$是下铜盘在形成热稳态时的散热速率。此时下铜盘既有散热，又有热量供给，是热稳态。

如果下铜盘没有了热量供给，散热会造成温度下降，由比热容的基本定义

$$C = \Delta Q / m \cdot \Delta T'$$

测量下铜盘温度下降过程，可以测量出下铜盘散热速率$\frac{\Delta Q'}{\Delta t}$。同为下铜盘散热速率，该$\frac{\Delta Q'}{\Delta t}$与$\frac{\Delta Q}{\Delta t}$是何关系？$\frac{\Delta Q}{\Delta t}$是热稳态时的下铜盘散热速率，是恒温时的值，是待测值；$\frac{\Delta Q'}{\Delta t}$是撤去热源后下铜盘的散热速率，是散热降温过程的散热速率，同时多出了上表面的散热。那么，如何通过$\frac{\Delta Q'}{\Delta t}$得到$\frac{\Delta Q}{\Delta t}$？

因为 P 的上表面和 B 的下表面接触，所以 P 的散热面积只有下表面面积和侧面积之和，设为 $S_{部}$。而实验中冷却曲线 P 是全部裸露于空气中测出来的，即在 P 的下表面和侧面都散热的情况下记录出来的。设其全部表面积为 $S_{全,}$ 根据散热速率与散热面积成正比的关系得

$$\frac{\left(\frac{\Delta Q}{\Delta t}\right)_{部}}{\left(\frac{\Delta Q}{\Delta t}\right)_{全}}=\frac{S_{部}}{S_{全}} \tag{5-10-4}$$

$$\left(\frac{\Delta Q}{\Delta t}\right)_{部}=-\lambda\frac{\Delta T}{h}\cdot S$$

式中，$(\Delta Q/\Delta t)_{部}$ 为 $S_{部}$ 面积的散热速率；$(\Delta Q/\Delta t)_{全}$ 为 $S_{全}$ 面积的散热速率。而散热速率 $(\Delta Q/\Delta t)_{部}$ 就等于式(5-10-3)中的导热速率 $\Delta Q/\Delta t$，这样式(5-10-3)便可写作：

$$\left(\frac{\Delta Q}{\Delta t}\right)_{部}=-\lambda\frac{\Delta T}{h}\cdot S \tag{5-10-5}$$

设下铜盘直径为 D，厚度为 δ，那么有

$$\begin{aligned}S_{部}&=\pi\left(\frac{D}{2}\right)^2+\pi D\delta\\ S_{全}&=2\pi\left(\frac{D}{2}\right)^2+\pi D\delta\end{aligned} \tag{5-10-6}$$

由比热容的基本定义 $C=\Delta Q/m\cdot\Delta T'$，得 $\Delta Q=cm\Delta T'$，故

$$\left(\frac{\Delta Q}{\Delta t}\right)_{全}=\frac{cm\Delta T'}{\Delta t} \tag{5-10-7}$$

将式(5-10-6)和式(5-10-7)代入式(5-10-4)，得

$$\left(\frac{\Delta Q}{\Delta t}\right)_{部}=\frac{D+4\delta}{2D+4\delta}cmK \tag{5-10-8}$$

将式(5-10-8)代入式(5-10-5)得

$$\lambda=\frac{-cmKh(D+4\delta)}{\frac{1}{2}\pi D^2(T_1-T_2)(D+2\delta)} \tag{5-10-9}$$

式中，m 为下铜盘的质量，单位为 kg（铜盘上有标注，单位 g）；C 为下铜盘的比热容，$C=3.805\times10^2$ J/kg · ℃；K 为在 T_2 温度附近，下铜盘的降温速率，单位为 K；T_1、T_2 分别为热稳态时上下铜盘的温度，单位为 K。

热电偶测温时的温度与电压的关系见表 5-10-1。表中数据表明其线性关系较好，涉及温度的可以直接用 mV 做单位，可以减少温度的读值转换，导热系数计算公式中量纲关系，分子分母的温度量纲可相消。

实验内容与步骤

1. 了解并安装实验装置

将材料盘夹在上下铜盘间，要对齐，并适度夹紧。若存在空气层，会严重影响实验结果。

安装热电偶测温装置。热电偶测温原理自行查阅学习。

表 5-10-1　铜-康铜热电偶分度

温度/℃	热电势/mV									
	0	1	2	3	4	5	6	7	8	9
0	0.000	0.039	0.078	0.117	0.156	0.195	0.234	0.273	0.312	0.351
10	0.391	0.430	0.470	0.510	0.549	0.589	0.629	0.669	0.709	0.749
20	0.789	0.830	0.870	0.911	0.951	0.992	1.032	1.073	1.114	1.155
30	1.196	1.237	1.279	1.320	1.361	1.403	1.444	1.486	1.528	1.569
40	1.611	1.653	1.695	1.738	1.780	1.822	1.865	1.907	1.950	1.992
50	2.035	2.078	2.121	2.164	2.207	2.250	2.294	2.337	2.380	2.424
60	2.467	2.511	2.555	2.599	2.643	2.687	2.731	2.775	2.819	2.864
70	2.908	2.953	2.997	3.042	3.087	30131	3.176	3.221	3.266	2.312
80	3.357	3.402	3.447	3.493	3.538	3.584	3.630	3.676	3.721	3.767
90	3.813	3.859	3.906	3.952	3.998	4.044	4.091	4.137	4.184	4.231
100	4.277	4.324	4.371	4.418	4.465	4.512	4.559	4.607	4.654	4.701

2. 实现热稳定状态

采用手动(或自动)加热,升高上铜盘温度至 60 ℃(温度过低测量误差大;温度过高不安全),并控制其恒定(分别用手动和自动方式控制并思考操作技巧)。

注:本实验用热电偶测量温度,用电压值间接表示温度值。仪器自带的 PID 控温器表示的温度只能参考,不能用于温度的计量。

重点观察下铜盘温度变化情况。开始时为非稳定状态,下铜盘吸热大于散热,温度逐渐上升,当升高到一定温度后,升温越来越缓慢,并趋于稳定,能稳定 5 min 以上,就可以认为达到了热稳定状态。

热稳态时,式(5-10-2)成立,记录下 T_1、T_2。

3. 通过下铜盘散热过程,测量出下铜盘散热速率

将下铜盘适度加热,而后将上铜盘以及材料盘移出,使下铜盘自由散热(尽量保持与热稳定状态相同的环境条件),记录下每隔 30 s 下铜盘温度的变化情况。

数据记录为了得到在 T_2温度附近的散热速率,所以仅取 T_2温度附近的数据(要求 7 ~ 10 组数据),通过作图法,找到散热速率,或通过采用最小二乘法进行直线拟合求出 T_2温度附近散热速率。

下铜盘散热过程的温度-时间函数关系严格说不是直线关系,但在温度变化很小的范围内可以视为直线,可以进行最小二乘法直线拟合或采用作图法,散热速率为拟合直线的斜率。

4. 测量待测物厚度 h

用游标卡尺测量待测物厚度 h,测量三组然后取平均值。下铜盘的直径 D、厚度 δ 和质量 m 已标注在铜盘上,铜比热容 $C = 3.805 \times 10^2$ J/(kg · ℃)。

将各值代入,得到材料的导热系数。

注意事项

(1)安装装置要求上下铜盘与材料盘对齐,并适度夹紧,不能留有空气层。

(2)热电偶插入铜盘测温孔时要干抹上些导热硅胶,并插到洞孔底部,使热电偶测温端与铜盘接触良好;热电偶冷端浸入冰水混合物中,并不要接触杯壁,实验过程后期要观察冰的熔化情况,确保冷端为 0 ℃。

(3)在稳态法时,要使系统的温度稳定约要 5 min 以上。为加快实验进度,可先将上铜盘直接加热到 $T_1=3.00$ mV 左右,上下铜盘温差大,热流强度大,下铜盘升温快,但要及时停止加热,此时上铜盘散热,温度降低,待降到 $T_1=2.47$ mV,及时进行控制,使之温度恒定。目标为达到热稳态,中间过程的数值不需要。

热稳态标准:上铜盘温度稳定在 2.47 mV,下铜盘温度持续 5 min 以上不再升高。即认为达到了热稳态。记录下此时的 T_1、T_2。

(4)记录稳态时 T_1、T_2值后,移去样品,再加热,当下铜盘温度比 T_2高出 5 ℃左右时,移去圆筒,让下铜盘自然冷却。每隔 30 s 读一次下铜盘的温度示值,最后选取邻近的 T_2的 7 ~ 10 组测量数据来求出冷却速率。

实验 5.11　磁滞回线研究

磁性材料可以简要地划分为抗磁性材料、顺磁性材料和铁磁性材料。不同种类的磁性材料传统上是按照其块体磁化率来划分的,抗磁性材料的磁化率很小而且是负值,约为 -10^{-5}量级,其磁响应与外加磁场方向相反,常见抗磁体有铜、银、金。顺磁性材料磁化率同样很小但大于零,典型值为 $10^{-3}\sim10^{-6}$,顺磁性材料的磁化强度很微弱但是与磁场的方向平行。顺磁体的例子有铝、铂和锰。最受关注的磁性材料是铁磁性材料,其磁化率是正值且远大于 1,典型值为 50 ~ 10 000。铁磁材料主要有铁、钴、镍以及含铁氧化物。工程技术中的许多仪器设备,大的如发电机和变压器,小的如电表铁芯和录音机磁头等,都要用到铁磁材料。描述铁磁性材料基本磁特性的最普通方法是绘制不同磁场强度 H 下磁感应强度 B 的变化关系图,即磁滞回线图。本实验采用动态法测量磁化曲线和磁滞回线,从理论和实际应用上加深对铁磁材料特性的认识。

实验目的

(1)了解铁磁材料的特性以及示波器显示磁滞回线的原理。

(2)学会使用示波器测定铁磁材料的磁化曲线和磁滞回线。

(3)根据磁滞回线确定磁性材料的饱和磁感应强度 B_s、剩磁 B_r和矫顽力 H_c的数值。

实验原理

1. 铁磁材料的特性

铁磁质是一种性能特异、用途广泛的材料。其特征是在外磁场作用下能被强烈磁化,故相对磁导率μ_r很高,一般在 $10^2\sim10^4$之间,有的甚至可高达 10^8。在实验过程中,通常将待测的磁性材料做成环状样品,在样品上均匀地绕满漆包线作为初级线圈,再绕上若干漆包线作为次级线圈,如图5-11-1所示。只要测得磁介质的磁场强度 H 和磁感应强度 B 之间的关系,就可以得到磁介质的磁化规律。

图5-11-2中的曲线为起始磁化曲线。原点 O 表示铁磁物质处于未磁化状态,即 $B=H=0$,加上交流电 i,随着 i 的增加,H 也在逐渐增加。当 H 增加时,B 先是缓慢增加,如图中的 Oa 段,然后经过一段快速增加(ab 段)后,进入缓慢增加段(bc 段),最后趋于饱和,这时的磁感应强度称为饱和磁感应强度 B_s。同时,还可以通过 B—H 曲线和公式 $B=\mu_r\mu_0 H=\mu H$,直接得出 μ 与 H 的关系曲线,如图5-11-3所示,图中的 μ_{max} 为最大磁导率。当磁场从 H_s 逐渐减小至零,磁感应强度 B 并不沿起始磁化曲线恢复到 O 点,而是沿另一条新的曲线 SR 下降,比较线段 OS 和 SR 可知,H 减小 B 相应也减小,但 B 的变化滞后于 H 的变化,这种现象称为磁滞,即当 $H=0$ 时,B 不为零,这时的磁感应强度称为剩磁 B_r。要消除剩磁 B_r,必须施加反向磁场,当磁场反向从零逐渐变至 $-H_D$ 时,磁感应强度 B 消失,H_D 称为矫顽力,它的大小反映铁磁材料保持剩磁状态的能力,线段 RD 称为退磁曲线。经过多次的磁化和退磁,就能形成稳定的磁滞回线,如图5-11-4所示。

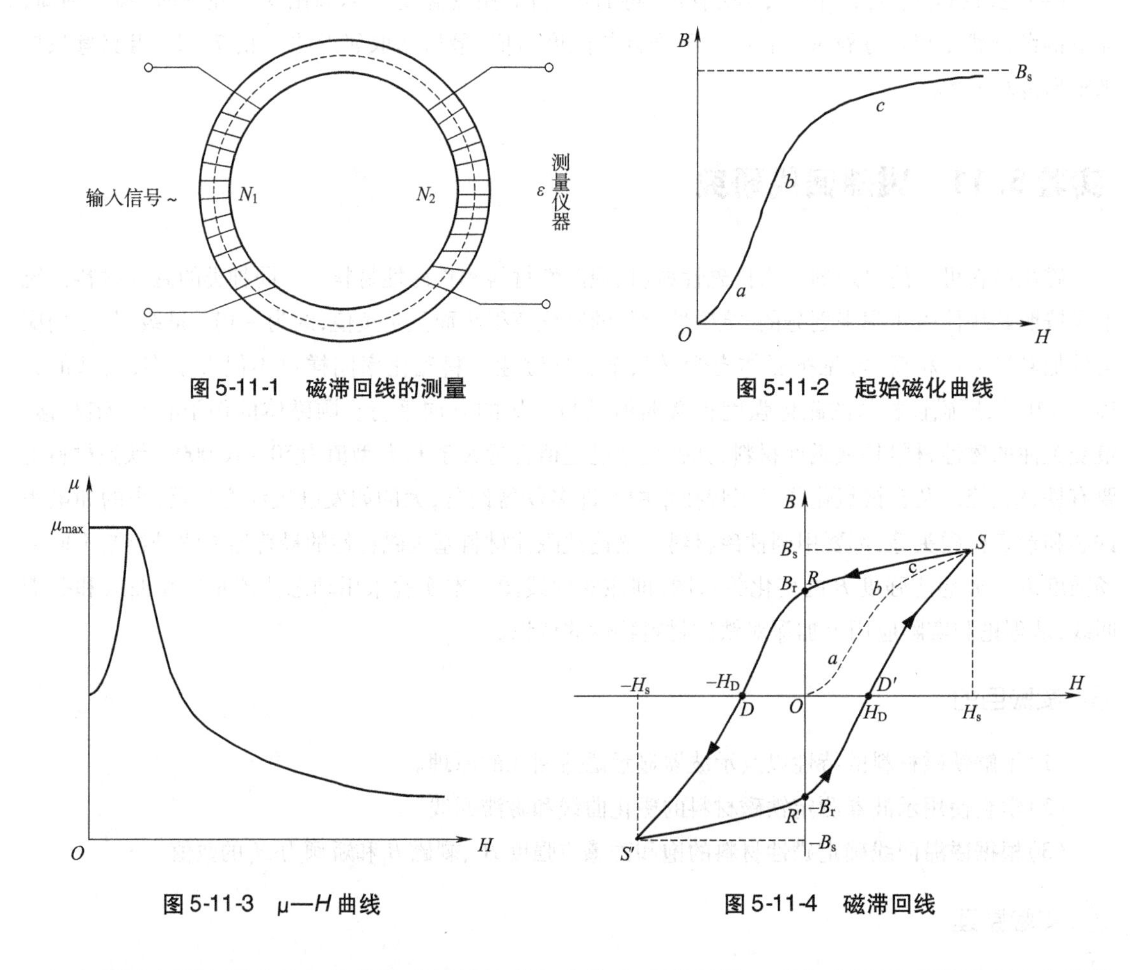

图5-11-1　磁滞回线的测量

图5-11-2　起始磁化曲线

图5-11-3　μ—H 曲线

图5-11-4　磁滞回线

在实际应用中通常关心的是铁磁材料的磁化曲线和磁滞回线。磁化曲线可以通过下述方法得到:依次改变交变电流 i 为 $i_1, i_2, \cdots, i_m$ ($i_1 < i_2 < \cdots < i_m$),则可以得到一系列的磁滞回线,将原点和各磁滞回线顶点坐标用光滑的曲线连起来,该曲线就是基本磁化曲线。

2. 示波器显示磁滞回线的原理和方法

在实验中，由于 H 正比于 i，B 正比于次级线圈的感应电动势 ε，因此，只要将 i 转换成电压信号，输入到示波器的 X 方向上，将 ε 输入到示波器的 Y 方向上，就可以在示波器上显示出磁滞回线的形状，实验电路如图 5-11-5 所示。通过分析电路可以得出，流过初级线圈 N_1 的磁化电流 i_1 可以通过 R_1 上的压降 $U_x = i_1R_1$ 得到。又由安培环路定理得 $H = N_1i_1/L$，所以示波器水平方向数值正比于磁场强度 H，即

$$U_x = LR_1H/N_1 \tag{5-11-1}$$

式中，L 为环状试样的平均磁路长度（也即图 5-11-1 中虚线部分的长度），N_1 为初级线圈的匝数。

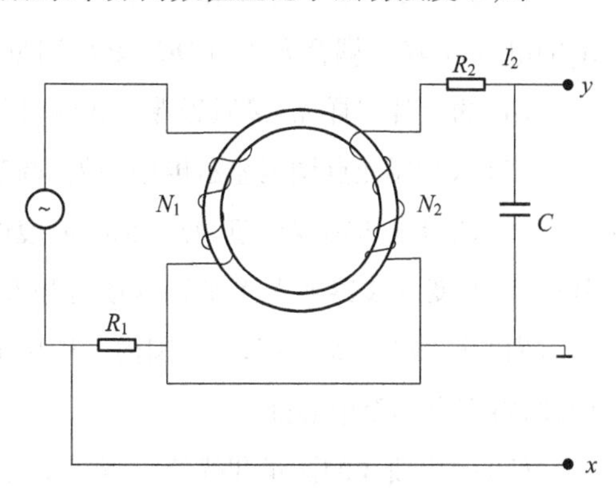

图 5-11-5　实验线路图

由交变磁场 H 在次级线圈上产生感应电动势 ε 的大小为

$$\varepsilon = \left|\frac{\mathrm{d}\psi}{\mathrm{d}t}\right| = N_2S\frac{\mathrm{d}B}{\mathrm{d}t} \tag{5-11-2}$$

式中，N_2 为次级线圈的匝数；S 为磁路的截面积。

为了测量磁感应强度 B，在次级线圈上串联一个电阻 R_2 与电容 C 构成的积分电路，若取适当 R_2 和 C 值，使 $R_2 >> \frac{1}{\omega C}$，则

$$I_2 = \frac{\varepsilon}{\left[R_2^2 + \left(\frac{1}{\omega C}\right)^2\right]^{\frac{1}{2}}} \approx \frac{\varepsilon}{R_2} \tag{5-11-3}$$

式中，ω 为电源的角频率；ε 为次级线圈的感应电动势。

利用式(5-11-2)和式(5-11-3)可求得

$$U_y = \frac{Q}{C} = \frac{1}{C}\int I_2\mathrm{d}t = \frac{1}{CR_2}\int\varepsilon\mathrm{d}t = \frac{N_2S}{CR_2}\int\mathrm{d}B = \frac{N_2S}{CR_2}B \tag{5-11-4}$$

实验仪器

FB310 型磁滞回线测量仪如图 5-11-6 所示，示波器如图 5-11-7 所示。

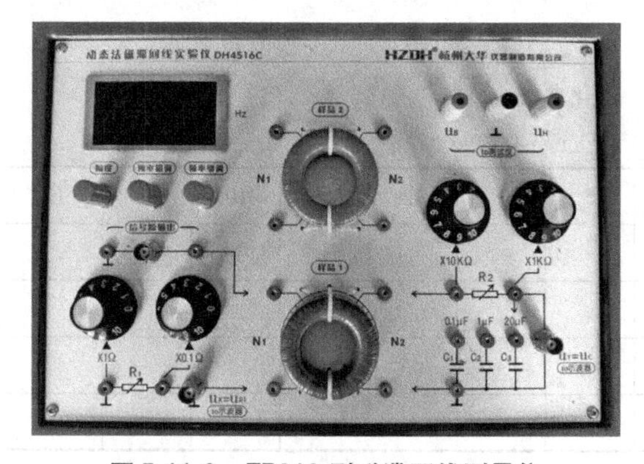

图 5-11-6　FB310 型磁滞回线测量仪

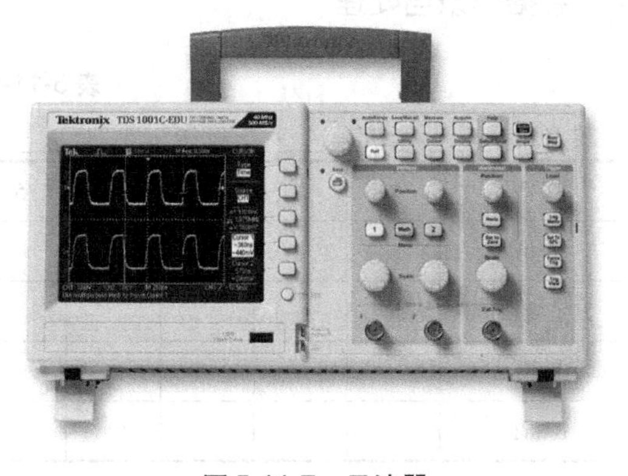

图 5-11-7　示波器

实验内容与步骤

(1)按 FB310 型磁滞回线测量仪上的电路图连接电路。

(2)逆时针调节磁滞回线测量仪上的电压幅度旋钮到底,使电压信号输出最小。

(3)调节示波器显示工作方式为 X-Y 方式。示波器 X 输入耦合方式为 AC 耦合,测量采样电阻 R_1 的电压;Y 输入耦合方式为 DC 耦合,测量积分电容的电压。

(4)插上环状样品,接通磁滞回线测量仪上的电源。

(5)示波器光点调至显示屏中心处,调节测量仪频率至 50.00 Hz。

(6)调节电压幅度旋钮,使磁化电流缓慢单调增加,示波器显示的磁滞回线上 B 值缓慢增加,达到饱和,改变示波器上 X、Y 端输入增益和 R_1、R_2 值,观察示波器上的磁滞回线图形,使磁滞回线在水平方向的读数为 -5.0 ~ 5.0 范围内。然后单调减小磁化电流,直到示波器上显示为一亮点,调节示波器,将亮点调至中心处。

(7)磁化曲线的测量和描绘。保持 R_1、R_2 值不变,并锁定 X、Y 端增益电位器(一般为顺时针到底)。缓慢顺时针调节电压幅度旋钮,磁滞回线在 X 方向读数为 0、0.2、0.4、0.6、0.8、1.0、1.5、2.0、2.5、3.0、4.0、5.0 格,记录磁滞回线顶点在 Y 方向上的读数,填入表 5-11-1 中。

(8)将测量数据代入 H、B 的计算公式,算出 H、B 值。然后以 H 为横坐标,B 为纵坐标画出磁化曲线。

$$H=\frac{N_1 S_x}{LR_1}x,\quad B=\frac{R_2 C S_y}{N_2 S}y$$

式中,L、S、N_1、N_2、C 可在实验仪器上查得;S_x、S_y 为 X、Y 轴的灵敏度,根据示波器实际显示确定。

(9)磁滞回线的测量和描绘。调节幅度调节旋钮,使磁滞回线的 X 方向的读数在 -5.0 ~ 5.0 格范围内,记录示波器显示的磁滞回线的 X 坐标为 5.0、4.0、3.0、2.0、1.0、0、-1.0、-2.0、-3.0、-4.0、-5.0 格时相对应的 Y 坐标,填入表 5-11-2 中。并利用上述公式计算出相应的 H 和 B 值,然后以 H 为横坐标,B 为纵坐标画出磁滞回线。

(10)改变信号的频率到 100 Hz,重复上述步骤。

数据记录与处理

表 5-11-1　磁化曲线

信号频率_______;R_1 = _______;R_2 = _______

序号	1	2	3	4	5	6	7	8	9	10	11	12
X/格												
H/(A/m)												
Y/格												
B/mT												

表 5-11-2　磁滞回线

X/格	5.0	4.0	3.0	2.0	1.0	0	-1.0	-2.0	-3.0	-4.0	-5.0
H/(A/m)											
Y_1/格											
B_1/mT											
Y_2/格											
B_2/mT											

磁感应强度 B_s = ____________

剩磁 B_r = ____________

矫顽力 H_c = ____________

思考讨论

(1)如何断定铁磁材料属于软、硬磁性材料?

(2)本实验通过什么办法获得 H 和 B 两个磁学量?简述其基础原理。

(3)为什么测磁化曲线先要消磁?如何消磁?

(4)示波器显示的磁滞回线是真实的 H-B 曲线吗?如果不是,为什么可以用它来描绘磁滞回线?

注意事项

(1)若磁滞回线图像出现畸变,则应调小幅度旋钮。

(2)实验时尽量使磁滞回线图像充满整个屏幕。

实验 5.12　偏振光实验

光的干涉和衍射现象说明了光的波动性,而光的偏振现象表明光波是横波。光的偏振现象的发现使人们对光的波动理论和光的传播规律有了新的认识。目前,光的偏振理论已经在人们的生产生活中得到了广泛的应用,如司机开车所戴的偏光镜、单反相机所用的偏光镜、三维立体投影技术和工业中利用旋光现象制成的测糖计,等等。本实验通过对光的偏振基础知识和偏振光器件特性的学习,为将来运用光的偏振规律打下一定的基础。

实验目的

(1) 观察光的偏振现象,加深对偏振规律的认识。

(2) 掌握偏振光的产生与检测方法,验证马吕斯定律。

(3)了解椭圆偏振光、圆偏振光的产生方法和波片的使用原理。

(4)利用旋光现象测定蔗糖溶液浓度。

实验仪器

导轨和机座、带布儒斯特窗的氦氖激光器、激光器支架、偏振片、波片架、滑动座(4 个)、光传感器(光电探头)、光功率测试仪、偏振片(2 个)、1/2 波片(波长632.8 nm)、1/4 波片(波长632.8 nm)、透明蔗糖溶液、螺丝刀。

实验原理

1. 自然光和偏振光

光波是一种电磁波。光波的电场强度 $\boldsymbol{E}$(也称电矢量)的振动方向和磁场强度 $\boldsymbol{H}$(也称磁矢量)的振动方向互相垂直,且均与波的传播方向垂直,因此光波是横波。由于光与物质在相互作用时,电矢量 $\boldsymbol{E}$ 在起主要作用,所以把电矢量 $\boldsymbol{E}$ 也称光矢量,用电矢量 $\boldsymbol{E}$ 的振动方向表示光波的振动方向。

一般光源发射的光波,光矢量在垂直传播方向的各向分布概率相等,这种光称为自然光;而光矢量的振动方向保持在某一确定方向的光称为线偏振光;另外,有些光的光矢量在某一方向出现的概率大于其他方向,这样的光称为部分偏振光;若光矢量随时间作有规律的变化,其末端在垂直于传播方向的平面上的轨迹呈椭圆或圆,则分别称为椭圆偏振光和圆偏振光,如图 5-12-1 所示。

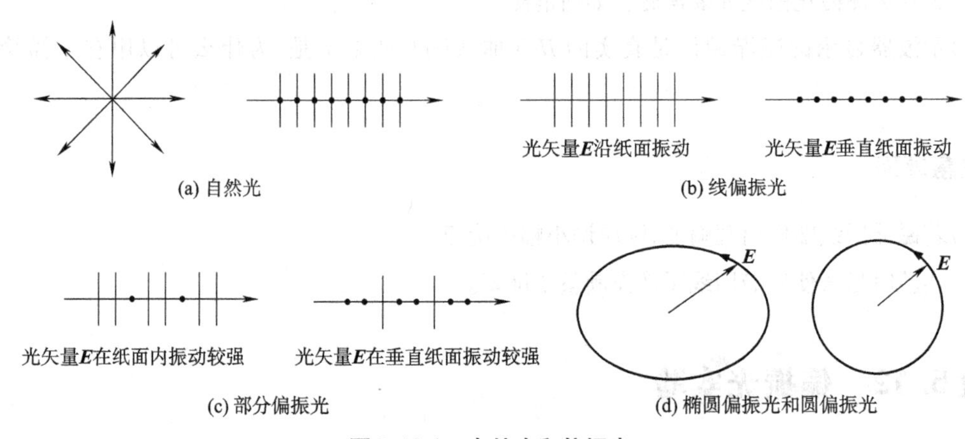

图 5-12-1　自然光和偏振光

设沿同一方向传播的频率相同,振动方向相互垂直,并具有固定相位差 $\Delta\varphi$ 的两个线偏振光的振动分别沿 x 和 y 轴,其振动方程可表示为

$$E_x = A_x \sin \omega t \tag{5-12-1}$$

$$E_y = A_y \sin(\omega t + \Delta\varphi) \tag{5-12-2}$$

合振动方程为

$$\frac{E_x^2}{A_x^2} + \frac{E_y^2}{A_y^2} - \frac{2E_xE_y}{A_xA_y}\cos(\Delta\varphi) = \sin^2(\Delta\varphi) \tag{5-12-3}$$

上式表明,一般情况下合振动的轨迹在垂直于传播方向的平面内呈椭圆,其偏振光是椭圆偏振光。椭圆的形状、取向和旋转方向由 A_x、A_y 和 $\Delta\varphi$ 决定。当 $\Delta\varphi = (2k+1)\frac{\pi}{2}(k=0, \pm1, \pm2, \cdots)$,椭圆变成正椭圆。若 $A_x = A_y$,则椭圆偏振光退化为圆偏振光;当 $\Delta\varphi = k\pi(k=0, \pm1, \pm2, \cdots)$时,椭圆

偏振光退化为线偏振光,如图 5-12-2 所示。

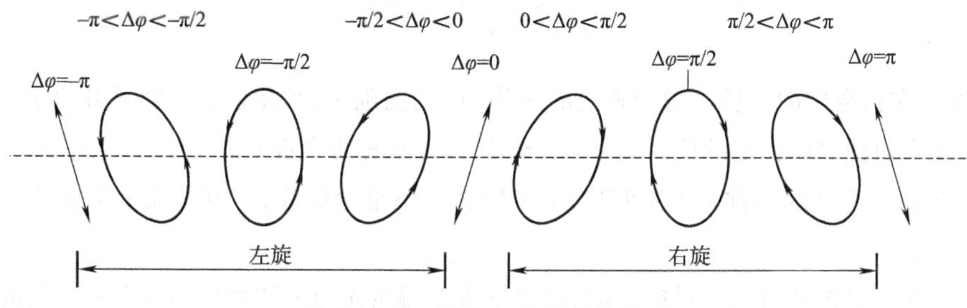

图 5-12-2　偏差与相位差的关系

2. 偏振光的获得和检验

将自然光变为偏振光的器件称为起偏器,用于检验偏振光的器件称为检偏器。偏振器件允许透过的光矢量方向为其透光轴方向。下面介绍本实验中使用的产生和检验偏振光的方法和有关定律。

(1)偏振片和马吕斯定律。

某些晶体对两个互相垂直的光矢量振动具有不同的吸收本领,利用这种本领就可做成偏振片。每块偏振片都有特定的偏振化方向(透光轴),只有光矢量的振动方向与透光轴方向平行的光波才能完全通过偏振片。

如图 5-12-3 所示,在偏振片 P_1 后放一偏振片 P_2,用 P_2 就可以检验经 P_1 后的光是否为偏振光。当 P_1 与 P_2 的偏振化方向之间的夹角为 θ 时,若透过 P_1 的线偏振光强度为 I_0,则通过 P_2 的线偏振光强度 I 可由马吕斯定律求得

$$I = I_0\cos^2\theta \tag{5-12-4}$$

当以光线传播方向为轴转动检偏器时,透射光强度 I 发生周期性变化。当 $\theta=0°$ 时,I 达到最大值 I_{max};当 $\theta=90°$ 时,I 达到最小值 I_{min}(消光状态);$0°<\theta<90°$ 时,则 $I_{min}<I<I_{max}$。

(2)波片与圆偏振光和椭圆偏振光。

当一束光射入各向异性的晶体时,会产生双折射现象,分成两束振动方向相互垂直的线偏振光,晶体对这两束光的折射率不同。其中一束光线称为寻常光(o 光),另一束折射光称为非常光(e 光)。在晶体中还可以找到一个特殊方向,在这个方向上无双折射现象,这个方向称为晶体的光轴。由这种晶体做成的晶体片称为波片。在图 5-12-4 中,o 光电矢量垂直于光轴,e 光电矢量平行于光轴。o 光、e 光在波片中的传播方向相同,都与界面垂直,相应的折射率为 n_o、n_e。

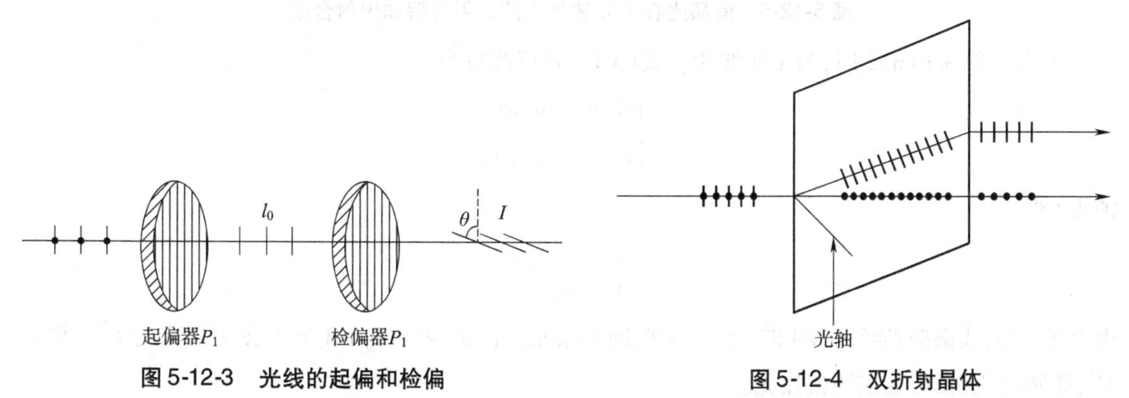

图 5-12-3　光线的起偏和检偏

图 5-12-4　双折射晶体

设波片的厚度为 l,则两束光通过波片后就有相位差

$$\delta=\frac{2\pi}{\lambda}(n_o-n_e)l \tag{5-12-5}$$

式中,λ 为光波在真空中的波长。对于确定的波片,n_o、n_e已确定,其相位差 δ 随波片厚度 l 变化而变化。调节厚度 l,可使 δ 取特定的值。当 $\delta=2k\pi$ 时,该波片称为全波片;当 $\delta=(2k+1)\pi$ 时,称为半波片;当 $\delta=(2k\pm1)\pi/2$ 时,称为 1/4 波片,k 为整数。不论全波片、半波片或 1/4 波片都是对特定波长的光波而言。

为了研究光通过波片后电矢量的合成,可以把入射偏振光经过波片后的 o 光和 e 光的电矢量振动表示为如下形式:

$$\begin{cases}E_o=A_o\cos(\omega t+\varphi_1)\\E_e=A_e\cos\omega t\end{cases} \tag{5-12-6}$$

令这两束光的相位差 $\varphi_1=\delta$。

当 $\delta=2k\pi$ 时,即为全波片时,由上两式可知不改变入射光的偏振态。

当 $\delta=(2k+1)\pi$ 时,为 1/2 波片,可得

$$E_e=-\frac{A_e}{A_o}E_o$$

经过 1/2 波片后,虽然仍是线偏振光,但是 e 光和 o 光相位相差 π。线偏振光经过 1/2 波片后,电矢量的振动方向转过 2θ,如图 5-12-5 所示。若入射光为椭圆偏振光,作类似的分析可知,1/2 波片也改变椭圆偏振光长(短)轴的取向。此外,1/2 波片还改变椭圆偏振光(圆偏振光)的旋转方向。

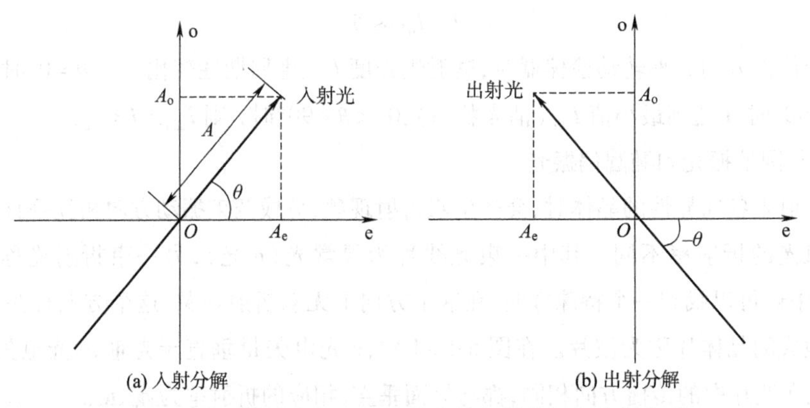

图 5-12-5　偏振光在 1/2 波片上的入射分解和出射合成

当 $\delta=(2k\pm1)\pi/2$ 时,为 1/4 波片。式(5-12-6)可改写为

$$\begin{cases}E_o=A_o\sin\omega t\\E_e=A_e\cos\omega t\end{cases}$$

消去 t 得

$$\frac{E_o^2}{A_o^2}+\frac{E_e^2}{A_e^2}=1$$

由上式可知:线偏振光经过 1/4 波片后变为椭圆偏振光。若 $\theta=45°$,$A_o=A_e=A$,则上式变为 $E_o^2+E_e^2=A'^2$,椭圆退化为圆,变成圆偏振光。

(3)偏振状态和光强。

在两个偏振片P_1和P_2之间插入1/4波片,三个元件的平面彼此平行,单色自然光垂直通过P_1后变成光强为I_1的线偏振光。如图5-12-6所示,当1/4波片的光轴(e轴)与起偏器P_1的偏振化方向间的夹角为θ,与检偏器P_2的偏振化方向间的夹角为ϕ时,若不计各器件的光能损失,则透过偏振片P_2后光强为

$$I_2 = I_1(\cos^2\theta\cos^2\varphi + \sin^2\theta\sin^2\varphi) \tag{5-12-7}$$

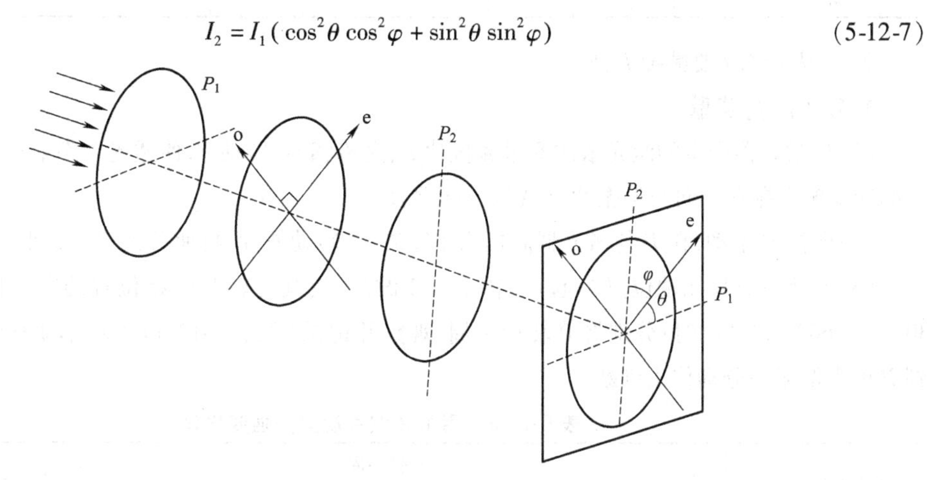

图5-12-6　光矢量分解图

实验内容与步骤

1. 实验前准备

实验前请用挡光片遮住光电流传感器感光孔,光功率测试仪选用20 mW挡位,然后用调零旋钮调零。

2. 线偏振光的起偏与检验

(1)将氦氖激光器发出的激光直接射到偏振片上,以光传播方向为轴转动偏振片一周,用光功率测试仪观测透射光强度的变化并记录。

(2)在第一个偏振片的后面放上第二个偏振片,分别转动第一个偏振片和第二个偏振片各一周,用光功率测试仪观测透射光强度变化情况。将两次观测结果记入表5-12-1中进行比较,并作出解释。

表5-12-1　观察光强变化表(转动偏振片一周)

偏　振　片	透射光强是否变化	消光次数	解释消光次数的原因并确定光的偏振态
放一个,旋转一周			
放两个,旋转靠近激光器那个			
放两个,旋转靠近光电流传感器那个			

3. 验证马吕斯定律

让激光束(线偏振光)垂直通过偏振片,偏振片透振方向与激光光矢量振动方向夹角θ在0°~90°转动一周的过程中,用光功率测试仪(20 mW挡位)测量透射光强的相对值I,每10°读取一次数据,记录数据(见表5-12-2),然后画出($I-I_{min}$—θ)及($I-I_{min}$—$\cos^2\theta$)关系曲线($I-I_{min}$为纵轴,θ或$\cos^2\theta$为横轴)

表 5-12-2　检验马吕斯定律的实验数据表

I_{max}(夹角 0°) = ____________ I_{min}(夹角 90°) = ____________

θ	90°	80°	70°	60°	50°	40°	30°	20°	10°	0°
I/mW										
$\cos^2\theta$										
$I-I_{min}$										

思考:为什么 I 要减掉 I_{min}?

4. 1/2 波片实验

(1)让激光器产生的激光依次穿过偏振片 P、光传感器;转动 P,使透光功率最小(这时激光器产生的线偏振光振动方向与偏振片 P 透振方向垂直)。

(2)保持 P 不动,在 P 与激光器间插入 1/2 波片,转动波片,再使透光功率最小。

(3)以此时波片光轴位置为起点,转动 1/2 波片,使其光轴与起始位置的夹角依次为 0°、15°、30°、45°、60°、75°、90°时;分别将 P 转动一周,观察并记录(见表 5-12-3)光功率变化情况,并对入射到 P 的光偏振态分别作出判断。

表 5-12-3　用 1/2 波片观察光强变化表

1/2 波片转角	P 转一周			入射到 P 的光偏振态
	透射光强是否变化	光强变化次数	完全抑或不完全消光	
0°				
15°				
30°				
45°				
60°				
75°				
90°				

注:光强由最强变到最弱或由最弱变到最强称为光强变化 1 次。

(4)在步骤(2)的基础上,将波片以起始位置为零点分别转动 15°、30°、45°、60°、75°、90°,相应地将 P 沿相同方向逐次转到消光位置,记录每次 P 需要转动的角度(见表 5-12-4),从中可以得出什么规律?

表 5-12-4　P 随 1/2 波片转角的变化

1/2 波片转角(以起始位置为 0 点)	P 转过的角度(以起始位置为 0 点)	规律描述
15°		
30°		
45°		
60°		
75°		
90°		

5. 1/4 波片与椭圆偏振光、圆偏振光

实验步骤与 1/2 波片相同,记录数据(见表 5-12-5)并判断现象。

表5-12-5 用1/4波片观察光强变化表

1/4波片转角	P转一周			入射到P的光偏振态
	透射光强是否变化	光强变化次数	完全抑或不完全消光	
0°				
15°				
30°				
45°				
60°				
75°				
90°				

6. 观测线偏振光通过蔗糖溶液后的旋光现象，并测定蔗糖溶液的浓度(蔗糖溶液为右旋光溶液)

(1)自己设计并画出光路简图，标明各器件位置即可(提示：旋转激光管可以改变入射激光电矢量的振动方向)。

(2)计算蔗糖溶液浓度(见表5-12-6)。

已知：$c=\dfrac{\Phi}{La}$，Φ：旋光角度，$\Delta_{\Phi}=0.5°$；

$L=25.00$ cm，为旋光溶液长度(单次测量)，$\Delta_L=0.1$ mm；

$a=6.64°$ ml/g. cm，为蔗糖溶液旋光率。

表5-12-6 旋光角测量记录表(每次旋转激光管5°左右，测8次)

次数	1	2	3	4	5	6	7	8
$\Phi_1/(°)$								
$\Phi_2/(°)$								
$\Phi=\lvert\Phi_2-\Phi_1\rvert/(°)$								

思考讨论

(1)波片的作用是什么?

(2)怎样检测椭圆偏振光的形状?

(3)如何得到圆偏振光?

(4)线偏振光通过1/4波片后，可以变成哪些偏振光?为什么?

实验习题

(1)怎样判别自然光和偏振光?

(2)当1/4波片与起偏器的夹角为何值时产生圆偏振光?试进行解释。

(3)如何用两个偏振片和一个1/4波片正确区分自然光、部分偏振光、线偏振光、椭圆偏振光和圆偏振光?

第 6 章

综合性实验Ⅱ

本章所列实验项目同样是经典的物理实验，每项实验都包含典型的实验方法、实验技术和技巧、数据处理方法等。通过实验提升学生的综合实验能力。建议每项实验按 4 学时安排。

实验 6.1 磁场测量

磁场测量是电磁测量技术的一个重要分支。在工业生产和科学研究的许多领域会经常涉及磁场测量问题，如磁探矿、磁悬浮列车、地质勘探、磁导航、导弹磁导、质谱仪、电子束和离子束加工装置、受控热核反应以及人造地球卫星等。另外，磁场测量技术在医学和生物学上也有重要应用，如用“心磁图”和“脑磁图”来诊断疾病、电磁场对生命的影响研究等。近年来，磁场测量技术发展很快，目前常用的磁场测量方法多达十余种，如电磁感应法、核磁共振法、霍尔效应法、磁通门法、光泵法、磁光效应法、磁膜测磁法以及超导量子干涉法等。在实际工作中要根据待测磁场的类型和强弱来确定测量方法。本实验主要学习利用霍尔效应测量磁场的方法。

实验目的

（1）验证霍尔传感器输出电势差与螺线管内磁感应强度成正比。

（2）测量集成线性霍尔传感器的灵敏度。

（3）测量螺线管内磁感应强度与位置之间的关系，求得螺线管均匀磁场范围及边缘的磁感应强度。

（4）学习补偿原理在磁场测量中的应用。

实验仪器

FD-ICH-II 新型螺线管磁场测定仪包括实验主机、螺线管、集成霍尔传感器探测棒、单刀双掷开关、双刀双掷换向开关、连接导线（4 红，4 黑）若干。

本实验采用的 SS495A 型集成霍尔传感器（其结构如图 6-1-1 所示）是一种高灵敏度集成霍尔传感器，它由霍尔元件、放大器和薄膜电阻剩余电压补偿组成。测量时输出信号大，并且剩余电压的影响已被消除。对 SS495A 型集成霍尔传感器，它由三根引线，分别是“V_+”“V_-”“V_{out}”。其中“V_+”和

“V_-”构成“电流输入端”,“V_{out}”“V_-”构成“电压输出端”。由于 SS495A 型集成霍尔传感器,它的工作电流已设定,被称标准工作电流,使用传感器时,必须使工作电流处在该标准状态。根据传感器的传输特性可知,在磁感应强度为零(零磁场)的条件下,调节“V_+”“V_-”所接的“霍尔片工作电压”调节旋钮,使霍尔片传感器输出电压为 2. 500 V(在数字电压表上显示),则传感器就可处在标准工作状态之下。

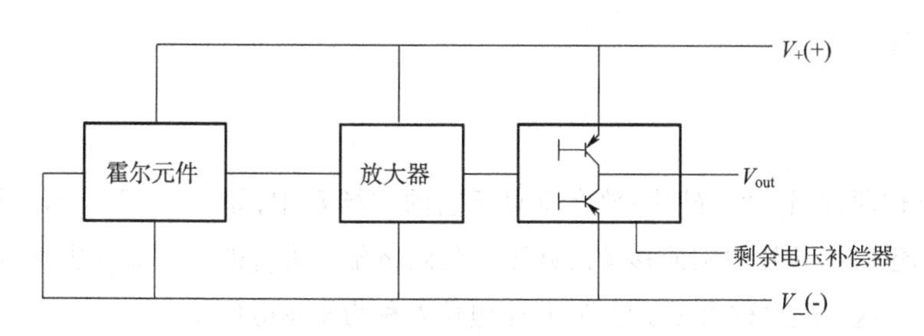

图 6-1-1　SS495A 型集成霍尔元件内部结构图

在实验操作过程中,仪器的连线如图 6-1-2 所示。

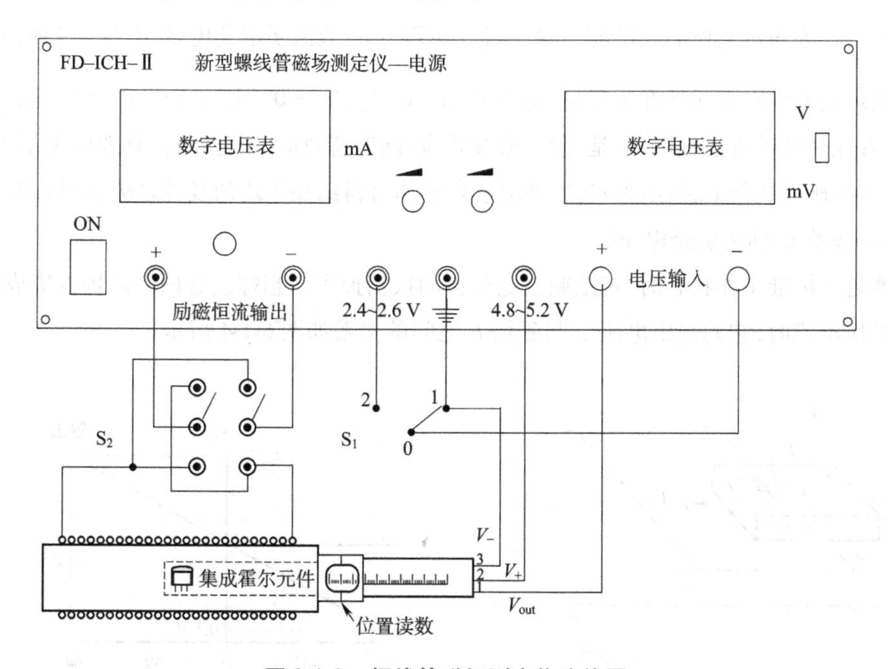

图 6-1-2　螺线管磁场测定仪连线图

下面对该连线图做一简单介绍。

(1)左面数字直流稳流源的“励磁恒流输出”端接电流换向开关,然后接螺线管的线圈接线柱。右面稳压电源 4. 8 ~ 5. 2 V 的输出接线柱(红)接霍尔元件的 V_+(即引脚 2-红色导线),直流稳压电源的⊥(黑)接线柱接霍尔元件的 V_-(即引脚 3-黑色导线),霍尔元件的 V_{out}(引脚 1-黄色导线)接右边电压表电压输入的 +(红)接线柱电压表切换到 V 挡(即拨动开关向上拨)。

(2)检查接线无误后接通电源,断开励磁电流换向开关 S_2,集成霍尔传感器放在螺线管的中间位置($x = 17.0$ cm 处),开关 S_1 拨向 1,调节“霍尔片工作电压”调节旋钮,使右边数字电压表显示

2.500 V,这时集成霍尔元件便达到了标准工作状态。

(3)仍断开开关 S_2,在保持"V_+"和"V_-"电压不变的情况下,把开关 S_1 拨向 2,调节"补偿电压"调节旋钮(2.4~2.6 V 电源输出电压),使数字电压表指示值为 0,然后将数字电压表量程拨动开关拨向 mV 挡,继续微调补偿电压旋钮,使输出为 0,即达到了精确补偿(也就是用一个外接 2.500 V 的电压与霍尔传感器输出的 2.500 V 电压进行补偿)。这样就可直接用数字电压表读出集成霍尔传感器电压输出值 U'。

实验原理

把一块半导体薄片(锗片或硅片)放在垂直于它的磁场 B 中,如图 6-1-3 所示,当沿 AA' 方向(y 轴方向)通过电流 I 时,薄片内定向移动的载流子受到洛伦兹力 f_B 的作用而发生偏转。从而在 DD' 间产生电位差 U_H,这一现象称为霍尔效应,这个电位差称为霍尔电位差。

由电磁理论可得

$$U_H = K_H IB \tag{6-1-1}$$

式中,$K_H = \frac{1}{ned}$称为霍尔元件的灵敏度;n 为载流子浓度;e 为载流子电荷电量;d 为半导体薄片厚度。

虽然从理论上讲霍尔元件在无磁场作用(即 $B=0$)时,$U_H=0$,但实际中,在产生霍尔效应的同时,还伴随着几个副效应,它们分别是:爱廷豪森效应、能斯特效应、里纪-勒杜克效应和不等位效应,所以,用数字电压表测得 U_H并不为零,这是由于半导体材料结晶不均匀及各电极不对称等引起附加电势差,该电势差 U_0称为剩余电压。

当仪器处在标准工作状态时,就把剩余电压自动抵消掉了。当螺线管内有磁场且集成霍尔传感器在标准工作电流时,它的输出电压 U 与磁场 B 之间的关系如图 6-1-4 所示。

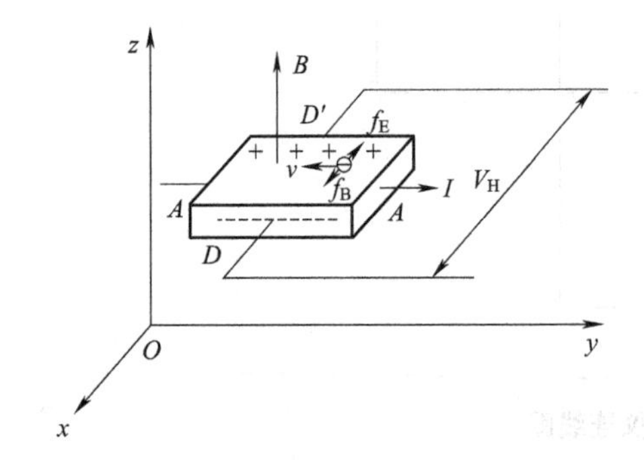

图 6-1-3　霍尔效应原理图

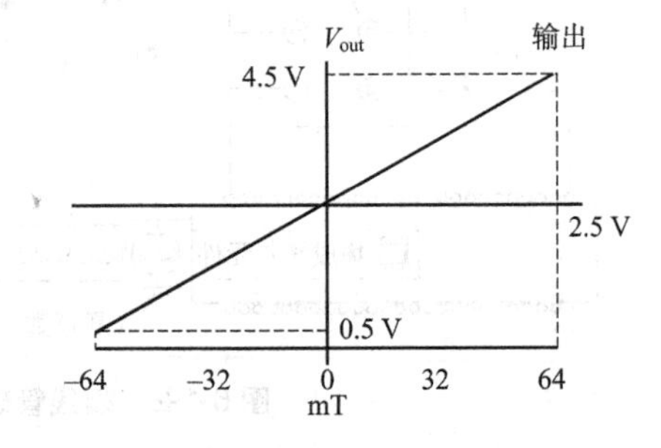

图 6-1-4　传感器输出电压与磁感应强度之间的关系

该关系可用下式表示:

$$B = \frac{(U-2.500)}{K} \tag{6-1-2}$$

式中,U 为集成霍尔传感器的输出电压(用 mV 挡读数);K 为该传感器的灵敏度,此处 K 类似于(6-1-1)式中的 $K_H I$;I 为工作电流。

如果外接一个 2.50 V 的辅助直流电源,使磁感应强度为 0 时,输出信号 U'为 0。那么集成霍尔

传感器的输出电压 U' 与 B 的关系为

$$B = \frac{U'}{K} \tag{6-1-3}$$

数据记录与处理

1. 测定霍尔传感器的灵敏度

改变输入螺线管的励磁电流 I_m，将传感器置于螺线管的中央位置（即 $x = 17.0$ cm），测量 $U' - I_m$ 关系，记录 10 组数据，I_m 范围在 0～500 mA，每隔 50 mA 测一次。然后求出 U'—I_m 直线的斜率 K'（$K' = \frac{\Delta U'}{\Delta I_m}$），则集成霍尔传感器的灵敏度可由下式计算：

$$K = \frac{\Delta U'}{\Delta B} = \frac{\sqrt{L^2 + \overline{D}^2}}{\mu_0 N} \frac{\Delta U'}{\Delta I_m} = \frac{\sqrt{L^2 + \overline{D}^2}}{\mu_0 N} K' \tag{6-1-4}$$

由于螺线管为有限长，由此必须用公式

$$B = \mu_0 \frac{N}{\sqrt{L^2 + \overline{D}^2}} I_m \tag{6-1-5}$$

进行计算（单位：V/T）。计算过程中用的参数如下：螺线管长度 $L = 260 \pm 1$ mm，$N = (3\,000 \pm 20)$ 匝，平均直径 $\overline{D} = (35 \pm 1)$ mm，而真空磁导率 $\mu_0 = 4\pi \times 10^{-7}$ H/m。

表 6-1-1 中，U'_1 为螺线管通正向直流电流时测得集成霍尔传感器输出电压；U'_2 为螺线管通反向直流电流时测得集成霍尔传感器输出电压；U' 为 $|U'_1 - U'_2|/2$ 的值（测量正、反两次不同电流方向所产生磁感应强度值取平均值，可消除地磁场影响）。

表 6-1-1　测量霍尔电势差 U' 与螺线管通电电流 I_m 关系

I_m/mA	U'_1/mV	U'_2/mV	U'/mV
0			
50			
100			
…	…	…	…
500			

2. 测量通电螺线管中的磁场分布

当螺线管通恒定电流 I_m 为 250 mA 时，测量 U'—X 关系。X 范围为 0～30.0 cm，测量时，两端的数据点应比中心位置的数据点密一些。然后利用上面所得的传感器灵敏度 K 计算 B—X 关系，并作出 B—X 分布图。假定磁场变化小于 1% 的范围为均匀区（即 $\frac{|B_0 - B'_0|}{B_0} \times 100\% \leqslant 1\%$），计算并在 B—X 分布图上标出均匀区的磁感应强度 $\overline{B'_0}$ 及均匀区范围（包括位置与长度），理论值 $B_0 = \mu_0 \frac{N}{\sqrt{L^2 + \overline{D}^2}} I_m$。在 B—X 分布图上标出螺线管边界的位置坐标（即 P 与 P' 点，一般认为在边界点处的磁场是中心位置的一半，即 $B_P = B_{P'} = \frac{1}{2}\overline{B'_0}$），验证 $P - P'$ 间距是否为 26.0 cm。

根据表 6-1-2 中的数据描绘通电螺线管内磁感应强度分布图。

表 6-1-2 螺线内磁感应强度 B 与位置刻度 x 的关系($B = U'/K$)

X/cm	U_1'/mV	U_2'/mV	U'/mV	B/mT
1.00				
1.50				
2.00				
…	…	…	…	…
30.00				

注意事项

(1)FD-ICH-II 新型螺线管磁场测定仪-电源(以下简称实验电源),供电电压交流 220 V,50 Hz。电源插座位于机箱后面。新型电源插座内装 0.5 A 熔丝,可方便熔丝的更换。

(2)实验电源分三个部分,面板左面为数字式直流稳流源,用精密多圈电位器调节输出电流的大小,调节精度 1 mA,电流大小由三位半数字电流表显示;面板右边为四位半电压表,黑色拨动开关切换量程 0 ~ 19.999 V 和 0 ~ 1999.9 mV。面板中间为直流稳压电源,对应输出接线柱上方是调节输出电压电位器(顺时针调节电压增加)。

(3)集成霍尔元件的 V_+ 和 V_- 不能接反,否则将损坏元件。

(4)拆除接线前应先将螺线管工作电流调至零,再关闭电源,以防止电感电流突变引起高电压。

(5)仪器应预热 10 min 后测量数据。

思考讨论

(1)什么是霍尔效应?霍尔传感器在科研即生活中有何用途?请举例说明。

(2)有限长通电螺线管的磁场分布有什么特征?

实验习题

(1)SS495A 型集成霍尔传感器为何工作电流必须标准化?如果该传感器工作电流增大些,对其灵敏度有无影响?

(2)如果螺线管在绕制中两边的单位匝数不相同或绕制不均匀,这时将出现什么情况?磁场将会如何分布?

实验 6.2 牛顿环和劈尖干涉

光波在发生干涉时,会形成宏观可视的特征性干涉条纹。无论何种干涉,相邻干涉条纹光程差的改变都等于相干光波波长。因此,通过测量干涉条纹的间距、干涉条纹的数目等,可以测量光波波长量级的长度，这种方法成为通过宏观物理量测量微观物理量的重要手段。

利用相干光源如激光可以获得干涉图样，普通光源在一定条件下也可以获得干涉图样，牛顿环和劈尖干涉实验就可以使用普通光源进行。

在实际中，牛顿环可用来检查光学元件表面的平整度和加工精度，也常用于测量透镜的曲率半径。劈尖可用来检查工件表面的平整度，也常用于测量细丝的直径、薄片的厚度和固体的热涨系数（长度的微小改变）等。

实验目的

（1）掌握读数显微镜的基本调节和测量操作。

（2）通过观察和测量等厚干涉图样，深刻理解光的波动性原理。

（3）学会用牛顿环测量透镜的曲率半径和用劈尖测量细丝直径的实验方法。

（4）学会利用逐差法处理数据。

实验仪器

牛顿环装置、平板光学玻璃片（两片）、读数显微镜、钠光灯。

实验原理

1. 牛顿环

如图6-2-1所示，将一块曲率半径较大的凸透镜面向下置于一块平面玻璃上，即组成一个牛顿环装置。透镜凸面和平面玻片上表面之间形成空气间隙，在以接触点 O 为中心的任一圆周上的各点，空气间隙的厚度相同。当用波长为 λ 的单色光垂直入射时，经空气间隙上下表面反射的两束光将发生干涉，其干涉条纹是以 O 为中心的明暗相间的同心圆环，此环被称为牛顿环。图6-2-2为反射牛顿环干涉图，关于透射牛顿环请查阅大学物理相关内容。

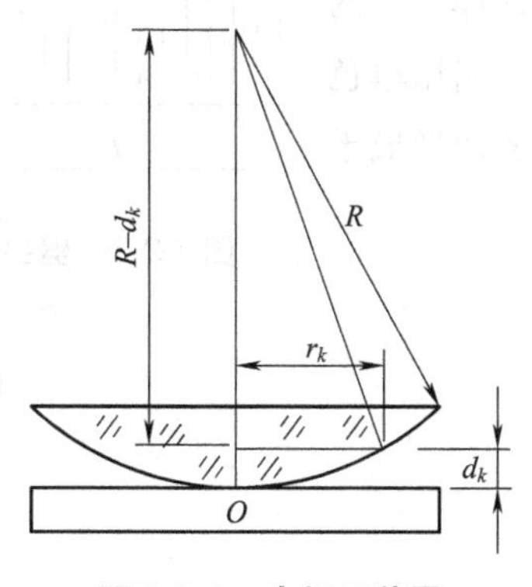

图6-2-1　牛顿环装置

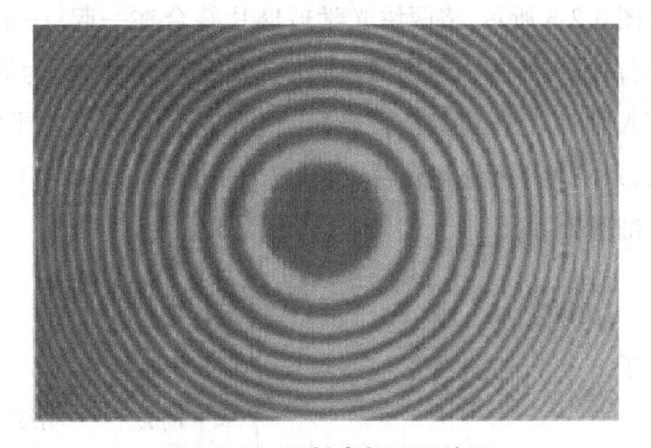

图6-2-2　反射牛顿环干涉图

设凸透镜的曲面半径为 R，以接触点 O 为中心，半径为 r_k 的圆周上一点的空气隙厚度为 d_k。由干涉条件，在此圆周上形成暗纹的条件为

$$\delta = 2d_k + \frac{\lambda}{2} = (2k+1)\frac{\lambda}{2} \quad (k=0,1,2,\cdots) \tag{6-2-1}$$

由几何关系可知

$$R^2=(R-d_k)^2+r_k^2=R^2-2Rd_k+d_k^2+r_k^2 \tag{6-2-2}$$

因 $R>>d_k$，故可略去 d_k^2 项，从而可得

$$d_k=\frac{r_k^2}{2R} \tag{6-2-3}$$

由式(6-2-1)和式(6-2-3)可得

$$R=\frac{r_k^2}{k\lambda} \tag{6-2-4}$$

式中，k 为暗环的级数；λ 为入射光的波长。可见，只要能测得第 k 级暗纹的半径 r_k，就可以确定透镜的曲率半径 R。

在实际测量中，由于两接触面之间难免附着尘埃，并且接触时难免发生弹性变形，因而接触处不可能是一个几何点，而是一个面。就这样，近中心 O 处的环纹会比较模糊，所以根本没办法确定条纹级数 k 值，也就没办法精确测定半径 r_k，因此利用式(6-2-4)无法进行测量。为了避开直接判断 k 值和测量 r_k，可以采用测距离中心 O 较远但比较清晰的两个暗环直径的方法。设测得第 m 级和第 n 级暗环直径分别为 D_m 和 D_n，由式(6-2-4)可得

$$R=\frac{D_m^2-D_n^2}{4(m-n)\lambda} \tag{6-2-5}$$

式(6-2-5)就是本实验测量所用公式，是由式(6-2-4)转换而来的，其中的半径换成了直径，且公式中的 m 和 n 都是从第一个能够看清楚的条纹读起，不用计较它们真正是第几级条纹，因为只要知道准确的 $m-n$ 值。此公式利用了牛顿环直径的平方差等于其弦的平方差，因此，测量时即使不能准确确定牛顿环的中心，也不会影响测量结果。

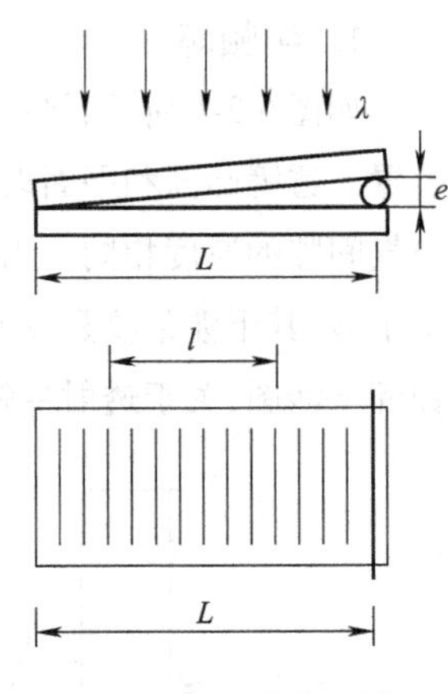

图 6-2-3　劈尖干涉

2. 劈尖干涉

如图 6-2-3 所示，将两块光学玻璃片叠合在一起，一端插入厚为 e 的细丝，则在两玻片的相邻表面之间形成一空气劈尖，称为劈尖。当用单色光垂直入射时，空气劈尖上下表面反射的两束光将发生干涉，从而形成干涉条纹，条纹为平行于两玻片交界棱边的直线。

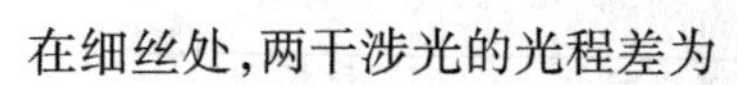

在细丝处，两干涉光的光程差为

$$\delta=2e+\frac{\lambda}{2} \tag{6-2-6}$$

由干涉条件，在此处形成明纹、暗纹的条件为

$$\delta=2e+\frac{\lambda}{2}=\begin{cases}(k+1)\lambda & \text{明纹}\\(2k+1)\dfrac{\lambda}{2} & \text{暗纹}\end{cases} \tag{6-2-7}$$

$$e=\begin{cases}\left(k+\dfrac{1}{2}\right)\dfrac{\lambda}{2} & \text{明纹}\\ k\dfrac{\lambda}{2} & \text{暗纹}\end{cases}\qquad k=0,1,2,\cdots \tag{6-2-8}$$

在实际测量中，当 $e>>\lambda$ 时，会使 k 值很大，甚至在细丝附近的干涉条纹变得很模糊或消失，从而无法确定 k 值和细丝处条纹的明暗。因此，实验中采用先测出 n 条条纹的间距 l，再测出从玻片交界处到细丝处距离 L，有几何关系

$$k=L\frac{n}{l} \tag{6-2-9}$$

如果忽略式(6-2-8)中明、暗条纹间 $\lambda/4$ 的差别，由式(6-2-8)和式(6-2-9)可得细丝的厚度 e 为

$$e=k\frac{\lambda}{2}=\frac{nL\lambda}{2l} \tag{6-2-10}$$

实验内容与步骤

用牛顿环测凸透镜的曲率半径，用劈尖测细丝直径。

实验装置如图6-2-4所示，其中 M 为读数显微镜镜头，P 为显微镜上的小反射镜，L 为牛顿环装置。

(1)自然光下观察牛顿环。借助自然光，用肉眼直接观察牛顿环(注意比较反射牛顿环和透射牛顿环的异同)，调节牛顿环装置上的三个螺钉旋钮，使牛顿环圆心位于透镜中心。调节时，螺钉旋钮松紧要适合，既要保持稳定，又勿过紧使透镜变形。

(2)粗调光路。将显微镜镜筒调到读数标尺中央，把牛顿环装置放在载物台上，移动显微镜整体方位和 P 的角度，使视场尽可能明亮。

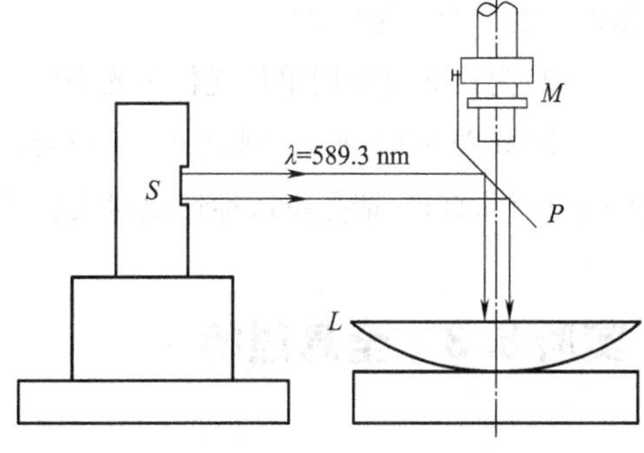

图6-2-4 实验装置图

(3)调节显微镜目镜，使十字叉丝清晰。显微镜调焦，看到清楚的牛顿环并使叉丝与环纹间无视差(注意：调焦时，镜筒应由下向上调，以免碰伤物镜或被测物)。移动牛顿环装置使叉丝对准牛顿环中心。

(4)定性观察待测圆环是否均在显微镜读数范围之内并且清晰。

(5)定量测量。由于环中心有变形，应选择10级以上的条纹进行测量。如取 $m-n=8$，则分别测出第25～18级、第17～10级各级的直径，然后利用逐差法处理数据，求出曲率半径 R，并给出完整的实验结果。测量时应注意避免螺纹间隙误差，这要求在整个测量过程中，显微镜筒只能朝一个方向移动，不许来回移动。特别在测量第25级条纹时，应使叉丝先越过25级条纹，然后再返回到第25级开始读数，并依次沿同一方向测完全部数据。

(6)将加有待测的纸条或头发丝的劈尖放在载物台上，调焦得到清晰的干涉条纹且无视差。调整纸条或头发丝，使干涉条纹与棱边平行。转动劈尖使条纹与显微镜移动方向垂直。测量 $n=20$ 个暗条纹的间距 l 和纸条或头发丝到棱边的距离 L，用式(6-2-10)计算出 e 值，并给出完整的实验结果。

注意事项

(1)钠光灯在点燃时，不要随便移动，以免震坏灯丝。关灯后，应等待15 min后才能再次启动。

(2)测量时,应尽量使叉丝对准条纹中心时读数。

(3)劈尖实验中,当细丝较厚时,在靠近细丝处干涉条纹可能很模糊甚至消失,因此应选择靠近棱边附近的清晰条纹测量。

思考讨论

(1)自然光没有相干性,为什么牛顿环却能形成稳定的干涉图样?

(2)查阅大学物理等厚干涉部分,简要说明反射牛顿环和透射牛顿环有什么区别。

(3)牛顿环实验中为什么不采用 $R=\frac{r_k^2}{k\lambda}$ 作为测量表达式?

实验习题

(1)实验中,除讨论的两表面反射光外,其他表面所反射的光之间能否产生干涉?为什么?

(2)为什么要采用单色光作为光源?

(3)如图 6-2-5 所示,测 D_m 时,叉丝交点未通过环的中心,因而测量的是弦而非直径,请分析这种情况对实验结果的影响。

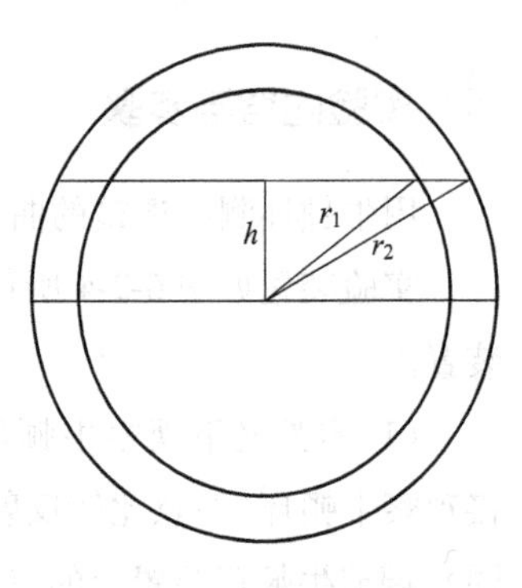

图 6-2-5　实验习题(3)用图

实验 6.3　全息照相

普通黑白照相只能记录物光的强度,彩色照相比黑白照相多记录了物光的波长,二者都丧失了对物光位相的记录,即丧失了物体的三维特征,所以只是物体的二维平面像。全息照相借助于物理光学,利用物体发出的光波(物光)与另一个与物光相干的光波(参考光)发生干涉,通过记录介质记录干涉条纹,记录介质不仅记录到了物光的强度,还记录了位相,从而能再现物体的立体特征。

1948 年,英国科学家丹尼斯·伽伯(Dennis Gabor)为了提高电子显微镜的鉴别率,在布喇格(Bragg)和泽尼克(Zernike)工作的基础上提出全息照相的思想,他在题为《全波前再现的干涉显微镜》的文中指出:虽然感光底片和其他光接收器一样都不能记录光的位相,但是,利用双光束干涉原理,令物光和另一个与物光相干的光束(参考光束)产生干涉图样却可把位相“合并”上去,从而用感光底片能同时记录位相和振幅,这就是全息照相初始时的物理思想。

虽然这种照相术在当初并不太引人注目,但是,由于后来利恩(E. N. Leith)和乌帕特尼斯(J. Upatnieks)等人对全息照相方法的改进,尤其是现代激光为其提供了高亮度的和高相干度的光源之后,全息照相就不仅在成像理论中占有很重要的地位,而且迅速扩大了应用范围,目前,它不仅可用来计量长度、位移、应力、应变,也可以用来测量微小振动,进行频谱分析、无损检测、光学信息处理和存储等。Gabor 为此还获得了 1971 年度诺贝尔物理学奖。

实验目的

(1)了解全息照相基本原理和主要特点。

(2)初步掌握全息照相的拍摄和再现技术。

实验仪器

全息工作台、He-Ne 激光器(1.5 mW)、光开关、分束镜(3∶7)、反射镜两个、扩束镜两个、被摄物体、载物台、干板架、全息胶片(干板)、照度计、显影液、定影液、暗盒。

实验原理

本实验采用透射式全息照相。所谓透射式全息图,就是在记录全息图时,全息干板位于物光和参考光的同一侧,再现像是由透过全息的衍射光所形成。

1. 全息像的记录

图 6-3-1 为透射式离轴全息图的拍摄光路。激光由激光器 A 射出,经控时光闸门 B 到分束镜 C,经分束镜分束后,激光分为两束。其中 70% 透射光束,直达反射镜 D,反射后经扩束镜 E 照亮物体 F,再经物体反射(或透射)照到干板上,这束光称为物光;分束镜的另外 30% 光经 C 反射到反射镜 H,反射后通过扩束镜 I 照在干板上,在干板上形成均匀的光学背景,这一束光称参考光。物光和参考光这两束光是由同一束光合成的,具有高度的时间和空间相干性,它们在干板上发生干涉,形成干涉条纹。由于物光是由无数物点发出的球面波叠加而成,因此全息干板上的干涉图样是无数组干涉条纹的集合。这些干涉条纹记录了两干涉光的振幅和相位,且其中的物光波振幅和相位信息以干涉条纹的明暗对比度(或亮度)和密度被记录下来,即干板记录了物光的全部信息,因此称为全息图。

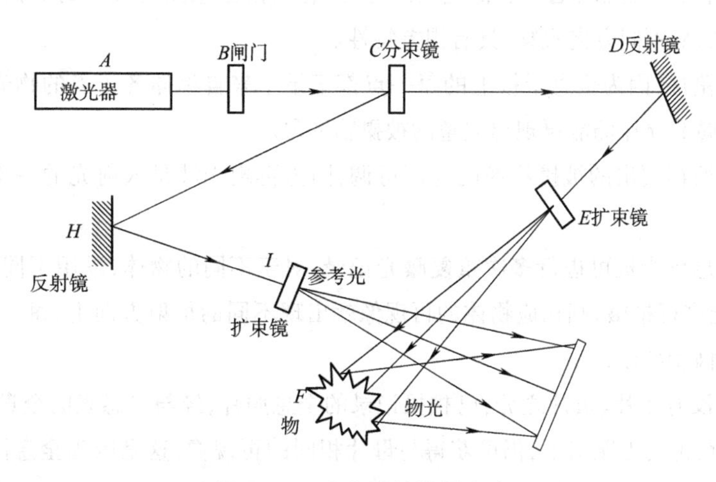

图 6-3-1　全息图的拍摄光路

2. 全息像的再现

全息图上记录的是十分复杂的干涉条纹,要想看到原物的像则必须使全息图能再现物体原来发出或反射的光波。这个过程称为全息像再现。全息像再现观察光路如图 6-3-2 所示。

当再现光束(同参考光束完全相同的光)沿原参考光的方向照射全息图干板时,全息图上每一组干涉条纹相当于一个复杂的光栅,再现光通过时要发生衍射,使透射光分为三部分。第一部分为零级衍射光,是衰减了的入射光,不包含物光的位相信息;第二部分为+1级衍射光,它沿着原物光的方向出射,所以迎着原物光方向看底片,可看到原物体的立体虚像;第三部分为-1级衍射光,它包含了物光共轭波前与位相因子,是一束会聚的球面波,其会聚点就是实像位置。若在拍摄时用的参考光是发散的球面波,那么在再现时,±1级衍射不一定一个是虚像、一个是实像,有可能两个都是虚像。

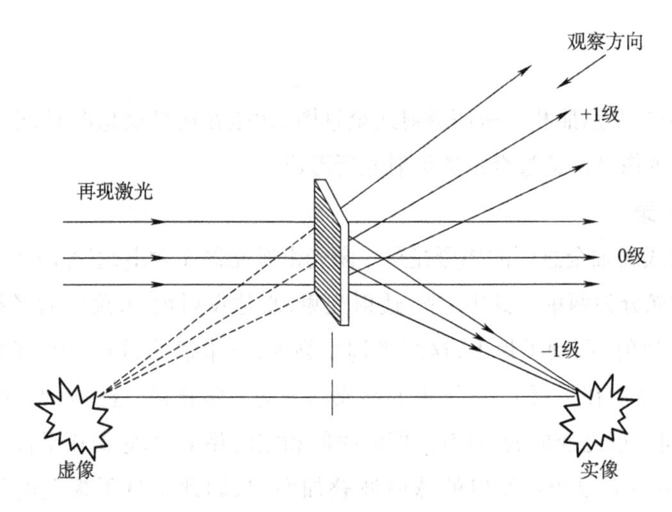

图6-3-2　全息像再现观察光路图

3. 全息照相的特点

(1)立体感强:由于全息图记录了物光波的全部信息,由全息图再现出的被摄物形象是完全逼真的三维立体形象,从不同方向观察,具有视差特性。

(2)具有可分割性:因为全息干板上的每一点都记录了来自物体各个点的物光波信息,因此全息干板一旦破碎,局部碎片仍能再现出完整的被摄物形象。

(3)全息干板所再现出的被摄物像的亮度可调:因为再现光波是入射光的一部分,故再现光越强,再现像就越亮。

(4)同一张全息感光板可进行多次重复曝光记录,对于不同的物体,采用不同角度的参考光束或不同方向的物光进行拍摄,则相应物体的再现像就出现不同的衍射方向上,每一再现像可做到不受其他像的干扰而显示出来。

(5)全息干板没有正片、负片之分:已拍摄记录的全息照片,经与未感光的全息干板相对压紧翻印而得到的照片,在再现光照射下,仍可获得与母片相同的再现像,这是因为全息图中的干涉条纹,对于正片和负片来说只相当于在全息干板上位移了半个条纹宽度,这一区别对于再现时衍射现象是不易觉察的。

实验内容与步骤

1. 保证全息平台稳定

曝光过程中平台震动势必导致胶片上参考光和物光干涉条纹的位置不固定,使胶片失去记录物光位相的能力(或条纹),因此保证全息平台稳定性是拍好全息片的重要基础。一般全息台均做成防震平台,平台上放置钢板,钢板上面放置实验用的具有磁性的光学元件:分束镜、反射镜、扩束镜、载物台,干板架、激光管、光开关等。而且光学元件分别装在各种调节夹上,调节夹固定在支撑底座内,底座下面用磁钢与钢板固定,使光学元件和钢板连成一个整体(检查平台是否稳定,可在平台上建立迈克尔逊干涉系统,如图 6-3-3 放置。其干涉条纹在 3 min 之内变动不超过 1/4 个条纹,即为平台稳定性满足)。光强大,曝光时间缩短也是合理的方案;曝光期间保持安静,减少可能的一切震动影响。

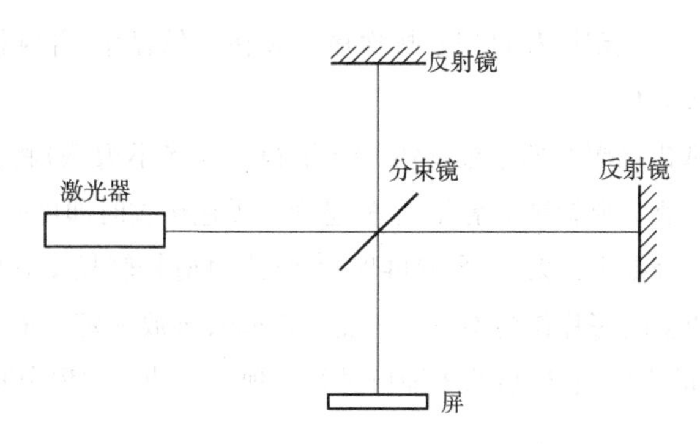

图 6-3-3 检查平台稳定的光路图

2. 拍摄前的准备

(1)调整激光出射光路大致水平。

(2)按实验光路图 6-3-1 摆放好分束镜、平面反射镜、载物台、干板架等光学元件(暂时不放括束镜),注意载物台和干板架相距约 10 cm,载物台上沿和干板架上沿相平,干板架尽量多朝向物体一些。

(3)等高设置:调整两个反射镜的位置及倾角(使用倾角调节螺钉)使物光和参考光能够照射到物体的相同位置,调好后把参考光路调回干板中心位置。

(4)夹角调节:调节参考光路上的平面反射镜位置,使参考光与物光中心反射到底片上的光之间的夹角为 30° ~ 40°。

(5)光程差近似为零:用软线从分束镜量起,判断物光和参考光到达干板处的光程是否相等。光程差约为 0 时效果最佳(平台上有直尺)。如果两光程相差较大,请调整物光光路上的平面镜的位置以缩小光程差(如调其他元件有可能改变夹角)。

(6)物光与参考光的光强比:按光路图位置安放括束镜,遮住参考光,用光照度计测干板处的光强度(一般≥0.3 lx 为合适,如物光太弱请调节括束镜位置、物体反光角度或稍微减小干板架与物体的距离);再遮住物光,用光能量测量仪测干板处的光强度;使物光反射到干板处的光强度与参考光照到干板处的光强度之比在 1:4 ~ 1:8 之间,通过移动扩束镜可改变该束光在干板处的强弱。

3. 全息照片的拍摄

曝光时间控制有使用曝光定时器自动曝光和手动控制曝光两种方式。根据干板的感光特性和光源的强弱设定曝光时间,一般为 10 ~20 s。在黑暗环境中一人练习控制曝光时间,另一人用光屏练习往干板架上装干板,交换岗位练习一次。练后再检查一次光路,无误后开始曝光。

关闭所有光源,从暗盒中取出一块全息干板(玻璃涂乳胶),用手指轻推干板的一角,感觉有摩擦的一面为药面，感觉光滑的一面为玻璃面（手指上沾一点儿水感觉会更明显），将乳胶面朝向被摄物装在干板架上（注意：安装时手不能碰到拍摄物）。稳定 2 min 后，开始曝光，注意曝光时不能走动、谈话。待曝光结束后，摸黑取下曝光后的干板，用黑纸包好装入另一暗盒。

4. 干板的冲洗

冲洗包括显影、停显、定影和水漂四步，合理的冲洗是获得高质量全息照片的重要环节，尤其是显影得当至关重要。

（1）进暗室，将显影、停显、定影和自来水按次序分装在洗像盘中，并维持其温度为 20 ℃左右，尤其显影液最好为 20 ± 0.5 ℃。

（2）闭灯，从暗盒中取出已曝光的干板，借绿光（干板对绿光不敏感）将乳胶面朝上放入显影液中，同时开始计时，在显影液中观看显影情况，干板呈现灰黑色斑纹时即可取出放入停显液。

注：①不可显影过量，否则干板太黑，影响再现；②显影时应轻轻晃动容器，保证显影均匀；③显影时最好先取一块标准灰度的底片作为参考。停显 0.5 min，再放入定影液，5 ~ 10 min 后可开灯用自来水漂洗，洗去底片上的定影液，洗后吹干即可进行再现。在冲洗过程中要经常洗手，避免各液相互污染。

（3）若显影过度，再现时看不清物体的像，可放入漂白液中漂白，干板变灰白色后，经水漂，吹干，然后再现。

5. 全息像的再现

（1）虚像观察。

①把冲洗好的底片放回干板架上，药膜面对着扩束后的激光，让扩束后的激光沿着原参考光的方向照射底片，这时透过玻璃面迎着原物光方向观看，在原物体位置上看到与原物体完全逼真的三维像，这个像称为真像或虚像。

②使底片向光源前进，入射角大致不变，则虚像变小，反之使底片远离光源，则虚像变大。

③用一张有 $\phi 10$ mm 小孔的黑纸盖在底片上，使激光只照射在很小一块底片上，这时看到的仍是整个被摄物体的虚像，但分辨率下降。

（2）实像观察。

用参考光的共轭光照明，可在原物位置看到逼真的三维实像。但在实际操作中参考光的共轭光不易精确实现；能同时观察逼真的三维实、虚像的最好方法是参考光和照明光均用垂直入射的平行光。

6. 干涉条纹的观察

全息图记录的是参考光束和物点上发出的光的干涉结果，和被“拍摄”的物体并无直接关系。事实上，将全息图底片显影后用显微镜进行检查，可以看到，全息图并不显示与被“拍摄”物有任何几何相似的形象，而是显示出一种复杂的干涉条纹。

注意事项

（1）不能用眼睛直视未扩束的激光束，以免造成视网膜损伤。

（2）全息片、观察屏以及被摄小动物均是易碎物品，使用时要小心、轻放，防止跌落损坏。

(3)不允许用手触摸光学表面,更不允许用有机溶剂(如酒精、乙醚等)擦拭分束镜和平面反射镜,以免镀膜脱落损坏。

(4)光路调节中应使各元件等高共轴。

(5)曝光期间保持安静,禁止一切可能的震动影响。

(6)要保护感光片,不能“跑光”、曝光不足、曝光过度。

思考讨论

(1)全息照相是根据什么原理实现的?它与普通照相的主要区别在哪里?

(2)全息照相时记录在干板上的是什么?它的再现原理是什么?

(3)为什么实验中要求光路中物光和参考光的光程差 $\Delta\approx 0$ 最理想?

(4)拍摄后,定影前干板不能漏光,为什么?

(5)拍好全息照片的基础是什么?提高全息照片质量的重要环节有哪些?

实验习题

(1)全息干涉测量是全息术最成功的应用之一,简述其原理和主要应用。

(2)全息术的应用前景较大,请举例说明。

实验 6.4　法布里-珀罗干涉仪的调节和使用

法布里-珀罗干涉仪(简称 F-P 干涉仪)是由法国物理学家夏尔·法布里和阿尔弗雷德·珀罗于 1897 年发明的,是一种应用多光束原理制成的高分辨率光谱仪器,具有很高的分辨本领和集光本领,常用于分析光谱的超精细结构,研究光的塞曼效应和物质的受激布里渊散射,精确测定光波波长和波长差,以及激光选模等工作中。

法布里-珀罗干涉仪也经常被称为法布里-珀罗谐振腔;当两块玻璃板间用固定长度的空心间隔物来间隔固定时,它也被称为法布里-珀罗标准具。

实验目的

(1)理解 F-P 干涉仪的原理、设计思想,了解其结构和调节方法。

(2)会用 F-P 干涉仪测激光波长和钠黄光 D 双线波长差。

实验仪器

F-P 干涉仪、He-Ne 激光器、钠光灯、毛玻璃屏。

实验原理

1. 仪器结构

F-P 干涉仪是一种多光束干涉装置,主要由两块玻璃板或石英板组成(见图 6-4-1)。P_1、P_2是两块平面玻璃板，相对的内表面很平且镀有高反射率的部分透明膜（银膜、铝膜或多层介质膜）。使用时将两内表面调成相互平行，两内表面之间形成一平行平面空气层。膜面间的距离可以调节以得到不同厚度的空气层。为了避免 P_1、P_2 板未镀膜的外表面反射光干涉产生的干扰，每块平面玻璃板的两个表面都稍微作成楔形（两表面夹角很小，约几分）。

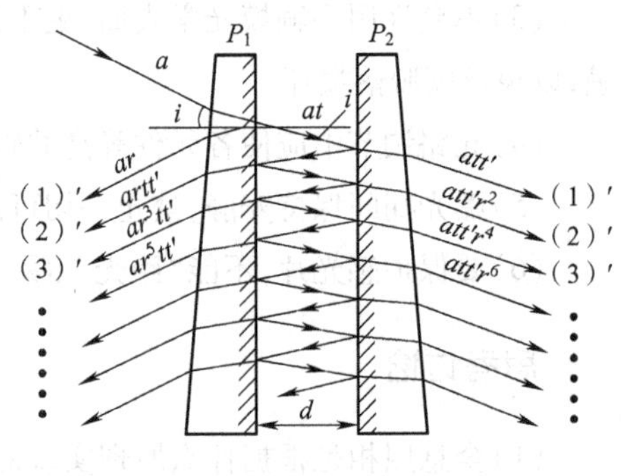

图 6-4-1　F-P 干涉仪光路图

若两块玻璃板之间的间距用热胀系数较小的材料（如石英或殷钢等）做成圆环固定起来，形成厚度固定的平行空气层，就是 F-P 标准具。

本实验中使用的 F-P 干涉仪是将两玻璃板 P_1、P_2 安装在迈克尔逊干涉仪机身上（将迈氏干涉仪的 M_1、M_2、G_1、G_2 拆除装上 P_1、P_2）。其中一个机座固定（如 P_1），另一个（如 P_2）安装在导轨上，以便利用精密丝杠移动 P_2，连续改变平行平面空气膜的厚度，移动量可从读数装置上读出。P_1、P_2 的外侧支架上都有三个调节螺钉，用以调节两内表面的平行。

2. 干涉原理

从扩展光源任一点发出的光束射在平板 P_1 上经折射后在两镀膜平面间进行多次反射，构成多个平行且相干的透射光 1，2，3，4，…，以及多个平行且相干的反射光，1′，2′，3′，4′，…（见图 6-4-1）。这一系列相互平行，且相邻两光程差相等的透射光束（或反射光束）经透镜（或眼睛）会聚，在透镜焦平面上将发生多光束干涉。本实验所观察的是透射光束，故下面讨论透射光的干涉。

设入射光的振幅为 a，P_1、P_2 的透射系数分别为 t、t'，两内表面的反射系数均为 r，则各透射光的振幅分别为 att'，$att'r$，$att'r^4$，…。当反射系数 $r \approx 1$ 时，所形成的各透射光振幅几乎相等。

相邻透射光束的相位差为

$$\delta = \frac{2\pi}{\lambda} 2nd\cos i' + 2\phi \tag{6-4-1}$$

式中，n 为两内表面之间空气的折射率；d 为两内表面的间距；i' 是内反射角（见图 6-4-1，近似等于入射角）；ϕ 为内反射的相变；λ 为真空中光的波长。

当 $\delta = 2m\pi$（m 为整数）时，得到最大光强，称为干涉的主最大。在两个相邻的主最大之间分布着多个暗纹。

两镀膜平面是平行的，光源是扩展光源，所以产生等倾干涉[分析式（6-4-1）也可得出同样结论]。由于经两内表面多次反射的各组相干透射光都是相互平行的，所以必须经透镜（或眼睛）会聚才能在焦平面上看到干涉条纹。对扩展光源的任一点发出的光束来说，具有相同入射角的光线所产生的各组光束中，相邻光束的位相差相同，产生多光束干涉，故在透镜焦平面上的干涉条纹将是一组同心圆。利用扩展光源将使干涉明纹加强，便于观察。

根据多光束干涉原理可推出透镜焦平面上的光强分布为

$$I_T = \frac{I_0}{1 + \frac{4R}{(1-R)^2}\sin^2\frac{\delta}{2}} \tag{6-4-2}$$

式中，I_0 为入射光强；$R=r^2$。当 $\delta=2m\pi$（m 为整数）时 I_T 得最大值[同式(6-4-1)结论]。I_T/I_0 与 δ 的关系如图6-4-2所示。由图可知，镀膜面的反射系数越大，透射光的干涉主最大越细越窄，与双光束干涉条纹（如迈克尔逊干涉仪产生的条纹）有明显的不同，后者产生的条纹较粗。F-P干涉仪和F-P标准具所产生的亮条纹十分细锐，使它成为研究光谱超精细结构的有效仪器。

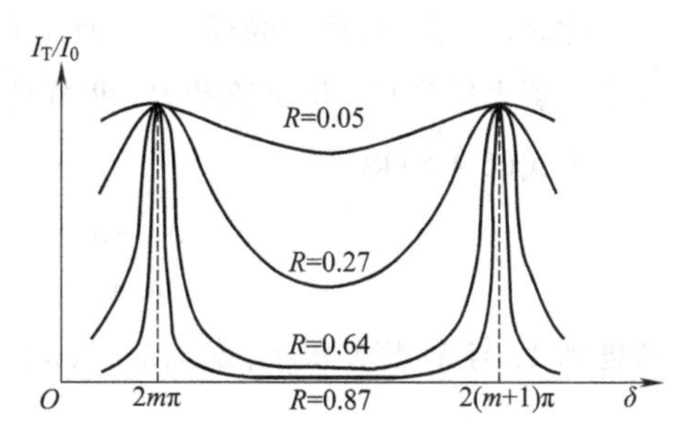

图6-4-2 与 δ 的关系图

若仅考察视场中心的少数条纹，此时，可近似认为光线垂直入射即 $i'\approx 0$，在此小范围内可认为相变 $\phi=\phi_0$ 为一常数，对空气 $n\approx 1$，故式(6-4-1)变成

$$\delta=\frac{4\pi}{\lambda}d+2\phi_0 \tag{6-4-3}$$

改变 d，将伴随条纹的"涌出"或"陷入"。由式(6-4-3)可知 Δd 与条纹"涌出"或"陷入"数 N 间的关系为

$$2\Delta d=N\lambda \tag{6-4-4}$$

利用式(6-4-4)可测出波长，亦可测钠黄光 D 双线波长差。

实验内容与步骤

1. F-P 干涉仪的调节

本实验用望远镜或眼睛观察F-P干涉仪的干涉条纹。将 P_1、P_2 距离调至1～2 mm范围，用经过扩束的He-Ne激光作为光源，自 P_2 到 P_1 照射。激光透过干涉仪的两平板 P_2、P_1 后，由望远镜或眼睛看到多串像点，表明干涉仪的两膜面并未平行。耐心调节 P_1、P_2 后面的各三个螺钉，使每串光点重合，最后形成3、4个独立的光点，此时大致上两内表面平行。进一步微调，则可看到清晰的干涉条纹。此时为消除光点干扰，看清干涉纹，可在扩束镜和干涉仪之间加一毛玻璃屏将点光源变成面光源。再小心微调使干涉环心居中，且上、下、左、右移动眼睛，干涉环无吞吐，此时两内表面严格平行。

2. 测量激光波长和钠黄光 *D* 双线波长差

用He-Ne激光做光源，使激光束通过扩束镜会聚后发散，此时就得到一个相干性很好的点光源。它发出的球面波自 P_2 到 P_1 照射，调节好以后，看到清晰的干涉条纹，然后，移动 P_2，若 d 增加，与 k 级相应的条纹的 θ 角变大，条纹沿半径外移，可看到条纹从中心"涌出"的现象，反之，条纹向中心"收缩"。每"涌出"或"收缩"一个条纹，光程差改变一个波长。这样，只要从仪器上读出 P_2 移动的距离 Δd，并数出中心"涌出"或"收缩"的条纹数 N，利用式(6-4-4)就能测出激光波长。

光源换成钠光灯，钠黄光（称为 D 线）是由波长 $\lambda_1=589.6$ nm、$\lambda_2=589.0$ nm两条谱线组成的。光源中包含有波长相近的两种单色光 λ_1 和 λ_2，$\lambda_1=\lambda_2+\Delta\lambda$。适当调节两板的间距 d，则可看到两种黄色干涉条纹，一种颜色较深，另一种颜色较浅。移动 P_2 改变 d，则可遇到这样的情况：透射出来的多束光相邻两束光的光程差恰为 λ_1 的整数倍而同时又为 λ_2 的整数倍，亦即

$$\Delta L=K_1\lambda_1=K_2\lambda_2 \tag{6-4-5}$$

此时，一深一浅两黄光环重合，而且 $K_2 - K_1 = 1$，移动 P_2，λ_1 的明纹和 λ_2 的暗纹渐渐错开，一深一浅两黄光环分开。继续移动 P_2，两黄光环重合、错开交替出现。

由式(6-4-5)得

$$\frac{\lambda_1 - \lambda_2}{\lambda_1\lambda_2} = \frac{K_2 - K_1}{\Delta L}, \quad \Delta\lambda = \lambda_1 - \lambda_2 = \frac{\lambda_1\lambda_2}{\Delta L}$$

考虑到 λ_1 与 λ_2 相差很小，故 $\lambda_1\lambda_2 = (\overline{\lambda})^2$；又 $\Delta L = 2\Delta d$，故有

$$\Delta\lambda = \frac{(\overline{\lambda})^2}{2\Delta d} \tag{6-4-6}$$

测 $\Delta\lambda$ 时，记取与相邻的两条谱线(亮纹)中心重合时相应的位移 Δd。注意：千万不可让 P_1、P_2 的两个内表面相接触，否则将损坏仪器。

注意事项

(1)在实验内容1中，激光光源一定要扩束，以便形成点光源，便于观察判断 P_1、P_2 是否平行。激光如果不扩束，直接观测将灼伤眼睛。实验采用光纤传输，出射的激光束为扩散光。

(2)在实验中千万不可使 $\Delta d = 0$，否则 P_1、P_2 两内表面接触将碰坏镀膜面，使仪器报废。

数据记录与处理

自拟数据表格，参考实验5.9迈克尔逊干涉仪的调节及使用实验要求处理数据。

思考讨论

(1)查阅大学物理课本中光的干涉、多光束干涉、光栅衍射等相关内容。

(2)了解实验仪器可参考迈克尔逊干涉仪实验。

实验习题

(1)一准单色光包含强度相近的两单色光，波长分别为599.4 nm和600.0 nm，求当两条谱线从某一次重合到下一次重合时，600.0 nm谱线干涉级次的改变数。

(2)为什么F-P干涉仪的分辨本领和测量精度比迈氏干涉仪高？

(3)若已出现等倾条纹，但条纹中心不在视场正中，或移动眼睛，条纹有“涌”“陷”。是什么原因？如何解决？

实验6.5　液体表面张力测量

表面张力是液体表面重要的物理性质，它类似固体内部的拉伸应力，存在于极薄的液体表面层内，使液体表面好像一张拉紧了的橡皮膜一样，具有尽量缩小其表面的趋势，这种沿着表面的使液体收缩的力称为表面张力。利用它可以用来解释很多物理现象，如液体与固体接触时的浸润与不浸润现象、毛细现象及液体泡沫的形成等。工业生产中使用的浮选技术、动植物体内液体的运动、土壤中

水的运动等都是液体表面张力的表现。工业生产中对表面张力有着特殊的要求,研究它更具有重要的意义。

测量液体表面张力系数有多种方法,如拉脱法、毛细管法、平板法、最大工业气泡压力法等。本实验是用拉脱法测定水的表面张力系数。

实验目的

(1)了解液体表面张力的性质,掌握拉脱法测定液体表面张力的原理。

(2)学习硅压阻力敏传感器的物理原理,测定水等液体的表面张力系数。

实验仪器

WBM-1A 型液体表面张力测定仪、升降台、游标卡尺。

实验原理

表面张力是分子力的一种表现,它发生在液体和气体接触的边界部分,是由表面层的液体分子处于特殊情况决定的。液体内部的分子和分子之间几乎是紧挨着的,分子间经常保持平衡距离,稍远一些就相吸,稍近一些就相斥,这就决定了液体分子不像气体分子那样可以无限扩散,而只能在平衡位置附近振动和旋转。在液体表面附近的分子,由于上层空间气相分子对它的吸引力小于内部液相分子对它的吸引力,所以该分子所受合力不等于零,其合力方向垂直指向液体内部,这种收缩力称为表面张力。表面层分子间的斥力随它们彼此间的距离增大而减小,在这个特殊层中分子间的引力作用占优势。如果在液体表面上任意划一条分界线 MN 把液面分成 a、b 两部分(见图 6-5-1),f 表示 a 部分表面层中的分子对 b 部分的吸引力,f 表示右部分表面层中的分子对 a 部分的吸引力,这两部分的力一定大小相等、方向相反。这种表面层中任何两部分间的相互牵引力,促使了液体表面层具有收缩的趋势。由于表面张力的作用,液体表面总是趋向于尽可能缩小,因此空气中的小液滴往往呈圆球形状。

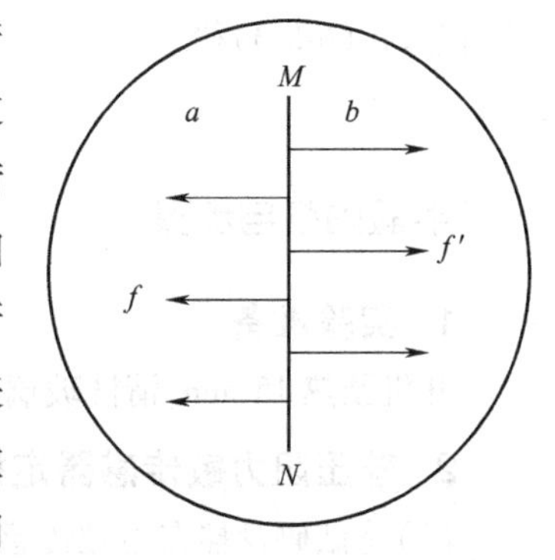

图 6-5-1 液体表面张力示意图

表面张力的方向和液面相切,并和两部分的分界线垂直,如果液面是平面,表面张力就在这个平面上。如果液面是曲面,表面张力就在这个曲面的切面上。表面张力是物质的特性,其大小与温度和界面的性质有关。表面张力 f 的大小跟分界线 MN 的长度 L 成正比,可写成

$$f = \alpha L \tag{6-5-1}$$

式中,系数 α 称为表面张力系数,它的单位是 N/m。在数值上表面张力系数就等于液体表面相邻两部分间单位长度的相互牵引力。表面张力系数与液体的温度和纯度等有关,与液面大小无关。液体温度升高,α 减小;纯净的液体混入微量杂质后,α 明显减小。

普通物理实验中测量表面张力的常用方法有拉脱法、毛细管法、最大泡压法等。本实验采用拉脱法。表面张力微小,测量难度大, 实验成功的关键是怎么测量微小的力。传统的焦利氏秤由于其精度不高且稳定性差,已逐渐被淘汰。随着传感器技术的发展,我们改用硅压阻力敏传感器测量液

体的表面张力。具体测量方法是把一个表面清洁的铝合金圆环吊挂在力敏传感器的拉钩上,升高升降台使铝合金圆环垂直浸入液体中,降低升降台,液面下降,当吊环底面与液面平齐或略高时,由于液体表面张力的作用,吊环的内、外壁会带起一部分液体,如图6-5-2所示。平衡时吊环重力mg、向上拉力F与液体表面张力f满足

$$F = mg + f\cos\varphi \tag{6-5-2}$$

吊环临界脱离液体时,$\varphi = 0$,即$\cos\varphi = 1$,则平衡条件近似为

$$f = F - mg = \alpha(D_1 + D_2)\pi \tag{6-5-3}$$

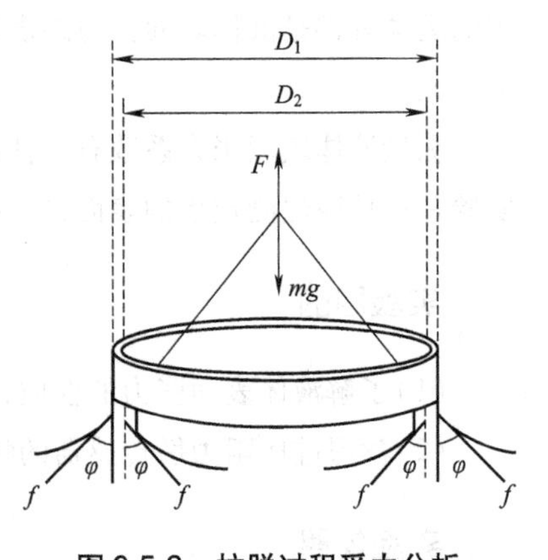

图6-5-2 拉脱过程受力分析

式中,D_1、D_2分别为吊环的内径和外径,液体表面的张力系数为

$$\alpha = (F - mg)/\pi(D_1 + D_2) \tag{6-5-4}$$

实验需测出F、mg、D_1、D_2。

利用力敏传感器测力,首先进行硅压阻力敏传感器定标,求得传感器灵敏度B(单位:mV/N),再测出吊环在即将拉脱液面时($F = mg + f$)电压表读数U_1,记录拉脱后($F = mg$)数字电压表的读数U_2,代入式(6-5-3)得

$$\alpha = (U_1 - U_2)/B\pi(D_1 + D_2) \tag{6-5-5}$$

实验内容与步骤

1. 实验准备

开机预热15 min,清洗玻璃器皿和吊环;用游标卡尺分别测量吊环的内外直径D_1和D_2。

2. 硅压阻力敏传感器定标

(1)将砝码盘挂在力敏传感器的钩上,选择200 mV挡位对传感器调零定标。

(2)每次将1 g(1个)的砝码放入砝码盘内,分别记录下数字电压表的读数,直至加到7 g为止,将数据记录于表6-5-1中(待电压表输出基本稳定后再读数)。

3. 测定表面张力

在玻璃器皿内放入待测的水并安放在升降台上,将金属吊环挂在力敏传感器的钩上,吊环应保持水平,顺时针缓慢转动升降台使液面上升,当吊环下沿部分全部浸入液体内时,改为逆时针缓慢转动升降台使液面下降,观察环浸入液体中及从液体中拉起时的物理过程和现象,特别注意吊环即将拉断液面前一瞬间的数字电压表读数U_1和拉断后数字电压表读数U_2,并记录下这两个数值,重复上述测量过程5次,相应的U_1和U_2记录于表6-5-2中。

注意事项

(1)力敏传感器使用时用力不宜大于30 g,否则损坏传感器,砝码应轻拿轻放。

(2)器皿和吊环经过洁净处理后,不能再用手接触,亦不能用手触及液体。

(3)吊环保持水平,缓慢旋转升降台,避免水晃动,准确读取U_1和U_2。

(4)实验结束后擦干、包好吊环。

数据记录与处理

力敏传感器定标见表 6-5-1。

表 6-5-1　力敏传感器定标

砝码质量/g	1	2	3	4	5	6	7
输出电压/mV							

根据定标公式 $U=Bmg$，用最小二乘法确定仪器的灵敏度 B（取 $g=9.80\ \mathrm{m/s^2}$）。

测定水的表面系数见表 6-5-2。

表 6-5-2　测定水的表面张力系数

次　　数	U_1/mV	U_2/mV	$\Delta(U_1-U_2)$/mV	$\alpha/(\times10^{-3}\mathrm{N/m})$
1				
2				
3				
4				
5				
	内径 D_1/mm		外径 D_2/mm	

思考讨论

(1)还可以采用哪些方法对力敏传感器灵敏度 B 的实验数据进行处理?

(2)分析吊环即将拉断液面前的一瞬间电压表读数值由大变小的原因。

(3)对实验的系统误差和随机误差进行分析，提出减小误差改进实验的方法措施。

实验 6.6　普朗克常量测量

普朗克常量是在辐射定律研究过程中，由普朗克于 1900 年引入的与黑体的发射和吸收相关的普适常量。普朗克公式与实验符合得很好。发表后不久，普朗克在解释中提出了与经典理论相悖的假设，认为能量不能连续变化，只能取一些分立值，这些值是最小能量的整数倍。1905 年，爱因斯坦把这一观点推广到光辐射，提出光量子概念，用爱因斯坦方程成功地解释了光电效应。普朗克的理论解释和公式推导是量子论诞生的标志。

实验目的

通过光电效应法测定普朗克常量的实验过程，了解光的量子性，学习与光电效应相关的实验技术和方法。

实验仪器

GSZF-5A 型普朗克常量测定仪，各器件安装在一个 700 mm×150 mm×60 mm 的工作台上（在箱体内部有 DC12 V 稳压电源和 AC 220 V/8 V 变压器)，如图 6-6-1 所示。

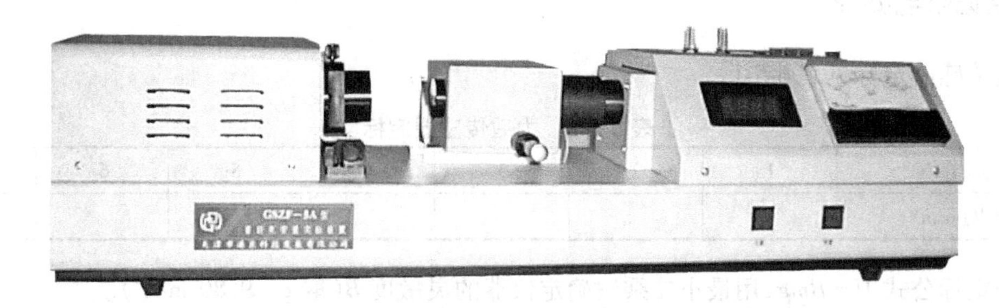

图 6-6-1　普朗克常量实验装置

(1)光源:12 V,75 W 卤钨灯。

(2)风扇:DC 12 V 0. 17 A,供光源散热用。

(3)聚光器:由 $f'=50$ mm 和 $f'=70$ mm 两个透镜组成。

(4)单色仪:1 型,光栅式。

(5)光电管:GD31A 型。

(6)直流稳压电源: ±1. 8 V,用数字电压表。

(7)测量放大器:为电流放大,4 挡倍率转换,磁电式 100 μA 电流计。

实验原理

图 6-6-2 表示实验装置的光电原理。卤钨灯 S 发出的光束经透镜 L 会聚到单色仪 M 的入射狭缝上,从单色仪出射狭缝发出的单色光投射到光电管 PT 的阴极金属板 K,释放光电子(发生光电效应),A 是集电级(阳极)。由光电子形成的光电流经放大器 AM 放大后可以被微安表测量。如果在 AK 之间施加反向电压(集电极为负电位),光电子就会受到电场的阻挡作用,当反向电压足够大时,达到 u_0,光电流降到零,u_0就称为遏止电位,也称截止点位。u_0与电子电荷的乘积表示发射的最快的电子的动能 K_{max},即

$$K_{max}=eV_0 \tag{6-6-1}$$

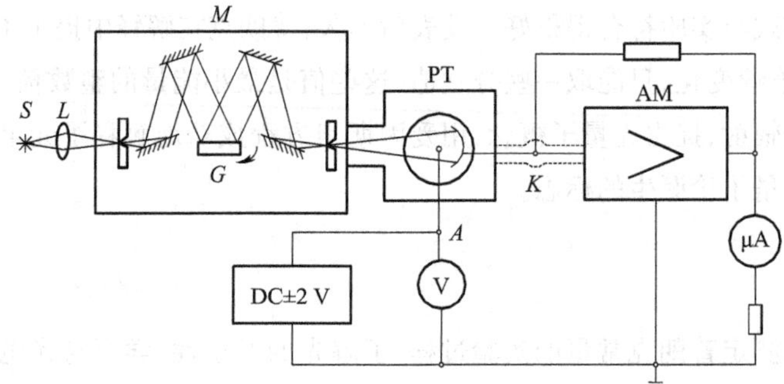

图 6-6-2　普朗克常量实验装置光电原理

S—卤钨灯;L—透镜;M—单色仪;G—光栅;PT—光电管;AM—放大器

按爱因斯坦的解释,频率为 ν 的光束中的能量是一份一份地传递的,每个光子的能量

$$E = h\nu \tag{6-6-2}$$

其中的 h 就是普朗克常量。他把光子概念应用于光电效应,又得出爱因斯坦方程

$$h\nu = E_0 + K_{max} \tag{6-6-3}$$

并作出解释:光子带着能量 $h\nu$ 进入表面,这能量的一部分(E_0)用于迫使电子挣脱金属表面的束缚,其余($h\nu - E_0$)给予电子,成为逸出金属表面后所具有的动能。

将式(6-6-1)代入式(6-6-3),并加以整理,即有

$$u_0 = \frac{h}{e}\nu - \frac{E_0}{e} \tag{6-6-4}$$

这表明 u_0 与 ν 之间存在线性关系,实验曲线的斜率应当是 $\frac{h}{e}$。$\frac{E_0}{e}$ 是常量,因此,只要用几种频率的单色光分别照射光电阴极,作出几条相应的伏安特性曲线,然后据以确定各频率的遏止电位,再作 u_0—V 关系曲线,用其斜率乘以电子基本电荷 e,即可求得普朗克常量。

应当指出,本实验获得的光电流曲线,并非单纯的阴极光电流曲线,其中不可避免地会受到暗电流和阳极发射光电子等非理想因素的影响,产生合成效果。如图 6-6-3 所示,实测曲线光电流为零处(A 点)阴极光电流并未被遏止,此外电位也就不是遏止电位,当加大负压,伏安特性曲线接近饱和区段的 B 点时,阴极光电流才为零,该点对应的电位正是外加遏止电位。实验的关键是准确地找出各选定频率入射光的遏止电位。

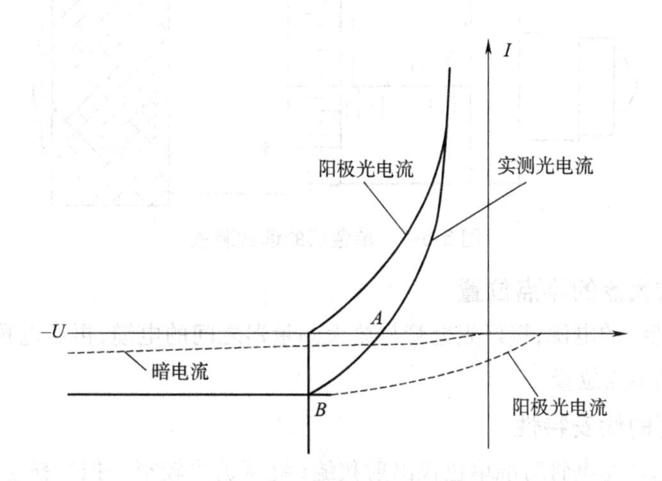

图 6-6-3　光电管的伏安特性曲线

实验内容与步骤

1. 调节卤钨灯光束

接通卤钨灯电源,松开聚光器紧定螺钉,伸缩聚光镜筒,并适当转动横向调节旋钮,使光束会聚到单色仪的入射狭缝上。

2. 单色仪的调节

WGD-100 小型光栅单色仪如图 6-6-4 所示。

（1）单色仪的参数

波长范围	200 ~ 800 nm
狭缝	固定宽度 0.3 mm
波长精度	±1 nm
波长重复性	±0.5 nm

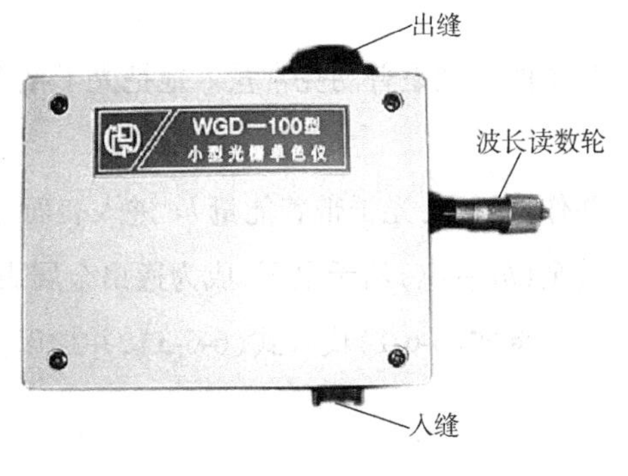

图 6-6-4　WGD-100 小型光栅单色仪

（2）将光电管前的挡光板置于挡光位置。转动波长读数鼓轮（螺旋测微器），观察通过出射缝到达挡光板的从红到紫的各种单色光斑，直到波长度数鼓轮转到零位置，挡光板上出现白光。可能发生的零位偏差，实验读数中应予以修正。

单色仪输出的波长示值是利用螺旋测微器读取的。如图 6-6-5 所示，读数装置的小管上有一条横线，横线上下刻度的间隔对应着 50 nm 的波长。鼓轮左端的圆锥台周围均匀地划分成 50 个小格，每小格对应 1 nm。当鼓轮的边缘与小管上的 0 刻线重合时，单色仪输出的是零级光谱。而当鼓轮边缘与小管上的 5 刻线重合时，波长示值为 500 nm。

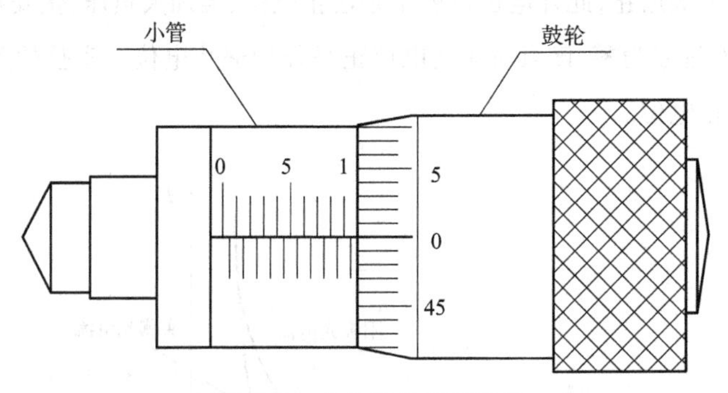

图 6-6-5　单色仪的读数装置

3. 调节测量放大器的零点位置

切断“放大测量器”的电源，接好光电管与放大测量器之间的电缆，再通电预热 20 ~ 30 min 后，调节该测量放大器的零点位置。

4. 测量光电管的伏安特性

（1）取下暗盒盖，让光电管对准单色仪出射狭缝（缝宽仍取较窄一挡），按上述螺旋测微器与波长示值的对应规律，在可见光范围内选择一种波长输出，根据微安表指示，找到峰值，并设置适当的倍率按键。

（2）调节“放大测量器”的“旋钮 1”可以改变外加直流电压。从 −1 V 起，缓慢调高外加直流电压，先注意观察一遍电流变化情况，记住使电流开始明显升高的电压值。

（3）针对各阶段电流变化情况，分别以不同的间隔施加遏止电压，读取对应的电流值。在上一步观察到的电流起升点附近，要增加监测密度，以较小的间隔采集数据（电流转正后，可适当加大测试间隔，电流可测到 90×10^{-9} A 为止）。

（4）陆续选择适当间隔的另外 3 ~ 4 种波长光进行同样测量，列表记录数据。

数据记录与处理

（1）在 35 cm×25 cm 或 25 cm×20 cm 毫米方格纸上分别作出被测光电管在 4～5 种波长（频率）光照射下的伏安特性曲线，并从这些曲线找到和标出 I_{AK} 的遏止电位，填入表 6-6-1 中。提示：作 GD31A 型光电管伏安特性曲线，若用到红光波段，随着频率的降低，遏止电位倾向于从曲线的“拐点”逐渐向上偏移。

表 6-6-1　不同波长下的频率及通止点位

波长 λ/nm					
频率 ν/（$\times 10^{14}$ Hz）					
遏止电位 u_0/V					

（2）根据上表数据作 u_0—ν 关系图，如得一直线，即说明光电效应的实验结果与爱因斯坦光电方程是相符合的。用该直线的斜率

$$\frac{\Delta u_0}{\Delta \nu}=\frac{h}{e}$$

乘以电子电荷 e（1.602×10^{-19} C），求得普朗克常量。

（3）普朗克常量与公认值作比较。

实验图例

表明光电管伏安特性的 I—U 曲线如图 6-6-6 所示。u_0—ν 图及所得普朗克常量如图 6-6-7 所示。

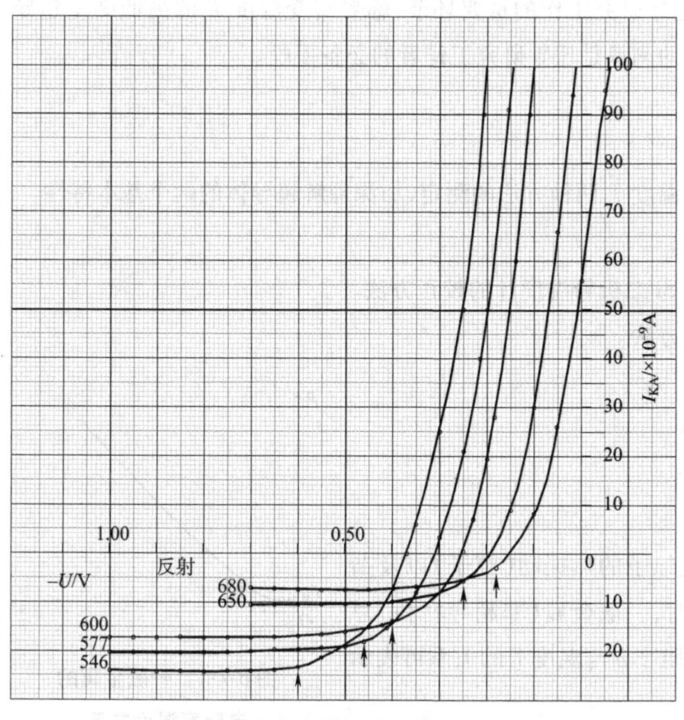

图 6-6-6　表明光电管伏安特性的 I—U 曲线

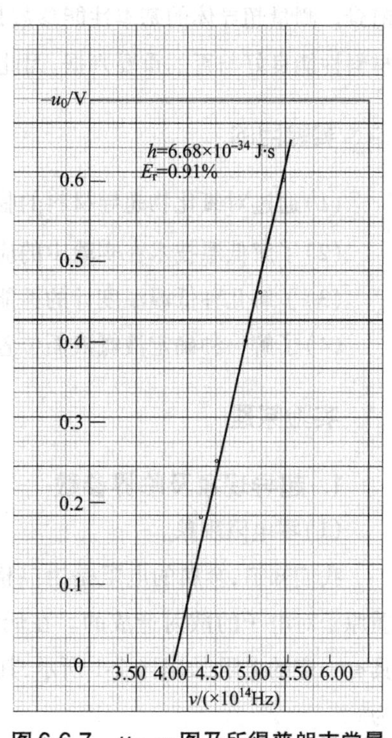

图 6-6-7　u_0—ν 图及所得普朗克常量

注：

①GD-31A 型光电管属高灵敏度光电管，但产品个体之间灵敏度可能会有较大差别，其中该指标较低的光电管，不同频率单色光的几条伏安特性曲线容易靠得太近。这时可在一张 35 cm × 25 cm 格纸上分作两图，使曲线间有适当距离。

②测微电流时必须确认表针停稳后才可以读数。

③实验中要注意可能出现的微电流计指针的漂移现象。遇短时间的漂移，实验可暂停片刻；对数据有较大影响时，部分测量可以重做；若电网电压波动较大，卤钨灯宜配接交流稳压器。

实验 6.7　高温超导材料临界转变温度的测定

1911 年，荷兰物理学家卡默林·翁纳斯(Kamerling Onnes)首次发现了超导电性。之后，科学家们在超导物理及材料探索两方面进行了大量的工作。20 世纪 50 年代 BCS 超导微观理论的提出，解决了超导微观机理的问题。60 年代初，强磁场超导材料的研制成功和约瑟夫森效应的发现，使超导电技术在强场、超导电子学以及某些物理量的精密测量等实际应用中得到迅速发展。1986 年瑞士物理学家缪勒(Karl Alex Muller)等人首先发现 La-Ba-Cu-O 系氧化物材料中存在高温超导电性，世界各国科学家在几个月的时间内相继取得重大突破，研制出临界温度高于 90K 的 Y-Ba-Cu-O(也称 YBCO)系氧化物超导体。1988 年初又研制出不含稀土元素的 Bi 系和 Tl 系氧化物超导体，后者的超导完全转变温度达 125 K。超导研究领域的一系列最新进展，特别是大面积高温超导薄膜和临界电流密度高于 $10^5 A/cm^2$ 的 Bi 系超导带材的成功制备，为超导技术在各方面的应用开辟了十分广阔的前景。测量超导体的基本性能参数是超导研究工作的重要环节，临界转变温度 T_c 的高低则是超导材料性能良好与否的重要判据，因此 T_c 的测量是超导研究工作者的必备手段。

实验目的

(1)通过对氧化物超导材料的临界温度 T_c 两种方法的测定，加深理解超导体的两个基本特性。

(2)了解低温技术在实验中的应用。

(3)了解几种低温温度计的性能及 Si 二极管温度计的校正方法。

(4)了解一种确定液氮液面位置的方法。

实验原理

1. 超导现象及临界参数

(1)零电阻现象。

我们知道，金属的电阻是由晶格上原子的热振动(声子)以及杂质原子对电子的散射造成的。在低温时，一般金属(非超导材料)总具有一定的电阻，如图 6-7-1 所示，其电阻率 ρ 与温度 T 的关系可表示为

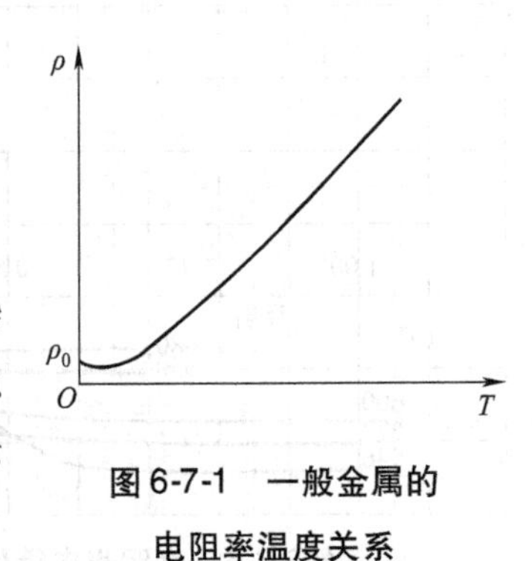

图 6-7-1　一般金属的电阻率温度关系

$$\rho=\rho_0+AT^5 \tag{6-7-1}$$

式中,A 为电阻率温度系数;ρ_0 为 $T=0$ K 时的电阻率,称剩余电阻率,它与金属的纯度和晶格的完整性有关,对于实际的金属,其内部总是存在杂质和缺陷,因此,即使温度趋于绝对零度时,也总存在 ρ_0。

1911 年,翁纳斯在极低温下研究降温过程中汞电阻的变化时,出乎意料地发现,温度在 4.2 K 附近,汞的电阻急剧下降好几千倍。后来有人估计此电阻率的下限为 $3.6\times10^{-23}\,\Omega\cdot$cm,而迄今正常金属的最低电阻率仅为 $10^{-13}\,\Omega\cdot$cm,即在这个转变温度以下,电阻为零(现有电子仪表无法测量到如此低的电阻),这就是零电阻现象,如图 6-7-2 所示。需要注意的是只有在直流情况下才有零电阻现象,而在交流情况下电阻不为零。目前已知包括金属、合金和化合物约五千余种材料在一定温度下具有超导电性,这种材料称为超导材料。发生超导转变的温度称为临界温度,以 T_c 表示。

由于受材料化学成分不纯及晶体结构不完整等因素的影响,超导材料的正常态到超导态转变一般是在一定的温度区间内发生的。如图 6-7-3 所示,用电阻法(即根据电阻率变化)测定临界转变温度时,通常把降温过程中电阻率——温度曲线开始从直线偏离所对应的温度称为起始转变温度,把临界温度 T_c 定义为待测样品电阻率下降到起始值一半($\rho=\rho_0/2$)时对应的温度,也称超导转变的中点温度。把电阻率变化从 10% 到 90% 所对应的温度区间定义为转变宽度,记作 ΔT_c,电阻率值刚刚完全降到零时的温度称为完全转变温度。ΔT_c 的大小一般反映了材料品质的好坏,均匀单相的样品 ΔT_c 较窄,反之较宽。

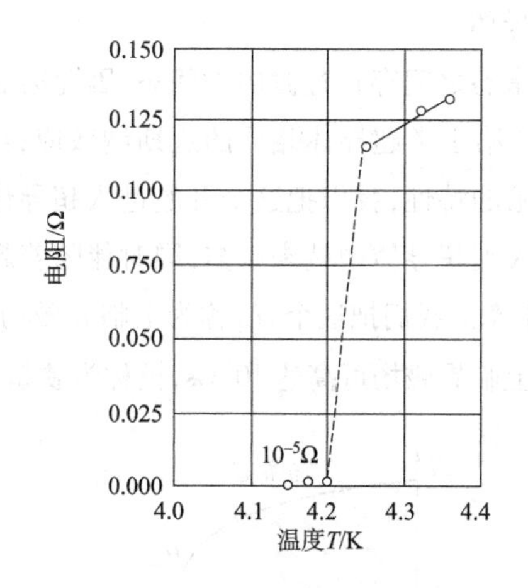

图 6-7-2 汞的零电阻现象

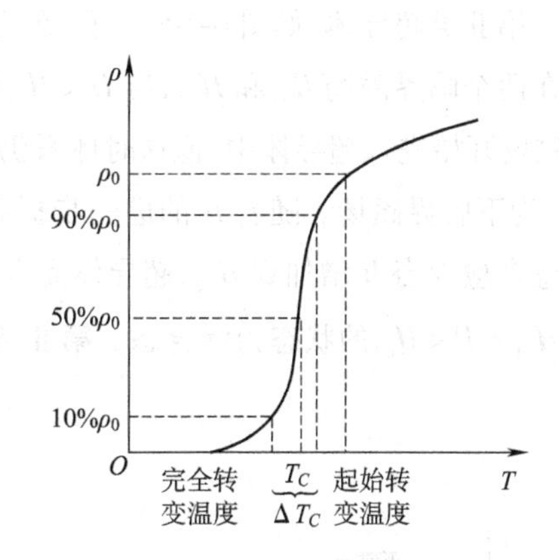

图 6-7-3 正常-超导转变

(2)完全抗磁性。

当把超导体置于外加磁场中时,磁通不能穿透超导体,超导体内的磁感应强度始终保持为 0,超导体的这个特性称为迈斯纳效应。注意:完全抗磁性不是说磁化强度 M 和外磁场 B 等于零,而仅仅是表示 $M=-B/4\pi$。

超导体的零电阻现象与完全抗磁性既相互独立又有紧密联系。完全抗磁性不能由零电阻特性派生出来,但是零电阻特性却是迈斯纳效应的必要条件。超导体的完全抗磁性是由其表面屏蔽电流产生的磁通密度在导体内部完全抵消了由外磁场引起的磁通密度,使其净磁通密度为零,它的状态是唯一确定的，从超导态到正常态的转变是可逆的。

利用迈斯纳效应，测量电感线圈中的一个样品在降温时内部磁通被排出的情况，也可确定样品的临界温度，称为电感法。

用电阻法测 T_c 较简单，用得较多，但它要求样品有一定形状并能连接电引线，而且当样品材料内含有 T_c 不同的超导相时，只能测出其中能形成超导通路的临界温度最高的一个超导相的 T_c。用电感法测 T_c 则可以弥补电阻法的不足，即可以把不同的超导相同时测出。

(3)临界磁场。

把磁场加到超导体上之后，一定数量的磁场能量用来建立屏蔽电流以抵消超导体的内部磁场。当磁场达到某一定值时，它在能量上更有利于使样品返回正常态，允许磁场穿透，即破坏了超导电性。致使超导体由超导态转变为正常态的磁场称为超导体的临界磁场，记为 H_c。如果超导体内存在杂质和应力等，则在超导体内不同处有不同的 H_c，因此转变将在一个很宽的磁场范围内完成，和定义 T_c 一样，通常我们把 $H = H_0/2$ 相应的磁场称为临界磁场。临界磁场是每一个超导体的重要特性，实验还发现，存在着两类可区分的磁行为。在大多数情况下，对于一般的超导体来说，在 T_c 以下，临界磁场 H_c 随温度下降而增加，此即第Ⅰ类超导体，如图 6-7-4，由实验拟合给出 H_c 与 T 的关系很好地遵循近似抛物线的关系：

$$H_c = H_c(0)\left[1 - (T/T_c)^2\right] \tag{6-7-2}$$

式中，$H_c(0)$ 是 $T = 0$ K 时的临界磁场。此类超导体被称为第Ⅰ类超导体，在远低于 T_c 的温区，它们的临界磁场 H_c(T)的典型数值为 100 Gs，因此又被称为软导体。

对于第Ⅱ类超导体，如图 6-7-5 所示，在超导态和正常态之间存在过渡的中间态，因此第Ⅱ类超导体存在两个临界磁场 H_{c1} 和 H_{c2}，当 $H < H_{c1}$ 时它具有和第Ⅰ类超导体相同的迈斯纳效应；当 $H > H_{c1}$ 时，磁场开始进入超导体中，但这时体系仍具有零电阻的特性，我们把这个开始进入超导体的磁场 H_{c1} 称为下临界磁场。随着 H 的进一步提高，磁场进入到超导体中越来越多，同时伴随着超导态的比例愈来愈少当 H 增加到 H_{c2}，超导体完全恢复到正常态。我们把这个 H_{c2} 称为上临界磁场，磁场 H 处于 $H_{c1} < H < H_{c2}$ 的状态为混合态。第Ⅱ类超导体的上临界磁场可高达 10^5 Gs，被称为硬超导体。

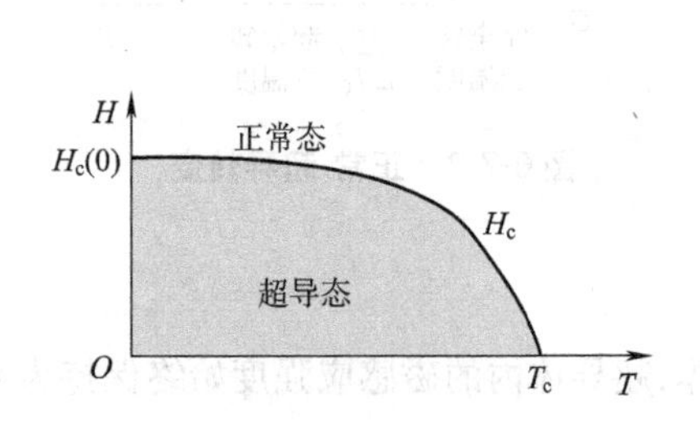

图 6-7-4　第Ⅰ类超导体临界磁场随温度的变化关系

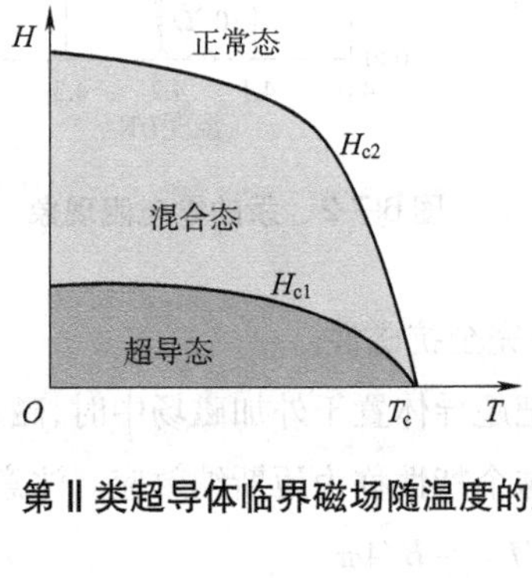

图 6-7-5　第Ⅱ类超导体临界磁场随温度的变化关系

(4)临界电流密度。

实验发现当对超导体通以电流时，无阻的超流态要受到电流大小的限制，当电流达到某一临界值 I_c 后，超导体将恢复到正常态。对大多数超导金属，正常态的恢复是突变的。称这个电流值为临

界电流 I_c，相应的电流密度为临界电流密度 J_c。对超导合金、化合物及高温超导体，电阻的恢复不是突变，而是随电流的增加渐变到正常电阻 R_0。临界电流 I_c 与临界磁场强度 H_c 是相关的，外加磁场越强，临界电流就越小。临界磁场强度 H_c 也依赖于温度，它随温度升高而减小，并在转变温度 T_c 时降为零，临界电流密度以类似方式和温度有关，即它在较高温度下减小。

临界温度 T_c，临界电流密度 J_c 和临界磁场 H_c 是超导体的三个临界参数，这三个参数与物质内部微观结构有关。在实验中要使超导体处于超导态，必须将其置于这三个临界值以下，只要其中任何一个条件被破坏，超导态都会被破坏。

2. 温度的测量

温度的测量是低温物理中首要和基本的测量，也是超导性能测量中不可缺少的手段，随着科学技术的发展，测量方法不断增加，准确程度也逐渐提高。

在低温物理实验中，温度的测量通常有以下几种温度计：气体温度计、蒸汽压温度计、电阻温度计、热电偶温度计、半导体温度计和磁温度计。各种温度计的体积大小、适用温区、灵敏度、冷热循环的复现性、价格、线性及磁场的影响等各不相同。可根据温区、稳定性及复现性等主要因素来选择适当的温度计。在氧化物超导体临界温度的测量中，由于温度范围从 300 ~ 77 K，我们采用铂电阻温度计作为测量元件。为了使同学们对温度计使用有更多的了解，我们还采用热电偶温度计和半导体温度计作为测温的辅助手段。现将它们的测温原理简介如下：

(1) 铂电阻温度计。

铂电阻温度计是利用铂的电阻随温度的变化测量温度的，铂具有正的电阻温度系数，若铂电阻在 0 ℃时电阻为 100 Ω，其电阻 R 与温度 T 的关系见表 6-7-1。

表 6-7-1　铂电阻温度计 R—T 表

温度/℃	0	-1	-2	-3	-4	-5	-6	-7	-8	-9
-250	2.51									
-240	4.26	4.03	3.81	3.6	3.4	3.21	3.04	2.88	2.74	2.61
-230	6.99	6.68	6.38	6.08	5.8	5.52	5.25	4.99	4.74	4.49
-220	10.49	10.11	9.74	9.37	9.01	8.65	8.33	7.96	7.63	7.31
-210	14.45	14.05	13.65	13.25	12.85	12.45	12.05	11.66	11.27	10.88
-200	18.49	18.07	17.65	17.24	16.84	16.44	16.04	15.61	15.24	14.84
-190	22.8	22.37	21.94	21.25	21.08	20.65	20.22	19.79	19.36	18.93
-180	27.08	26.65	26.23	25.8	25.37	24.94	24.52	24.09	23.66	23.23
-170	31.32	30.9	30.47	30.05	29.63	29.2	28.78	28.35	27.93	27.5
-160	35.53	35.11	34.69	34.27	33.85	33.43	33.01	32.59	32.16	31.74
-150	39.71	39.3	38.88	38.49	38.04	37.63	37.21	36.79	36.37	35.95
-140	43.87	43.45	43.04	42.63	42.21	41.79	41.38	40.96	40.55	40.13
-130	48	47.59	47.18	46.76	46.35	45.94	45.52	45.11	44.7	44.28
-120	52.11	51.7	51.29	50.88	50.47	50.06	49.64	49.23	48.82	48.41
-110	56.19	55.78	55.38	54.97	54.56	54.15	53.74	53.33	52.92	52.52

续表

温度/℃	0	-1	-2	-3	-4	-5	-6	-7	-8	-9
-100	60.25	59.85	59.44	59.04	58.63	58.22	57.82	57.41	57	56.6
-90	6430	63.9	63.49	63.09	62.68	62.28	61.87	61.47	61.06	60.66
-80	68.33	67.92	67.52	67.12	66.72	66.31	65.91	65.51	65.11	64.7
-70	72.33	71.93	71.53	71.13	70.73	70.33	69.93	69.53	69.13	68.73
-60	76.33	75.93	75.53	75.13	74.73	74.33	73.93	73.53	73.13	72.73
-50	80.31	79.91	79.51	79.11	78.72	78.32	77.92	77.52	77.13	76.73
-40	84.27	83.88	83.48	83.08	82.69	82.29	81.89	81.5	81.1	80.7
-30	88.22	87.83	87.43	87.04	86.64	86.25	85.85	85.46	85.06	84.67
-20	92.16	91.77	91.37	90.98	90.55	90.19	89.8	89.4	89.01	88.62
-10	96.09	95.69	95.3	94.91	94.52	94.12	93.73	93.34	92.95	92.55
0	100	99.61	99.22	983.83	98.44	98.04	97.65	97.26	96.87	96.48

说明：

①若0℃时铂电阻值不是100 Ω，而是R_0，则表中该数就应乘以一个因子$\frac{R_0}{100}$。

②若待测温度范围为0～850℃，可按下式计算

$$R_t = 100(1 + 3.908\ 02) \times 10^{-3} \cdot t - 0.580\ 195 \times 10^{-6} \cdot t^2$$

③
$$0\ ℃ = 273.15\ K$$

由于金属铂具有很好的化学稳定性，体积小而且易于安装和检测，国际上已用它作为测温标准元件。

(2)温差电偶温度计。

由电磁学知，当两种不同的金属(A、B)接触时，由于其逸出功不同，在接触点处会产生接触电势差，如果把这两种金属的导线连成闭合回路时，且两个接触点处在不同的温度(T_1，T_2)，则在回路中就有电动势E存在，这种电动势称为温差电动势，而回路称为温差电偶，E的大小与A、B两种材料及接触处的温度T_1，T_2有关。

我们实验中采用镍铬-康铜作为温差材料，它们的温差电动势E与温度的关系，可查阅实验室的数据表。

(3)半导体Si二极管温度计。

它是利用半导体二极管PN结的正向电压随温度下降而升高的特性来测量温度的，不同半导体的PN结，其正向电压与温度的关系是不一样的，实验中希望采用具有线性变化关系和电压温度灵敏度较大的PN结作为测温元件，国内外科学工作者在20世纪六七十年代对此进行了大量的实验研究，发现在77～300 K的温度范围内半导体硅(Si)二极管可以满足上述要求，因此从1972年开始硅二极管温度计用于低温实验中。硅二极管温度计属于二次温度计，它需要经过标定后才能使用。标定用的温度计称为一次温度计。根据国际计量大会的规定，采用气体温度计作为一次温度计，而铂电阻温度计作为用于13.8～903.89 K温度范围的测温标准元件。在实验中采用铂电阻温度计来标定Si二极管温度计。标定时，Si二极管通以几十微安的恒定电流，测PN结两端正向电压随温度

T 的变化曲线(见图6-7-6)。而温度 T 的大小由铂电阻温度计读出。

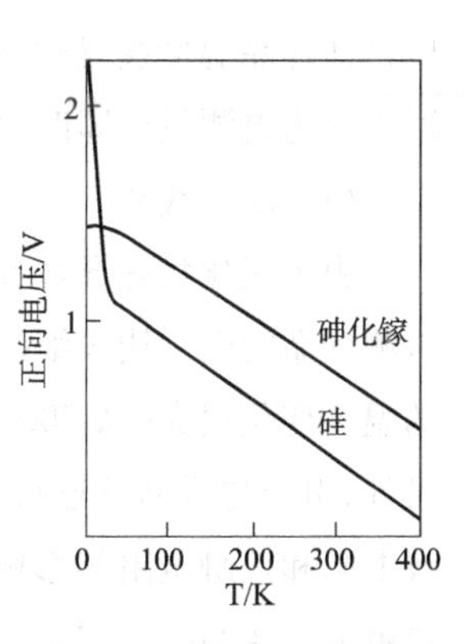

图6-7-6 Si二极管温度计的正向电压与温度的关系

3. 温度的控制

温量超导材料的临界参数(如 T_c)需要一定的低温环境,对于液氮温区的超导体来说,低温的获得由液氮提供,而温度的控制一般有两种方式:恒温器控温法和温度梯度法。

(1)恒温器控温法。

它是利用一般绝热的恒温器内的电阻丝加热来平衡液池冷量的,从而控制恒温器的温度(即样品温度)稳定在某个所需的温度下。通过恒温器位置升降及加热功率可使平衡温度升高或降低。这种控温方法的优点是控温精度较高,温度稳定时间长。但是,其测量装置比较复杂,并需要相应的温度控制系统。这种控温法是定点控制的,故又称定点测量法。

(2)温度梯度法。

它是利用杜瓦容器内,液面以上空间存在的温度梯度来取得所需温度的一种简便易行的控温方法,我们实验中采用此法。温度梯度法要求测试探头有较大的热容量及温度均匀性,并通过外加铜套使样品与外部环境隔离,减少样品温度波动。样品温度的控制则是靠在测量过程中改变探头在液氮容器内的位置来达到温度的动态平衡,故又称连续测量法(即样品温度是连续下降或上升的),其优点是测量装置比较简单,不足之处是控温精度及温度均匀性不如定点测量法好。

4. 液面位置的确定

如上所述,样品温度的控制是靠调节测试探头在液氮中的位置来实现的。测试探头离液氮面的高低,决定了样品温度变化的快慢。对于金属液氮容器(又称金属杜瓦)来说,探头在容器中的位置是很难用肉眼观察的。而且实验过程中,液氮因挥发而使液面位置不断变化,因此,为实现样品的温度控制,需要有能指示液氮位置的传感部件,或称“液面计”。由工作原理的不同,有静液压液面计、热声振荡法液面计、电容法液面计和电阻法液面计等。而我们是采用温差电偶的温差原理来判断液面位置的。用两支性能相同的温差电偶温度计,一支插入液氮中,而另一支固定在测试探头上,这两支电偶温度计有一个公共端。当探头与液面位置不在一起时,由于两者温度不同,测温差电动势时,数字电压表显示不为0;当探头与液面接触时,数字电压表显示接近为零。因此从数字电压表的显示数 据可定性判断探头离液面的高低,或液面与探头的相对位置。

实验任务

(1)测量Bi系超导带材的临界转变温度 T_c。

(2)利用铂电阻温度计标定Si二极管温度计。

实验内容与步骤

1. T_c的测定

超导体既是完善导体,又是完全抗磁体,因此,当超导体材料发生正常态到超导态转变时,电阻消失并且磁通从体内排出,这种电磁性质的显著变化是检测临界温度 T_c 的基本依据。测量方法一般是使样品温度缓慢改变并监测样品电性或磁性的变化，利用温度与电磁性的转变曲线而确定 T_c。通常分为电测量法即四引线法和磁测法即电磁感应法。

（1）四引线法。

由于氧化物超导样品的室温电阻通常只有 $10^{-1} \sim 10^{-2}\ \Omega$，而被测样品的电引线很细（为了减少漏热）、很长，而且测量的样品室的温度变化很大（从 300 ~ 77 K），这样引线电阻较大而且不稳定。另外，引线与样品的连接也不可避免出现接触电阻。为了避免引线电阻和接触电阻的影响，实验中采用四引线法（见图 6-7-7），两根电源引线与恒流源相连，两根电压引线连至数字电压表，用来检测样品的电压。根据欧姆定律，即可得样品电阻，由样品尺寸可算出电阻率。从测得的 $R—T$ 曲线可定出临界温度 T_c。

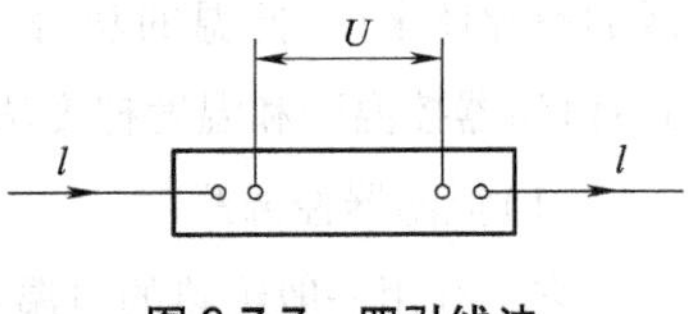

图 6-7-7　四引线法

（2）电磁感应法。

根据物理学的电磁感应原理，若有两个相邻的螺旋线圈，在一个线圈（称初级线圈）内通以频率为 ω 的交流信号，则可在另一线圈（称次级线圈）内激励出同频率信号，此感应信号的强弱既与频率 ω 有关，又与两线圈的互感 M 有关，对于一定结构的两线圈，其互感 M 由线圈的本身参数（如几何形状、大小、匝数）及线圈间的充填物的磁导率 μ 有关。若在线圈间均匀充满磁导率为 μ 的磁介质，则其互感会增大 μ 倍。即

$$M = \mu M_0 \tag{6-7-3}$$

式中，M_0 为无磁介质时的互感系数。按照法拉第定律，若初级线圈中通以频率为的正弦电流，次级线圈中感应信号 U_{out} 的大小与 M 及 ω 成正比，即

$$U_{out} = -\frac{d\varphi}{dt} = -M\frac{di}{dt} = -M\omega\cos\omega t \tag{6-7-4}$$

由式（6-7-4）可知，若工作频率 ω 一定，则 U_{out} 与 M 成正比，根据式（6-7-3）可得出次级线圈中感应信号的变化与充填材料磁化率变化有关，即

$$\Delta U_{out} \propto \Delta\mu \tag{6-7-5}$$

高温超导材料在发生超导转变前可认为是顺磁物质 $\mu = 1$，当转变为超导体后，则为完全抗磁体（即 $\mu = 0$。如果在两线圈之间放入超导材料样品（见图 6-7-8）当样品处于临界温度 T_c 时，样品的磁导率 μ 则在 1 和 0 之间变化，从而使 U_{out} 发生突变。因此测量不同温度 T 时的次级线圈信号 U_{out} 变化（即 $U_{out}—T$ 曲线）可测定超导材料的临界温度 T_c。为了测量次级线圈的输出信号，对信号进行整流、检波后接至直流数字电压表。

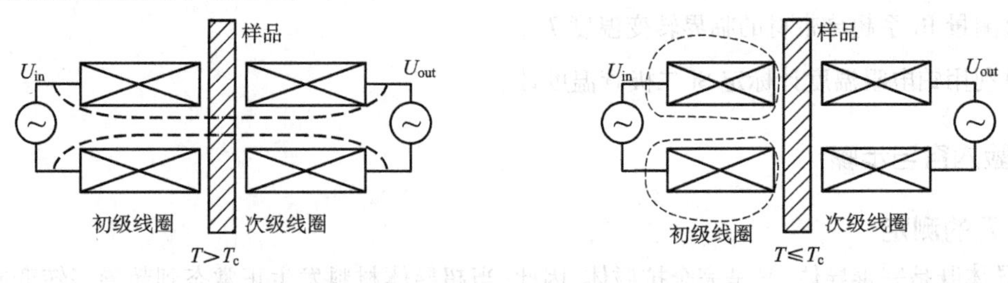

图 6-7-8　电磁感应法测试原理（图中虚线为磁力线）

2. Si 二极管温度计的标定

将 Si 二极管固定于铂电阻温度计附近，为保证温度的一致性，Si 二极管尽量与铂电阻温度计处在相同温度区域。对 Si 二极管同样采用四引线法：两根作为 Si 二极管的恒电流引线，两根作为测量正向电压的引线。

3. 测量系统方块

测量系统方块如图 6-7-9 所示，它由测试探头、恒流源、信号源、温度元件及数字电压表等组成。测试探头中包括样品、初次级线圈、铂电阻温度计、Si 二极管及引线板，这些元件都安装在均温块上（见图 6-7-10）。待测样品放在两线圈之间，并在样品上引出四根引线供电阻测量用。各种信号引入与取出均通过引线板经由不锈钢管接至外接仪器。为测量次级线圈感应信号的大小，对信号进行整流检波后接至直流毫伏计。为保证样品温度与温度计温度的一致性，温度计要与样品有良好的热接触，样品处有良好的温度均匀区。铜套的作用是使样品与外部环境隔离，减少样品的温度波动。采用不锈钢管作为提拉杆及引线管是可减少漏热对样品的影响。超导样品采用清华大学应用超导研究中心研制的 Bi 系高温超导线材。适当配比的 Bi 系超导氧化物粉末，填充到银套管内，通过挤压、拉拔、轧制等 机械加工的方法形成线材，再进行多次反复热处理，形成超导相的结构。这种加工超导线材的方法称为粉末充管法（oxide powder in tube，OPIT）。实验所用的超导线材的长度约 1 cm，截面积为 3.4 mm×0.2 mm，采用四引线法接入测量系统中。

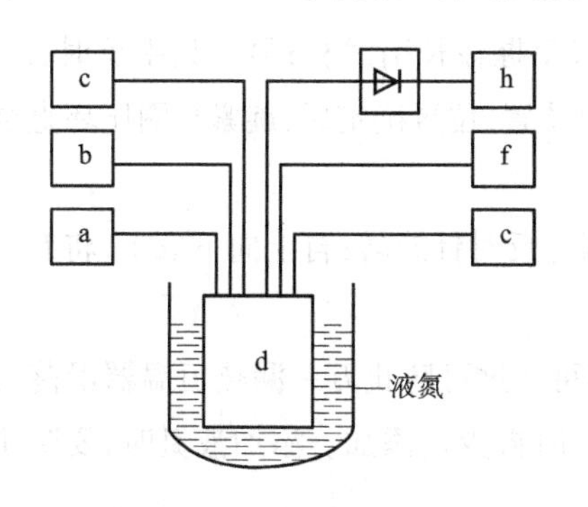

图 6-7-9　测量系统方块图

a—Pt 温度计；b— Si 温度计；c—四引线法测 R；
d—探头与恒温器；e—液面计；f、h—电磁感应法测 U

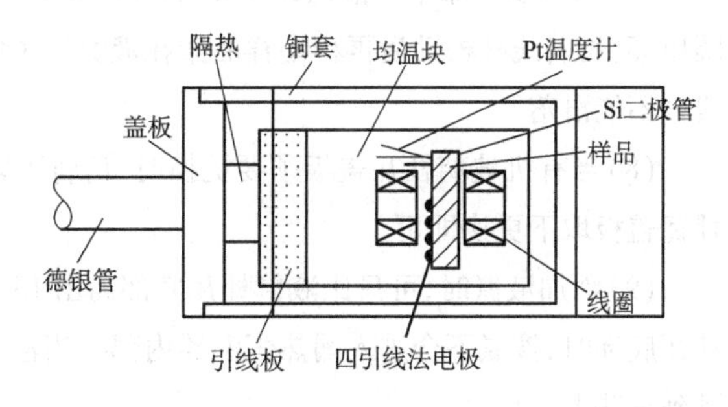

图 6-7-10　测试探头结构示意图

4. TH-2 高温超导体临界温度测试装置操作规程

这里主要介绍本实验中用到的 TH-2 高温超导体临界温度测试装置的简单操作规程。

（1）打开后面板的总电源开关，置于后面板的冷风风扇开始运转，样品电源、铂电阻电源、硅二极管温度计电源、正弦波电源、加热器电源的操作面板都置于测试装置的前面板上。

（2）样品电源、铂电阻电源、硅温度计电源都为高稳定度恒流电源，三个电源的输出端为标 有"电流输出"标记下方的两个红、黑接线插孔，左下方的两个红、黑接线插孔之间分别接有不同阻值的标准电阻。两个黑接线插孔之间，通过长引线与漏热恒温器样品架上的不同样品相连。两个红接线插孔之间须用引线相连才能形成电流回路。当选择波段开关置于"样品电流""Pt 电流""SiD 电流"时，数字表上显示值为电流流经各标准电阻的电压值。当选择波段开关置于"样品电压""Pt 电压”“SiD 电压”时，数字表上显示值为电流流经各不同样品的电压值。电源输出电流的大小，可由“输出调节”十圈电位器调节。

(3)样品电源选择波段开关置于“液面计”时，数字表上显示值为置于漏热恒温器漏热杆下端与恒温器漏热杆最上端(即恒温器底部)温差电偶两端的温差电动势，借此可判断液氮面高度。温差电偶由镍铬-康铜材料制成，引线焊在漏热恒温器外套的固定小插座上；须打开外套观看内部结构时，应先将由引线杆上引出的引线由固定小插座上的两孔插头拔下，观看完毕后再按原样插回。

(4)样品电源上电流方向的切换，可用来判断数字电压表上显示的数值是超导线材样品上的压降还是杂散电势。

(5)正弦波电源输出的信号，直接加到互感线圈的原边，磁力线通过超导线材样品，在互感线圈副边产生感生电势，它的数值由正弦波电源单元面板上的数字表读出。当温度降低时，互感线圈副边产生的感生电势将发生变化，当达到超导线材样品的临界转变温度，互感线圈副边产生的感生电势变化加快。

(6)加热器电源的输出直接加到漏热恒温器加热器上，加热器由电阻丝绕制而成，它产生的热量与漏热杆产生的冷量平衡时，即为样品架上铂电阻温度计测量的温度值。一般在实验中采取缓慢漏热的方法降温，记录铂电阻温度计测量的温度值与样品的压降，即可得到超导线材样品的临界转变温度。

(7)当移动样品架在液氮罐中的垂直位置时，须一只手握住长引线杆；另一只手反时针旋转0圈压环，长引线杆松动后再移动样品架在液氮罐中的垂直位置，位置确定后，旋紧0圈压环直至长引线杆不能滑落。

(8)当有机玻璃杜瓦盖板须要更换时，请将下紧固螺母反时针旋转；自上向下取下，将有机玻璃杜瓦盖板取下更换即可。

(9)添加液氮时，可只比液氮杜瓦底部高出15 cm即可。这可防止万一漏热恒温器滑落到液氮杜瓦底部时，液氮不会进入漏热恒温器内部。当液氮不足时再少量添加。添加液氮时，要防止液氮溅到皮肤上。

注意事项

(1)安装或提拉测试探头时，必须十分仔细并注意探头在液氮中位置，防止滑落。

(2)不要让液氮接触皮肤，以免造成冻伤。

(3)如需观看探头内部结构，须在教师指导下进行。

思考讨论

(1)为什么采用四引线法可避免引线电阻和接触电阻的影响？

(2)采用电磁感应法测定T_c时，当样品转变为超导态后次级线圈信号为什么仍不为零？

(3)试比较四引线法与电磁感应法的优缺点。

(4)用四引线法测量T_c时，常采用电流换向法消除乱真电势，试分析其产生原因及消除原理。

(5)试分析利用温差电偶法确定液面位置时的连接方法。

实验6.8　密立根油滴仪实验

一个电子所带的电量是现代物理中重要的基本常数。1897年汤姆孙测定了阴极射线的荷质比,证实了阴极射线是带电荷有质量的离子,从而证实了电子的存在。美国杰出的物理学家密立根(Robert A. Millikan)从1906年起就致力于对细小油滴带电量的测量,前后花费近11年时间,经过多次重大改进,终于以上千个油滴的确凿实验数据取得了具有重大意义的结果,那就是:①证明了电荷的不连续性;②得到了元电荷即电子电荷,其值为$e=-(1.592\,4\pm0.001\,7)\times10^{-19}$C。正是由于这一实验的巨大成就,密立根荣获了1923年度诺贝尔物理学奖。

密立根油滴实验的设计思想简明巧妙、方法简单,而结论却具有不容置疑的说服力,堪称物理实验的精华和典范。

实验目的

(1)验证电荷的不连续性,理解测量基本电荷电量的实验思路。

(2)学习作图处理数据的方法。

实验仪器

密立根油滴仪由主机、CCD成像系统、油滴盒、监视器等组成。

实验原理

密立根油滴实验示意图如图6-8-1所示。CCD密立根油滴仪装置如图6-8-2所示。

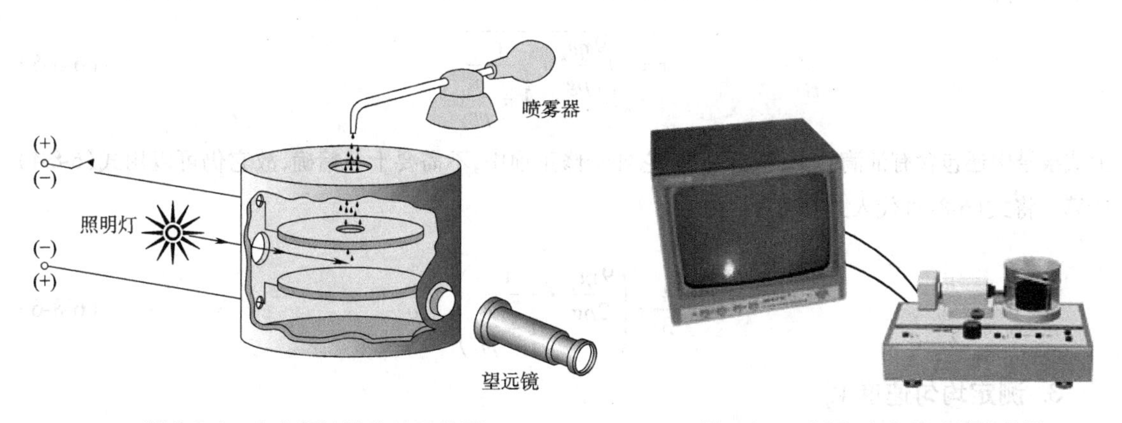

图6-8-1　密立根油滴实验示意图　　图6-8-2　CCD密立根油滴仪装置

1. 基本原理

质量为m,带电量为q的油滴,在两块加有电压u的平行极板之间受重力和电场力的作用,如图6-8-3所示。若调节极板间的电压u,使二力平衡,此时

$$mg = qE = qu/d \tag{6-8-1}$$

式中,d 为二极板间的距离。显然,只要设法测出油滴的质量 m(约 10^{-15} kg),即可测出油滴的带电量 q。

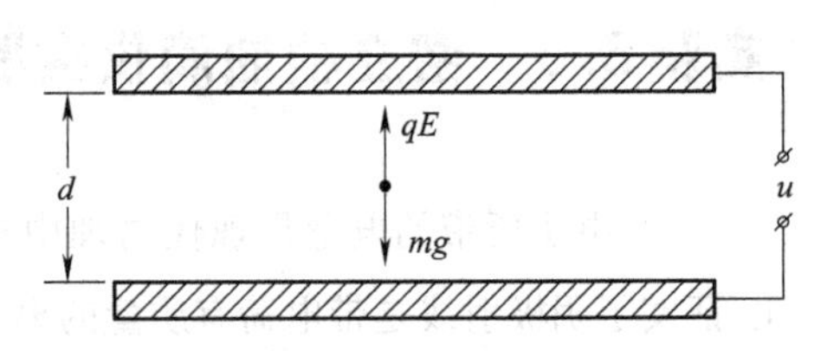

图 6-8-3 油滴在两平行极板之间

2. 油滴质量 m 的测定

撤去平行极板电压时,油滴会受重力作用而加速下降。但是由于空气的黏滞阻力与油滴的下落速度成正比,油滴下落一小段距离达到某一速度 v_g 后,阻力与重力达到平衡(空气浮力忽略不计),油滴将匀速下降。由斯托克斯定律可知

$$mg = f_\gamma = 6\pi r\eta v_g \tag{6-8-2}$$

式中,η 为空气的黏滞系数;r 为油滴的半径(约 10^{-6}m)。

设油滴的密度为 ρ,油滴的质量 m 又可以表示为

$$m = \frac{4}{3}\pi r^3\rho \tag{6-8-3}$$

由式(6-8-2)和式(6-8-3)可得到油滴的半径

$$r = \sqrt{\frac{9\eta v_g}{2\rho g}} \tag{6-8-4}$$

斯托克斯定律是以连续介质为前提的,对于半径小到 10^{-6}m 的微小油滴,已不能将空气看作连续介质,空气的黏滞系数应作如下修正

$$\eta' = \frac{\eta}{1 + \frac{b}{pr}}$$

式中,b 为一修正常数,$b = 6.17 \times 10^{-6}$ m · cmHg;p 为大气压强,单位为 cmHg。用 η' 代替式(6-8-4)中的 η,可得

$$r = \sqrt{\frac{9\eta v_g}{2\rho g} \cdot \frac{1}{1 + \frac{b}{pr}}} \tag{6-8-5}$$

上式根号中还包含有油滴的半径 r,但因为它处于修正项中,不需要十分精确,故它仍可以用式(6-8-4)计算。将式(6-8-5)代入式(6-8-3),得

$$m = \frac{4}{3}\pi \left(\frac{9\eta v_g}{2\rho g} \cdot \frac{1}{1 + \frac{b}{pr}}\right)^{\frac{3}{2}} \cdot \rho \tag{6-8-6}$$

3. 测定均匀速度 v_g

当极板电压 $u = 0$ 时,设油滴达到匀速后,经过时间 t_g,下降的距离为 l,则

$$v_g = \frac{l}{t_g} \tag{6-8-7}$$

4. 计算公式

将式(6-8-7)代入式(6-8-6),再将式(6-8-6)代入式(6-8-1),得

$$q=\frac{18\pi}{\sqrt{2\rho g}}\left(\frac{\eta l}{t_{\mathrm{g}}\left(1+\frac{b}{pr}\right)}\right)^{\frac{3}{2}}\cdot\frac{d}{u} \tag{6-8-8}$$

上式就是用平衡法测定油滴所带电荷的计算公式，其中 r 用式(6-8-4)计算。

5. 基本电荷

密立根油滴实验测量的物理量只有一个 q_i，如何利用这个实验数据获得两个实验结果，即“证明电荷的不连续性、并测出基本电荷电量”？目前，此实验的数据处理方法有多种，我们采取作图法。

设实验得到 m 个油滴的带电量分别为 q_1，q_2，$\cdots$，q_m。由于电荷的量子化特性，应有

$$q_i=n_ie$$

式中，n_i为第 i 个油滴的带电量子数；e 为单位电荷值。上式在数学上抽象为一条直线。n 为自变量，q 为因变量，e 为斜率，直线的截距为 0，因此 m 个油滴对应的数据(n_1,q_1)，(n_2,q_2)，$\cdots$，(n_m,q_m)在 n—q 直角坐标系中必然在同一条通过原点的直线上。若能在 $n-q$ 坐标系中找到满足这一关系的这条直线，就可以一举确定各油滴的带电量子数 n_i和 e 值。

具体方法：在线性直角坐标系中，横轴代表电荷量子数 n，纵轴代表油滴所带电量 q。沿纵轴标出各油滴的带电量 q_i，并通过这些点作平行于横轴的直线。沿横轴等间隔地（间隔的长度可以任意取值）标出若干点，并过这些点作平行于纵轴的直线。如此，在 n—q 坐标系中形成一张网，满足 $q_i=n_ie$ 关系的那些点必定位于网的节点上，如图 6-8-4 所示。用一直尺，由过原点和过距原点最近的一个节点连成的一条直线 l_0开始，绕原点慢慢向下方扫过，直到平行于横轴的每一条平行线上都有一个节点落在直线 l_1上（注：由于 q_i存在实验误差，实际上应为每一条平行线上都有一个节点落在或接近直线 l_1），画出这条直线，从图上可读取对应 q_i的量子数 n_i（整数），该线的斜率既是单位电荷的实验值。

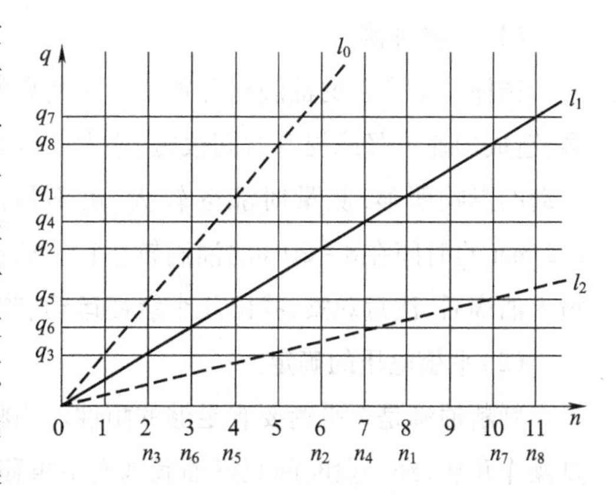

图 6-8-4　作图法求基本电荷

$$e_i=q_i/n_i$$

如需要更准确地求出 e 值，可通过剔除远离斜线的坏值，再通过最小二乘法完成斜率的确定。

由图 6-8-4 可以看出，l_1线与实验数据符合最好，说明第 1～7 个油滴的带电核数分别为 8、6、2、7、4、3、10 个基本电荷。

这种方法的优点是，可在未知 e 值的情况下求得该值，并一下子可取得所有油滴的带电量子数，计算量小，在实验数据存在误差的情况下，并不带来更多的麻烦。例如，当个别数据存在较大误差时，可根据其他有关节点都已很接近 l_1线，而将该数据作为粗差而抛弃；当每个数据都存在一定测量误差时，只要使相关节点均匀地落在 l_1线两边，仍可完成求值。

实验内容与步骤

1. 仪器调整

(1)水平调整。

调整实验仪底部的旋钮，通过水准仪将实验平台调平，使平衡电场方向与重力方向平行，以免引起实验误差。极板平面是否水平决定了油滴在下落或提升过程中是否会发生前后、左右的漂移。

（2）喷雾器调节。

喷雾器利用的是虹吸原理。使用时请注意：用滴管从油瓶里吸取油，由灌油处滴入喷雾器里，所灌的油不可高于喷雾器里面的出气管，否则会造成出气管阻塞无法喷雾。油的液面 2 ~ 5 mm 高已足够，喷雾时将喷雾器竖起，再挤压气囊。

（3）CCD 成像系统调整。

将仪器连接好后，打开显示器和油滴仪电源开关，从喷雾口喷入油滴，此时监视器上应该出现大量油滴，宛如漫天繁星一样。若没有看到油滴的像或油滴像不清晰，则检查喷雾器是否有油喷出或落油孔是否阻塞，调整成像旋钮使望远镜前后移动直至在监视器上看到清晰的油滴像。

2. 测量练习

练习是顺利做好本实验的重要一环，包括练习控制油滴运动，练习测量油滴运动时间和练习选择合适的油滴。

（1）选择油滴。

选择一个合适的油滴十分重要。大而亮的油滴虽然比较容易捕捉，但必然质量大，所带电荷也多，造成匀速下降或提升时间很短，增大了测量误差并给数据处理带来困难。太小的油滴则受布朗运动的影响明显，测量时涨落较大，也不易测量。通常选择平衡电压为 150 ~ 350 V，匀速下落 1.2 mm 的时间在 8 ~ 20 s 的油滴较适宜。选择方法：将仪器置于工作状态，电压调节至 150 ~ 350 V。喷入油滴后，注意观察，找出几个缓慢运动、较为清晰明亮的、体积适中的油滴。

（2）平衡电压的确定。

判断油滴是否平衡要有足够的耐性。当将油滴移至某条刻度线上，仔细调节平衡电压，这样反复操作几次，经一段时间观察油滴确实不再移动才认为是平衡了。

（3）控制油滴的运动。

将选择好的油滴平衡在下落起始的某一格线上方。按下降键，此时该按键的指示灯亮，上下极板同时接地，电场力消失，油滴将在重力及空气阻力的作用下作下落运动；当油滴下落至起始格线时，按下计时键，开始计时。待油滴下落至预定格线时，按暂停键，此时油滴将停止下落，计时器停止计时。可以通过确认键将此次测量数据记录到屏幕上。

按下复位键，将计时器清零。然后通过调节平衡电压旋钮，增大极板间的电压将油滴重新提升至起始格线上方，并再次调节平衡电压使油滴进入悬停状态（在提升油滴时也可直接使用提升按键，此时油滴仪会在平衡电压基础上附加 200 ~ 300 V 电压用来快速提升油滴，当油滴提升至起始格线上方时按平衡键使油滴悬停）。重复以上操作熟练掌握控制油滴运动的过程。

（4）测量下落时间。

测准油滴上升或下降某段距离所需的时间，一是要统一油滴到达刻度线什么位置才认为油滴已踏线，二是眼睛要平视刻度线，不要有夹角。反复练习几次，使测出的各次时间的离散性较小。

3. 正式测量

（1）开启电源，按确认键让仪器进入测量界面。喷油前将平衡电压调节至 150 ~ 350 V。

(2)用喷雾器向油雾室中喷入油雾,此时监视器上会出现大量油滴,选择适当油滴,仔细调节平衡电压,保证其在观察的一段时间内始终平衡在某一格线上,然后通过提升按键将选择好的油滴移到起始格线以上,按下平衡键将油滴悬停。

(3)按下降键,此时油滴开始下落,当油滴下落至起始格线时按下计时键开始计时,记录油滴的下落时间。

(4)当油滴下落至预定格线时,快速地按下暂停键,油滴即可停止下落,此时可以通过确认按键将测量结果记录在屏幕上。

(5)按复位键将计时器清零。之后按提升键,使油滴再次被提升至起始格线以上,按下平衡键将油滴悬停,并微调平衡电压,保证油滴的平衡。重复以上步骤对同一油滴测量五次。

(6)选择 5 ~ 8 个油滴,重复以上实验内容。

数据记录与处理

(1)自拟实验数据表格(表格中应包括:5 ~ 8 个油滴的 $q = ne$ 的平均值、平衡电压数值、每个油滴下落的距离、平均时间、平均速度)。

(2)用作图法处理数据(注意使用作标纸),求得基本电荷电量。

注意事项

(1)喷雾器为玻璃制品,使用时请轻拿轻放。喷雾器不用时请将喷雾器立置,放在指定的杯子里,以免喷雾器滚落或将油泄漏至实验台上。

(2)喷油时喷雾器的喷头不要太过深入喷油孔内,如发现喷油后,屏幕上没有油滴出现,请检查落油孔是否被油滴堵塞。如堵塞请先关闭仪器电源,再进行清除。

(3)由于油滴在实验过程中处于挥发状态,在对同一油滴进行多次测量时,每次测量前都需要重新调整平衡电压,以免引起较大的实验误差。

思考讨论

(1)如何快速捕捉到合适的油滴?

(2)如何判断油滴盒内平行极板是否水平?不水平对实验结果有何影响?

实验习题

(1)对实验结果造成影响的主要因素有哪些?

(2)用 CCD 成像系统观测油滴比直接从显微镜中观测有何优点?

实验 6.9　金属钨电子逸出功的测量

金属电子逸出功的测量是近代物理学一个重要实验,它不仅可以证明电子的存在,而且为无线电电子学发展起到过不可磨灭的作用。

1884 年,当美国著名发明家爱迪生对白炽灯进行研究时,他发现灯泡里的白炽碳丝会逸出带负电的电荷。1897 年,汤姆孙用磁场截止法测量了这个电荷的荷质比,证明从白炽碳丝逸出的电荷就是电子,后来被称为热电子。由此科学家确定了“有比原子小得多的微观粒子”,汤姆孙也被誉为“一位最先打开通向基本粒子物理学大门的伟人”。随后,通过对热电子发射现象的进一步研究,导致了真空电子管的出现。电子管曾在无线电电子学的发展史中起过重要的作用,虽然目前在电子线路中它已绝大部分被晶体管和集成电路所取代,但在一些特殊场合,如显像、示波等,仍必须使用真空电子管,因此,研究真空电子管的工作物质——阴极灯丝的电子发射特性(用逸出功大小表征),仍具有实际意义。选择熔点高、逸出功小的金属作阴极材料对提高真空电子管的性能是很重要的。金属钨由于具有熔点高、制成的管子寿命长等优点而被当作常用的阴极灯丝材料。影响钨的逸出功的主要因素有:金属的纯净度、表面沾附层及结构处理工艺等,分别研究它们对逸出功的影响有利于对制造工艺的改进,提高电子管的性能.

在这个实验里我们将测量具有洁净表面的纯金属钨的逸出功,在该实验中,采用的里查森直线法处理数据、利用光测高温计测量温度等均是甚为巧妙的实验方法。因此它对学生的基本实验技能是一个很好的训练。

实验目的

(1) 学习金属电子理论,了解金属热电子发射的基本规律。

(2) 学习里查森直线法的数据处理技术。

(3) 测量钨的逸出功 $e\varphi$(或逸出电位 φ)。

实验仪器

WF-5 型逸出功测定仪。仪器主要部分包括理想二极管、二极管供电电源、温度测量系统和测量阳极电压、电流的电表等。

实验原理

1. 金属电子理论简介

金属中具有大量自由电子,称为自由电子气。自由电子是简并的。简并的意义是:金属中具有一定的、分立的电子状态,状态参数可用电子的动量参数与自旋参数合起来表征。一个可能的电子状态最多具有一个电子,即电子状态可能被电子占据,也可能空着(泡利不相容原理)。但是不同的分立电子状态可能具有相同的能量,即是说属同一能量状态的电子占据数可能大于一个,这就是简并。由固体量子理论的分析可知,服从费米-狄拉克分布的自由电子在能量状态上的分布密度为

$$f(E)=\frac{\mathrm{d}N}{\mathrm{d}E}=\frac{4\pi}{h^3}(2m)^{\frac{3}{2}}E^{\frac{1}{2}}\frac{1}{\exp[(E-E_F)/kT]+1} \tag{6-9-1}$$

$f(E)$的意义是在单位体积中自由电子分布在能量为 E 附近单位能量区间内的数量。式中,h 为普朗克常数,m 为电子质量,E_F称为自由电子气的费米能级,它就是多粒子体系的化学势,其随温度稍有变化,$E_F(T\neq 0\ \mathrm{K})<E_F(T=0\ \mathrm{K})$。图 3-2-1 左半部分给出了分布密度函数$f(E)$在 $T=0$ K 和 $T\neq 0$ K

时的情形。图中曲线①对应 $T=0$ K 时的情形,这时电子最大能量是费米能 E_F。曲线②、③分别对应 $T>0$ K 的情形,这时体系中有一部分电子的能量超过费米能级,它们的数量随能量增加而指数减小。图 6-9-1 右半部分给出在金属与外界真空之间存在一势垒 E_b,电子若从金属中逸出到达外界须至少具有能量 E_b. 而在绝对零度时电子逸出金属至少需要从外界得到能量 $E_0=E_b-E_F$。E_0 称为金属的逸出功。表面势垒的存在保证了金属的电中性,所以图中右半部分表示了金属表层附近势垒的情况。逸出功的单位用电子伏特来表示,$E_0=e\varphi$,φ 称为逸出电位。一般地可以用升温的办法使金属中一部分电子的能量高于表面势垒 E_b,这样电子就可不断地逸出金属形成热电子发射。

2. 热电子发射公式

根据金属中自由电子体系能量分布密度函数即可导出热电子发射公式,这里只给出结果

$$I_s = AST^2\exp(-e\varphi/kT) \tag{6-9-2}$$

此公式称为里查森-杜西曼公式。式中,I_s 为热电子发射电流强度(A);S 为阴极有效发射面积(cm^2);T 为热阴极温度(K);$e\varphi$ 即 E_0,为金属逸出功;A 为与阴极材料有关的系数。

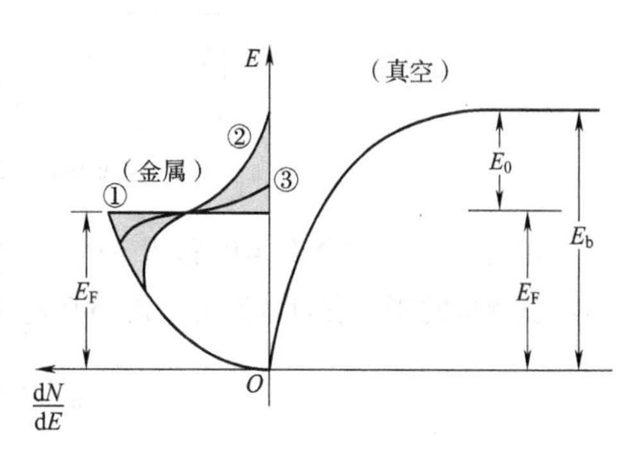

图 6-9-1 位能势垒图

如何用实验的方法测量 $e\phi$ 呢? 由式(6-9-2)易见只要能分别测量 I_s、A、S 和 T,$e\varphi$ 可直接计算得到。但实验上对 A 与 S 的直接测量是十分困难的,因此,需要寻求一种方法,它能避开对 A、S 的测量。下面要介绍的里查森直线法就成功地做到了这一点。从里查森直线法出发,只要测量发射电流 I_s 及相应的温度,即可求出 $e\varphi$。

3. 里查森直线法

将式(6-9-2)两边除以 T^2,再分别取以 10 为底的对数,得

$$\lg\frac{I_s}{T^2}=\lg AS+\frac{1}{2.303}\left(-\frac{e\varphi}{kT}\right)=\lg AS-5\,040\varphi\cdot\frac{1}{T} \tag{6-9-3}$$

从式(6-9-3)可以看出,$\lg\frac{I_s}{T^2}$ 与 $\frac{1}{T}$ 呈线性关系。如果测得一组温度及对应的发射电流数据(T_i,I_{si}),即可作出直线 $\lg I_s/T^2 — 1/T$。由该直线的斜率 $k=5\,040\ \varphi$ 即可得出该金属的逸出电位 φ,这种求逸出功的方法就是里查森直线法,其优点是避开了难以测量的 A、S 因子(A、S 只影响直线的截距),下面讨论技术上如何测量 T 及 I_s。

4. 发射电流的测量

实验采用抽真空的直热式理想二极管,二极管的阴极灯丝由圆形的金属钨丝做成。二极管的阳极也相应地做成圆柱形,且与阴极同轴。图 6-9-2 分别是理想二极管的外形与测量线路. 阴极灯丝的加热电流 I_f 由安培表测量;发射电流 I_s 由微安表测量。在二极管的阴极与阳极之间还要外加电压 U_a,它形成的电场由阳极指向阴极。这个电场对于消除热电子在极间的积累、保证阴极电子连续不断地漂向阳极是必需的。然而在发射电流 I_s 的测量过程中,必须考虑到这个外加电压对阴极电子发射特性的影响。外加电压将影响表面势垒,从而影响电子发射特性。外加电压对电子发射特性的影响称为肖特基效应,肖特基指出,当外电场为 E_a 时,其发射电流

$$I_s' = I_s \exp(e^{3/2}\sqrt{E_a}/kT) \tag{6-9-4}$$

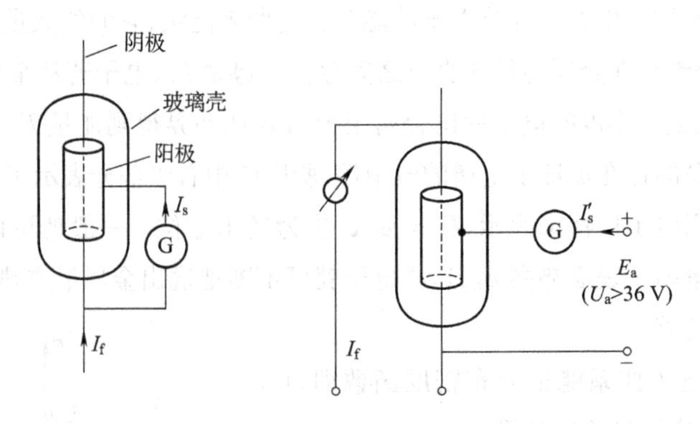

图 6-9-2　二极管外形及测量线路图

在式(6-9-4)中令 $E_a=0$,得 $I_s'=I_s$,即 I_s为外加电场为零时的发射电流,它也就是里查森直线法中需要测量的阴极发射电流 I_s。式(6-9-4)取以 10 为底的对数得

$$\lg I_s' = \lg I_s + \frac{e^{3/2}}{2.303kT}\sqrt{E_a} \tag{6-9-5}$$

考虑阴极与阳极为共轴圆柱体并在理想的情况下

$$E_a = \frac{U_a}{r_1 \ln(r_2/r_1)}$$

式中,r_1、r_2分别为阴极与阳极圆柱体的截面半径;U_a为外加电压,式(6-9-5)可改写为

$$\lg I_s' = \lg I_s + \frac{e^{3/2}}{2.303kT}\sqrt{\frac{U_a}{r_1 \ln(r_2/r_1)}} \tag{6-9-6}$$

由上式,对同一温度 T,测量一组(U_a,I_s')数据,作 $\lg I_s'$—$\sqrt{U_a}$的直线,直线的截距就是温度为 T 时阴极零场发射电流的对数。这种处理数据的方法称为外延法。

5. 阴极温度的测量

在热电子发射公式的指数项中包括有阴极温度 T,温度对发射电流的影响很大,因此准确地测量灯丝的温度对保证实验的精度十分重要。测量阴极温度方法很多,有用光测高温计测量灯丝温度的方法,其设计思想来源于灯丝温度与加热灯丝的电流有一一对应的关系。也有本实验所采取的方法,即通过测量阴极加热电流来确定阴极温度的。此方法是根据前人已精确测量的“对于纯钨丝,一定的加热电流与阴极温度的关系曲线”来确定的。应该指出的是,加热电流与阴极温度的关系并不是一成不变的,它与阴极材料的纯度、管子的结构情况等有关,此方法的准确度不够高。

6. 理想二极管

为了测定钨的逸出功,须将钨作为阴极材料做成所谓理想二极管,理想二极管的结构如图 6-9-3 所示。所谓理想是指把电极设计成能够严格进行分析的几何形状。由于钨很容易抽成圆丝状,故将阴极与阳极设计成同轴圆柱形。“理想”的另一含义是把待测的阴极发射面积限制在温度均匀的一定长度内和近似地能把电极看成无限长的,即无边缘效应的理想状态。为了避免阴极的冷端效应(两端温度较低)和边缘电场不均匀等边缘效应,在阳极两端各装一个保护电极。两保护电极分别与阳极绝缘,在管内连在一起后引出管外,使用时保护电极虽和阳极加相同的电压,但其电流并不包括在测量的发射电流中。二极管内抽成真空，其真空度达 10^{-9} mmHg。

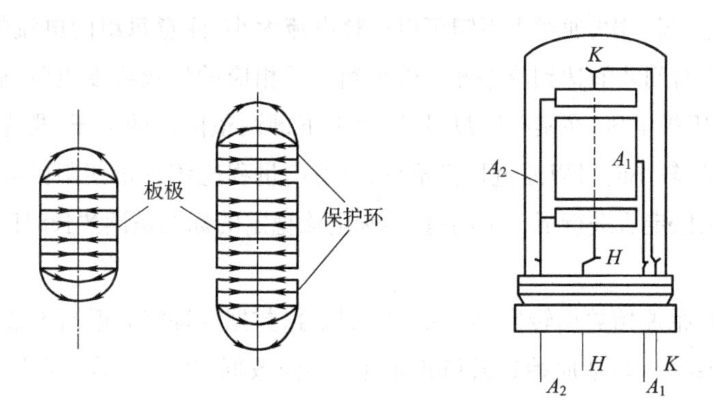

图 6-9-3　理想二极管结构示意图

数据记录与处理

(1) 打开仪器进入主菜单，预热 5 ~ 10 min，以便使测量结果稳定。仪器主菜单见表 6-9-1。

表 6-9-1　仪器主菜单

主 菜 单		操　作
(1) 数据测量	(5) 数据清除	上
(2) 数据处理	(6) 检查验收	下
(3) 列表显示	(7) 自动演示	左
(4) 拟合曲线	(8) 设备说明	右
确定		

上下左右键可以使光标移动到所需要的项目上，按确定键便可进入该项功能。

(2) 数据测量。测量界面见表 6-9-2。

表 6-9-2　测量界面

灯丝电流：xxxxA		操　作
灯丝温度：xxxxC　第 01 组		选择
阳极电压	阳极电流	上
1：xxxxV	1：xxxxmA	下
2：xxxxV	2：xxxxmA	
3：xxxxV	3：xxxxmA	调节
4：xxxxV	4：xxxxmA	加
5：xxxxV	5：xxxxmA	减
6：xxxxV	6：xxxxmA	
7：xxxxV	7：xxxxmA	
8：xxxxV	8：xxxxmA	
确定	量程/1	测量

此项共需测量五组数据,测完一组后自动进入下一组,五组测完后自动返回主菜单。每一组第一行测的是灯丝电流,测一次,通过上下键可以调整电流大小,注意每组的电流的间隔应大小适中,电流调整后需要一定时间才能达到热平衡。电流确定后相应的灯丝温度也就确定了。测完灯丝温度后,按左右键测量阳极电压,在实时测量时,通过上下键调整阳极的电压,测完后锁定电压。测量阳极电流,在灯丝电流较小时可以通过切换量程,合适的量程应该尽量使阳极电流的数值具备 3 位有效数字。阳极电流稳定后进行下一个测量,鉴别电流稳定的标准是读数长时间在某一个值的附近波动 1 ~ 2 即可。

(3)数据处理,包括原始数据转换,最小二乘法拟合,数据处理完后返回主菜单。

(4)列表显示把结果(包括原始数据和处理过的中间数据)以表格的形式显示。表格见表 6-9-3 和表 6-9-4。

表 6-9-3　电压电流表

序　　号	阳 极 电 压	阳 极 电 流
1		
2		
3		
…		

表 6-9-4　$\lg I/T^2 \sim 1/T$ 表

量	第一组	第二组	第三组	第四组	第五组
T/K					
$\lg I$					
$\lg I/T^2$					
$1/T$					

逸出功 $e\varphi$ = ____________ eV。

(5)曲线拟合通过仪器微处理器可以把阳极电流随阳极电压的变化关系以及零电场发射电流与灯丝温度的关系用图的形式显示出来,通过外延法找出零电场发射电流。

(6)测量完后进行检查验收,若合格将数据保存后并进行数据清除;若不合格将数据清除并重做,直至合格为止。

注意事项

(1)在每次开始测量逸出功时,应首先查看上次的数据是否已被清除,未清除应清除上一次所测数据,以免引起不必要的错误。

(2)在取灯丝电流时,宜从 0.550 ~ 0.750 之间以均匀间隔选取。(参考值 0.550,0.600,0.650,0.700,0.750,只要电流值在所选值附近即可)

(3)在选取阳极电压 U_a 时,尽量保持在 20 ~ 150 之间,且保持 U_a 的根号值为一个均匀分布,参考值 25,36,49,64,81,100,121,144,且最好先从最大值向最小值取值。(避免大电压对应的电流超出原先所选的量程)

(4)灯丝电流较大时(温度较大时),注意选择合适的量程,确保阳极电流没有超出其所能测的数据范围,阳极电流的数据范围是0~102 3且每组只能用一个量程测量,阳极电流的实际值为显示值/量程。

(5)必须测量五组灯丝温度及其所对应阳极电流值,并且每一组(对应于一个灯丝温度)都要取八个阳极电压和所对应的阳极电流值;否则数据处理出错。

思考讨论

(1)根据金属电子理论,什么样的电子才能逸出金属表面请描述它的动态过程。

(2)里查森直线法测逸出功的巧妙之处在哪里?

(3)二极管设计成理想式有什么意义?

实验习题

(1)分析本实验误差的主要来源,注意分析的系统性与逻辑性。

(2)用方框图总结本实验设计思路。

实验6.10 超声探测实验

超声波是频率在$2\times10^4\sim10^{12}$ Hz的声波,广泛存在于自然界和日常生活中,如老鼠、海豚的叫声中含有超声波成分,蝙蝠利用超声导航和觅食;金属片撞击和小孔漏气也能发出超声波。超声波具有方向性好、穿透力强、并且能够在所有弹性介质中传播,同时因波长短而可以进行精度高的长度测量。

超声波有三大类应用:第一类是用做检测,用来探查和测量材料以及自然界的一些非声学量,例如,海洋中的探测、材料的无损检测、医学诊断、地质勘探等;第二类应用是用作大功率处理,就是用来改变材料的某些非声学性质,例如,超声手术、超声清洗、超声雾化、超声加工、超声焊接、超声金属成型等;第三类应用是制造表面波电子器件,例如,振荡器、延迟器、滤波器等。

本实验简单介绍超声波的产生方法、传播规律和测试原理,通过对固体弹性常数的测量了解超声波在测试方面应用的特点;通过对试块尺寸的测量和人工反射体定位,了解超声波在检验和探测方面的应用。

实验目的

(1)了解超声波的产生方法及超声波定向探测的原理。

(2)测量超声波声束扩散角,用直探头探测缺陷深度。

实验原理

1. 超声波的产生

能将其他形式的能量转换成超声振动能量的方式都可以用来产生超声波。例如,压电效应、磁致伸缩效应、电磁声效应和机械声效应等。目前普遍使用的是利用压电效应来产生和接收超声波。

某些固体物质在压力(或拉力)的作用下产生变形,从而使物质本身极化,在物体相对的表面出现正、负束缚电荷,这一效应称为压电效应。其物理机理如图 6-10-1 所示。通常具有压电效应的物质同时也具有逆压电效应,即当对其施加电压后会发生形变。超声波探头利用逆压电效应产生超声波,而利用压电效应接收超声波。

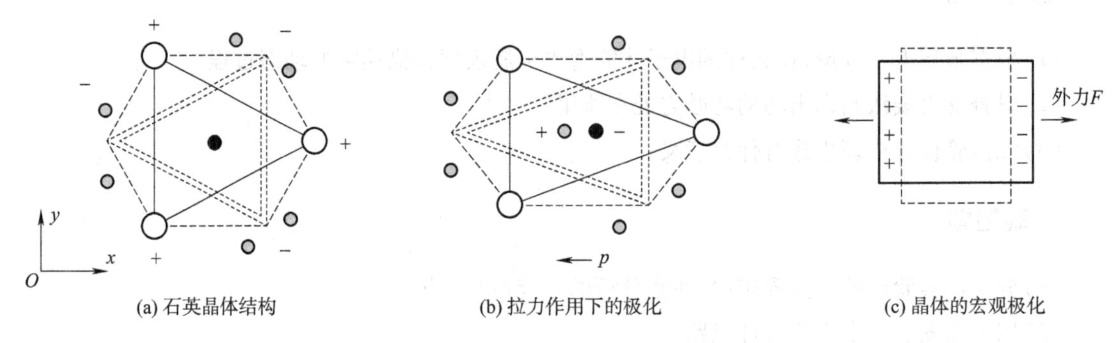

图 6-10-1　石英晶体的压电效应

用于产生和接收超声波的材料一般被制成片状(晶片),并在其正反两面镀上导电层(如镀银层)作为正负电极。如果在电极两端施加一脉冲电压,则晶片发生弹性形变,随后发生自由振动,并在晶片厚度方向形成驻波,如图 6-10-2(a)所示。如果晶片的两侧存在其他弹性介质,则会向两侧发射弹性波,波的频率与晶片的材料和厚度有关。

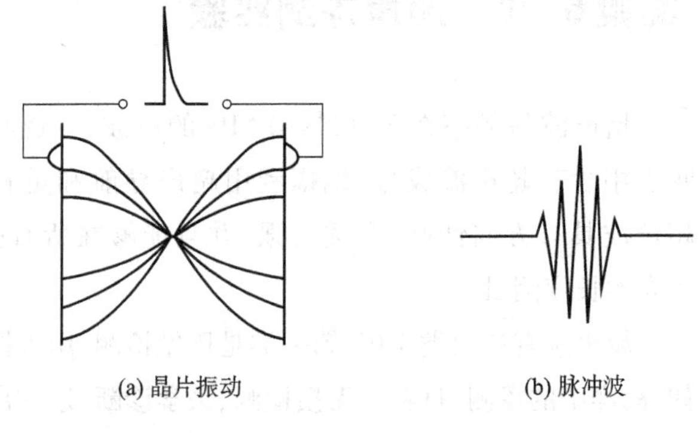

图 6-10-2　晶片振动产生超声波

适当选择晶片的厚度,使其产生弹性波的频率在超声波频率范围内,该晶片即可产生超声波。在晶片的振动过程中,由于能量的减少,其振幅也逐渐减小,因此它发射出的是一个个超声波波包,通常称为脉冲波,如图 6-10-2(b)所示。

如果晶片内部质点的振动方向垂直于晶片平面,那么晶片向外发射的就是超声纵波。超声波在介质中传播可以有不同的波形,它取决于介质可以承受何种作用力以及如何对介质激发超声波。超声波通常有以下三种波形:

(1)纵波波形:当介质中质点振动方向与超声波的传播方向一致时,此超声波为纵波波形。

(2)横波波形:当介质中质点的振动方向与超声波的传播方向相垂直,此种超声波为横波波形。由于固体介质除了能承受体积变形外,还能承受切变变形,因此当其有剪切力交替作用于固体介质时均能产生横波。横波只能在固体介质中传播。

(3)表面波波形:是沿着固体表面传播的具有纵波和横波的双重性质的波。表面波可以看成由平行于表面的纵波和垂直于表面的横波合成,振动质点的轨迹为一椭圆,在距表面 1/4 波长深处振幅最强，随着深度的增加很快衰减，实际上离表面一个波长以上的地方，质点振动的振幅已经很微弱了。

实际上，超声波在两种固体界面上发生折射和反射时，纵波可以折射和反射为横波，横波也可以折射和反射为纵波。超声波的这种现象称为波形转换，其图解如图6-10-3所示。

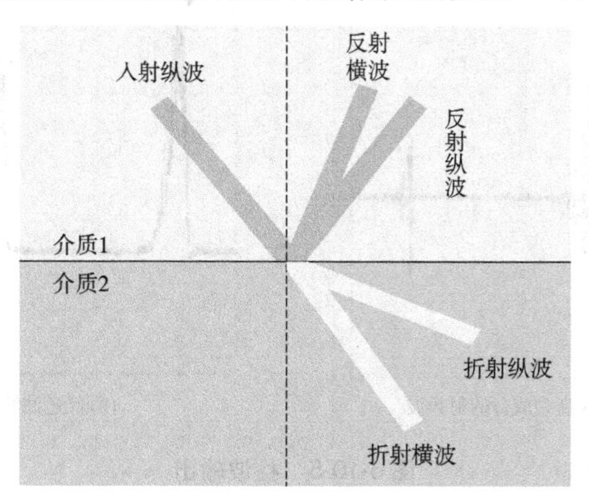

图6-10-3　超声波的反射、折射和波形转换

超声波探头：在超声波分析测试中，是利用超声波探头产生脉冲超声波的。常用的超声波探头有直探头和斜探头两种，其结构如图6-10-4所示。探头通过保护膜或斜楔向外发射超声波；吸收背衬的作用是吸收晶片向背面发射的声波，以减少杂波；匹配电感的作用是调整脉冲波的波形。

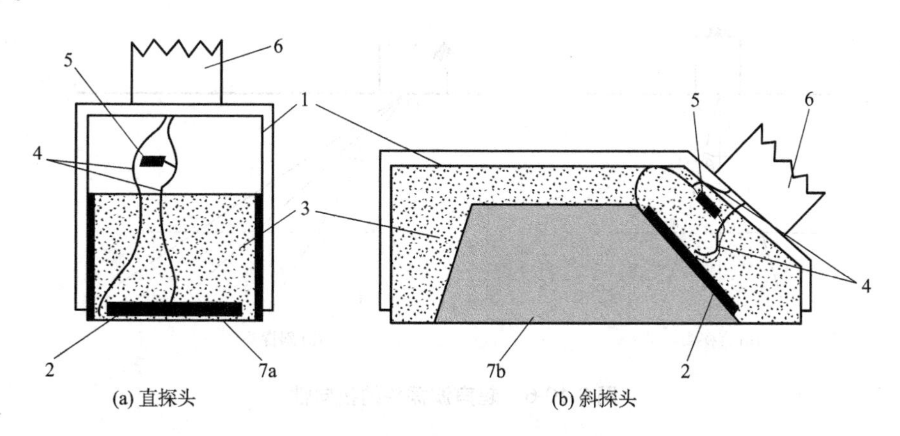

图6-10-4　直探头和斜探头的基本结构

1—外壳；2—晶片；3—吸收背衬；4—电极接线；5—匹配电感；6—接插头；7a—保护膜；7b—斜楔

实验中所使用的探头既可以用来发射超声波，又可以用来接收超声波。探头的工作方式有单探头和双探头两种。使用单探头时，探头既用来发射超声波，又用来接收超声波。这时必须使用连通器把实验仪的发射接口和接收接口连接起来。采用这种方式，发射的脉冲也被接收，在示波器上可以看到其波形，称发射脉冲波形为始波。使用双探头方式时，一个探头用来发射超声波，而另一个探头用来接收超声波。采用这种方式一般看不到发射脉冲波形，但是由于发射电压很高，有时会有感应信号。本实验采用单探头形式。

实验中检测出来的波有两种:一是直接从晶片发射的波,称为射频波,如图 6-10-5(a)所示,该波形类似于图 6-10-2,包含了高频波的成分;另一种波称为检波,它是把发射波的高频成分进行了滤波后得到的波包,如图 6-10-5(b)所示。本实验中为了便于观察选择检波输出。

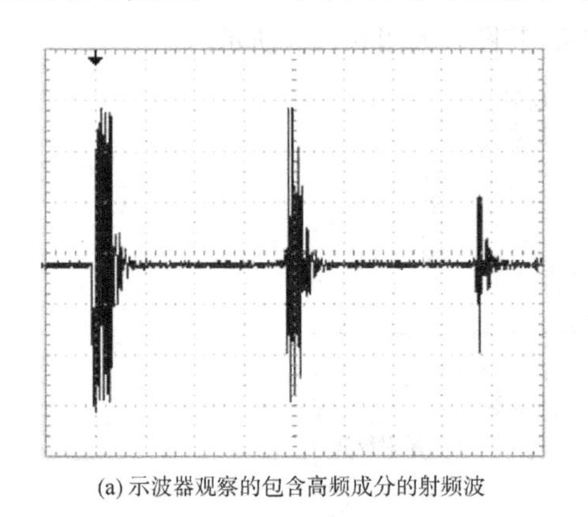

(a) 示波器观察的包含高频成分的射频波

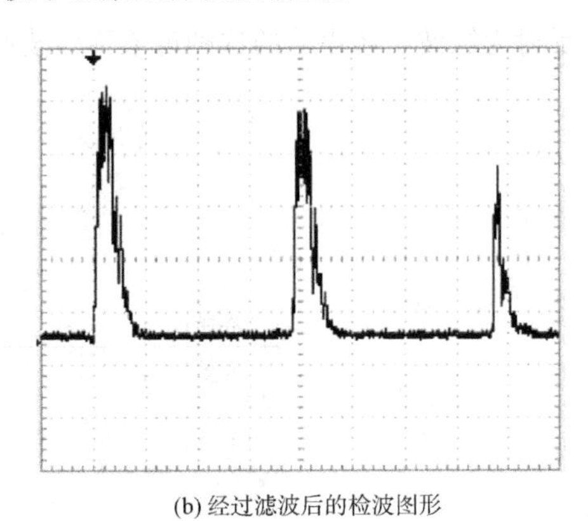

(b) 经过滤波后的检波图形

图 6-10-5　检波输出

2. 定位原理

定位是超声探测的重要内容之一。定位主要是利用超声波探头发射能量集中的特性,同时还要求被测材质的声速均匀。如图 6-10-6 所示,超声波在传播过程中能量集中在一定的范围内。在同一深度位置,中心轴线上的能量最大,当偏离中线到位置时 x_1、x_2时,能量减小到最大值的一半。其中 θ 角定义为探头的扩散角。θ 越小,探头方向性越好,定位精度越高。

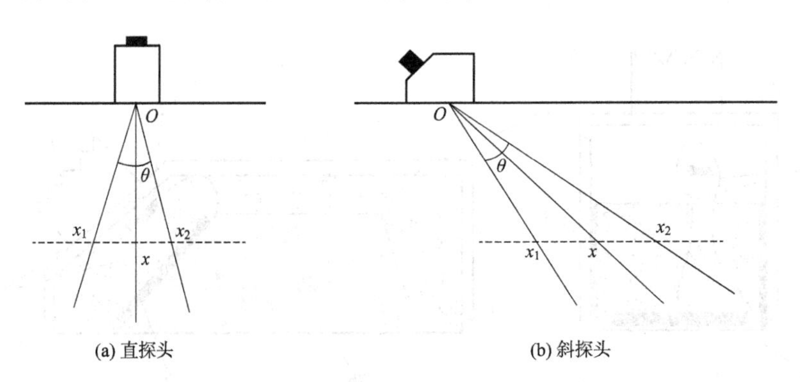

(a) 直探头　　(b) 斜探头

图 6-10-6　超声波探头的指向性

在进行缺陷定位时,必须找到缺陷反射回波最大的位置,使得被测缺陷处于探头的中心轴线上,然后测量缺陷反射回波对应的时间,根据工件的声速可以计算出缺陷到探头入射点的垂直深度或水平距离。

实验内容与步骤

1. 直探头声束扩散角的测量

可以用 B 孔测量直探头声束扩散角,如图 6-10-7 所示,利用直探头分别找到 B 通孔对应的回波,移动探头使回波幅度最大,并记录该点的位置 x_0 及对应回波的幅度,然后向左边移动探头使回波幅度减小到最大振幅的一半,并记录该点的位置 x_1,同样的方法记录下探头右移时回波幅度下降到最大振幅一半时对应点的位置 x_2,则直探头扩散角为

$$\theta = 2\arctan\frac{|x_2 - x_1|}{2H_B} \tag{6-10-1}$$

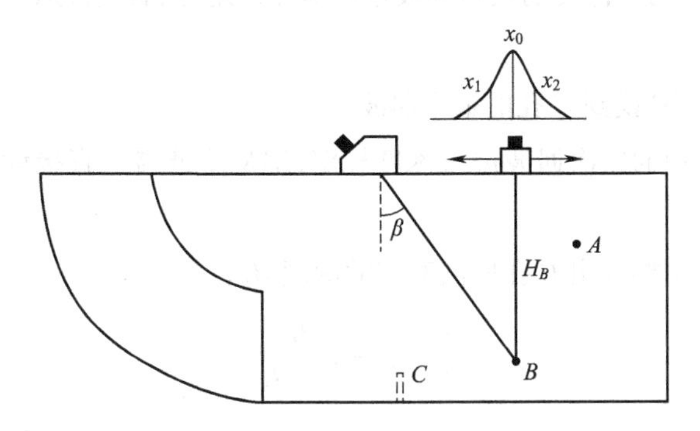

图6-10-7 直探头声束扩散角测量

2. 用直探头探测缺陷 C 钻孔的深度

在超声波检测中,可以利用直探头来探测较厚工件内部缺陷的深度。在本实验中直探头探测 C 钻孔离探测面的深度。

(1)方法一:绝对探测法。

绝对探测法是通过直接测量反射回波时间,根据声速计算出缺陷的深度。

第一步:把直探头放在试块上,找到底面反射的回波如图6-10-8(a)所示,B_1、B_2是底面一、二次回波。利用试块底面的二次回波测量直探头的延迟时间 t_0 和纵波声速 v。

$$t_0 = 2t_1 - t_2 \tag{6-10-2}$$

$$v = \frac{2H}{t_2 - t_1}$$

式中,H 为探测面到工件底面的距离;t_1、t_2分别为第一、二次反射回波的传播时间,即图6-10-8(a)中从始波到 B_1 和 B_2 的时间。

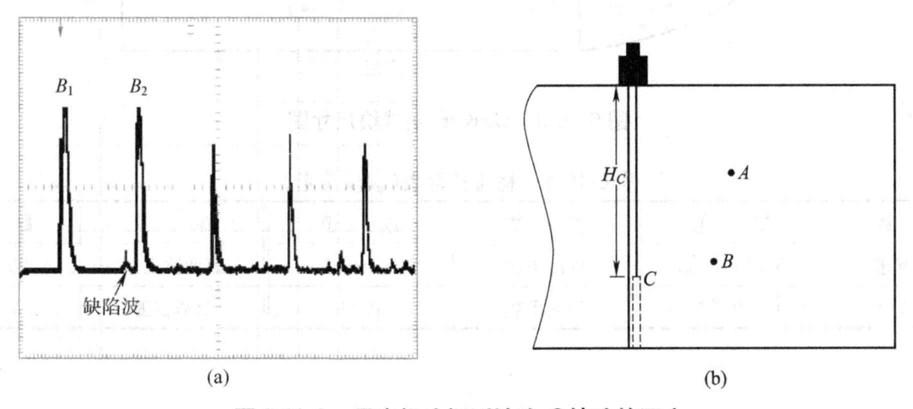

图6-10-8 用直探头探测缺陷 C 钻孔的深度

第二步:按图6-10-8(b)找到 C 孔最大回波;利用示波器,测量缺陷 C 孔的回波时间 t_C。则 C 孔的深度 H_C 为

$$H_C = \frac{v(t_C - t_0)}{2}$$

(2)方法二:相对探测法。

相对探测法是先利用已知深度的反射回波进行深度标定,然后直接从屏幕上读出被测缺陷回波的深度。

第一步:按图 6-10-8(b)找到 C 孔的最大回波。

第二步:利用试块底面的二次回波进行深度标定,即从示波器上直接读出 B_2、B_1 回波的时间差 $t_2 - t_1$。

第三步:根据标定比例换算出 C 孔回波对应的深度 H_C;

$$\frac{t_2 - t_1}{t_1 - t_C} = \frac{H}{H - H_C}$$

注意事项

(1)必须在试块上点滴耦合剂(自来水即可)后,才能移动探头。

(2)发射端应该与探头相接,不能直接连接到示波器。

实验说明

CSK-IB 铝试块尺寸图和材质参数如图 6-10-9 和表 6-10-1 所示(单位:mm)。

尺寸:$R_1 = 30$,$R_2 = 60$,$H = 60$,$L_A = 20$,$H_A = 20$,$L_B = 50$,$H_B = 50$。

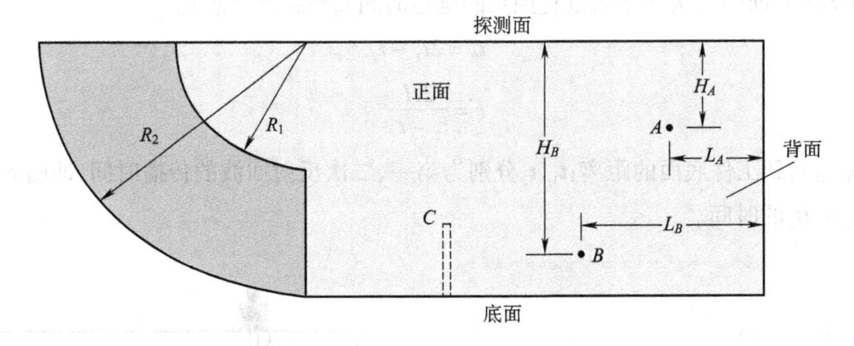

图 6-10-9　CSK-IB 铝试块尺寸图

表 6-10-1　材质参数表(仅供参考)

参　数	数　值	参　数	数　值	参　数	数　值
纵波声速	6.27 mm/μs	横波声速	3.10 mm/μs	表面波声速	2.90 mm/μs
弹性模量	6.94×10^{10} N/m²	泊松系数	0.33	材质密度	2.7 g/cm³

实验 6.11　弗兰克-赫兹实验

1913 年,玻尔提出了原子结构的量子理论——“定态定则”和“选择定则”,成功解释了氢原子和类氢原子的光谱结构。1914 年,夫兰克(James Frank)和赫兹(Gustav Ludwig Hertz)研究慢电子轰击稀薄气体原子,做原子电离电位测量时,发现电子与汞原子碰撞时,电子损失的能量严格地保持为 4.9 eV,即汞原子只接收 4.9 eV 的能量。并且观察到原子由激发态跃迁到基态时辐射出的光谱线,从而用散射方法再次证明了玻尔原子结构的量子理论。1920 年,夫兰克和爱因西彭(Einsporn)进一步对仪器进行改进,测量了原子的较高激发态电位;赫兹也用类似的方法,测量了电子的电离电位,这更加完善了原子结构的量子理论。为此,夫兰克和赫兹获得了 1925 年度诺贝尔物理学奖。

实验目的

(1)学习夫兰克和赫兹研究原子能量量子化的实验思想和方法。

(2)了解电子和原子发生弹性碰撞和非弹性碰撞的物理过程。

实验仪器

DH4507 型夫兰克-赫兹实验仪。

实验原理

夫兰克-赫兹实验仪的核心为充氩气的四极管,其工作原理图如图 6-11-1 所示。

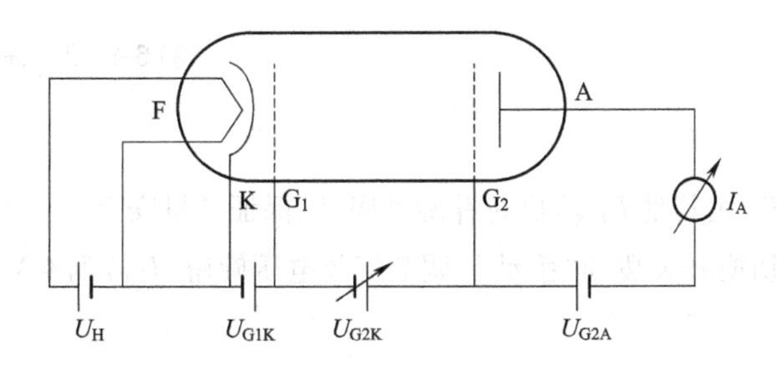

图 6-11-1 四极管工作原理图

U_H—灯丝加热电压;U_{G1K}—消除空间电荷累积电压;U_{G2K}—电子加速电压;U_{G2A}—反向拒斥电压

图 6-11-1 上方为充满稀薄氩气的充气管,管内内置了五个电极,分别为灯丝 F 和电极 K、G_1、G_2 和 A。当灯丝 F 被加热到足够高的温度后,会有大量电子逸出。为消除空间电荷对灯丝 F 发射电子的影响,在第一栅极 G_1 和阴极 K 之间加上了电压 U_{G1K},来保证灯丝 F 均匀发射电子。进一步在栅极 G_2 和阴极 K 之间加上电压 U_{G2K},发射的电子在 U_{G2K} 的作用下将被加速而获得越来越大的动能。最终穿过 G_2 的电子在反向拒斥电压 U_{G2A} 的作用下减速运动,只有能够到达阳极 A(也称板极)的电子才能形成电流 I_A,其数值可以由电流表测量。

经栅极 G_1 的电子速度较低,能量较小,经过 U_{G2K} 的加速,电子动能增加,如果电子累积的动能足够大,就能克服 U_{G2A} 的减速作用到达阳极 A,形成电流 I_A。该实验最为关键的物理过程是电子运动过程中将不断与充于管中的氩原子发生碰撞,碰撞后造成部分电子动能降低,若这部分电子动能降低后不能到达阳极,电流 I_A 的数值会减少。

随 U_{G2K} 的逐渐增大,当 U_{G2K} 达到氩原子的第一激发电位(11.53 V)时,电子在 G_2 极附近与氩原子发生非弹性碰撞。电子会把加速电场获得的全部能量传递给氩原子,使氩原子从基态激发到第一激发态,而电子由于把全部能量传递给了氩原子,它即使穿过栅极 G_2,也无法克服反向拒斥电压 U_{G2A},从而被折回栅极 G_2,所以板极电流 I_A将显著减小。

之后随着 U_{G2K}的进一步增加,电子的能量也随之增加,当与氩原子发生非弹性碰撞后留下来的能量也逐渐增加。当残余能量累积足够大时,电子又可以克服反向拒斥电压 U_{G2A}的作用力而到达板极,这时 I_A又开始上升。直到 U_{G2K}是氩原子第一激发电位 2 倍时,电子在 G_2和 K 之间又会因为第二次非弹性碰撞而失去能量,因而又造成第二次 I_A的下降。依此类推,这种能量转移随着 U_{G2K}的增加而周期性变化,对应板极的电流 I_P也将不断的起伏变化。

若以 U_{G2K}为横坐标,以 I_A为纵坐标就可以得到谱峰曲线(见图 6-11-2),谱峰曲线两相邻峰尖(或谷点)间的 U_{G2K}电压差值,即为氩原子的第一激发电位值。

这个实验说明了夫兰克-赫兹管内的慢电子与氩原子相碰撞,使原子从低能级激发到高能级,并通过测量氩原子的激发电位值,说明了玻尔原子能级的存在。

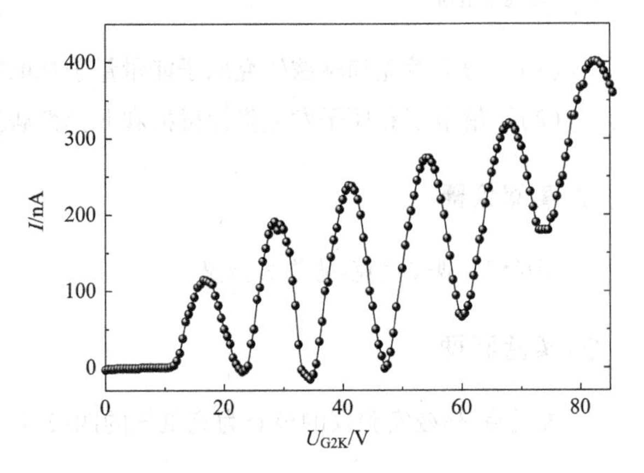

图 6-11-2 谱峰曲线

实验内容与步骤

(1)将所有调节旋钮(尤其是 U_{G2K})反时针旋到底,以保证开机安全。

(2)将手动-自动挡切换开关拨到“手动”,调节灯丝电压旋钮(U_H)到 4 V,微电流倍增开关置于 10^{-8}挡。

(3)调节控制栅电压旋钮(U_{G1K}),使电压表的读数为 1.5 V,即阴极到第一栅极电压 U_{G1K}为 1.5 V。

(4)调节阳极电压旋钮(U_{G2A}),使电压表的读数为 7.5 V,即阳极到第二栅极电压 U_{G2A}(拒斥电压)为 7.5 V。

(5)调节电压旋钮(U_{G2K}),使电压表的读数为 0 V,即阴极到第二栅极电压 U_{G2A}(加速电压)为 0 V。步骤(2)~(5)为实验前的准备步骤,灯丝电压 U_H(4 V)控制栅电压 U_{G1K}(1.5 V)阳极电压 U_{G2A}(7.5 V)为用本仪器进行实验建议采用电压值,用户根据充氩气管上所标的参数做实验。

(6)预热 10 min,此过程中可能各参数会有小的波动,请微调各旋钮到初设值。

(7)旋转 U_{G2K}调节旋钮,同时观察阳极电流表和控制栅电压表的读数的变化,随着 U_{G2K}(加速电压)的增加,阳极电流表的值出现周期性峰值谷值,记录相应的电压、电流值,以输出阳极电流为纵坐标,第二栅电压为横坐标,作出谱峰曲线。

注意事项

(1)实验开始前应检查所有电源的调节旋钮是否反时针旋到底,尤其必须将 U_{G2K}旋钮反时针旋到底后,再开电源。实验结束后应先把 U_{G2K}旋钮反时针旋到底,再将其他电源的调节旋钮反时针旋到底后再关机。

(2)实验中(手动测量)电压加到 60 V 以后,增加 U_{G2K} 的速率应减缓,同时注意 I_A 的变化,当电流表的指示骤然上升时应立即关机,以免引发管子击穿。5 min 后再按上述方法重新开机。

(3)实验过程中如要改变 U_H、U_{G1K}、U_{G2A} 时,必须将 U_{G2K} 旋钮反时针旋到底后进行。

(4)各台仪器的夫兰克-赫兹管参数有所差异,尤其是灯丝电压。推荐使用参考电压,选择若发现波形上端切顶,则阳极输出过大,引起失真,应减小灯丝电压 U_H。

数据记录与处理

根据 I_A—U_{G2K} 曲线,利用逐差法求出氩原子第一激发电位(见表 6-11-1)。

表 6-11-1　数据记录表

		1	2	3	4	5	…
峰值	U_{G2K}/V						…
	I_A/nA						…
谷值	U_{G2K}/V						…
	I_A/nA						…

思考讨论

(1)第一峰位位置为何与第一激发电位有较大偏差?

(2)为什么随着 U_{G2K} 的增加,I_A 的峰值越来越高。

(3)弗兰克-赫兹管中为何要设计反向拒斥电压?

实验 6.12　微波光学实验

无线电波、光波、X 光波等都是电磁波。波长在 1 mm ~ 1 m 范围的电磁波称为微波,其频率范围为 300 MHz ~ 3 000 GHz,是无线电波中波长最短的电磁波。微波波长介于无线电波与光波之间,因此,微波有似光性,它不仅具有无线电波的性质,还具有光波的性质,即具有光的直线传播、反射、折射、衍射、干涉和偏振等现象。由于微波的波长比光波的波长在量级上大 10 000 倍左右,因此用微波进行波动实验更简便和直观。本实验就是利用波长 3 cm 左右的微波模拟光学中的反射、干涉、衍射和偏振等实验现象,并用微波代替 X 射线模拟晶体的布拉格衍射。

实验目的

(1)学习微波产生的原理以及传播和接收等特性。

(2)观测微波干涉、衍射、偏振等实验现象。

(3)通过迈克尔逊实验测量微波波长。

(4)观测模拟晶体的微波布拉格衍射现象。

实验仪器

DHMS-1 型微波光学综合实验仪(见图 6-12-1)一套,包括 X 波段微波信号源、微波发生器、发射喇叭、接收喇叭、微波检波器、检波信号数字显示器、可旋转载物平台和支架,以及实验用附件(反射板、分束板、单缝板、双缝板和晶体模型等)。

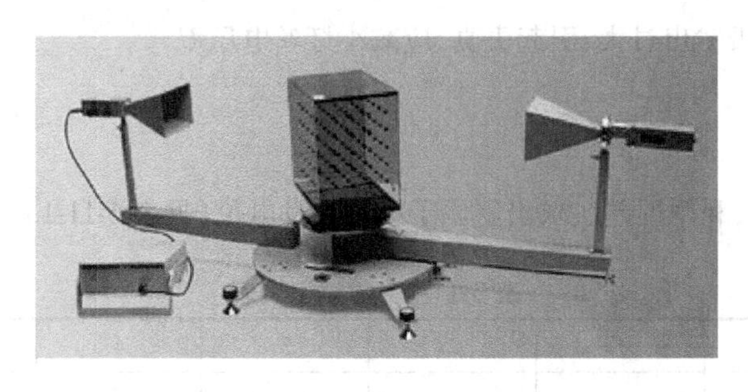

图 6-12-1　DHMS-1 型微波光学综合实验仪

实验原理

1. 微波的产生和接收

实验使用的微波发生器是采用电调制方法实现的,优点是应用灵活,参数调配方便,适用于多种微波实验,其工作原理框图如图 6-12-2 所示。微波发生器内部有一个电压可调控制的压控振荡器(VCO),用于产生一个 4.4~5.2 GHz 的信号,它的输出频率可以随输入电压的不同作相应改变,经过滤波器后取二次谐波 8.8~9.8 GHz,经过衰减器作适当的衰减后,再放大,经过隔离器后,通过探针输出至波导口,再通过 E 面天线发射出去。

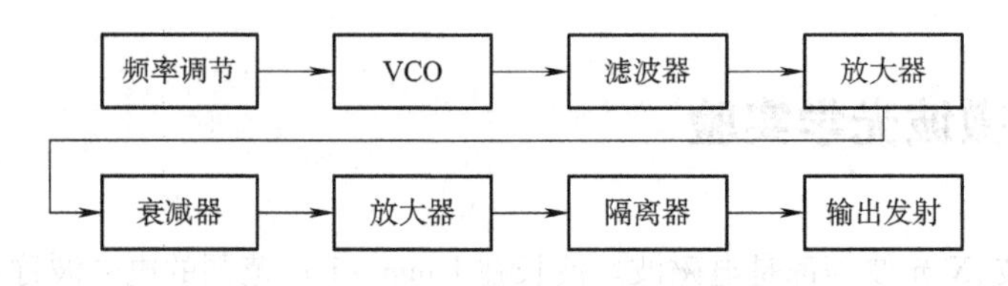

图 6-12-2　微波产生的原理框图

接收部分采用检波数显一体化设计。由 E 面喇叭天线接收微波信号,传给高灵敏度的检波管后转化为电信号,通过穿心电容送出检波电压,再通过数模转换器(A/D)转换,由液晶显示器显示微波相对强度。

2. 微波光学实验

(1)微波的反射实验。

微波的波长较一般电磁波短,相对于电磁波更具方向性,因此,在传播过程中遇到障碍物,就会发生反射。如当微波在传播过程中,碰到金属板,则会发生反射,且同样遵循和光线一样的反射定律,即反射线在入射线与法线所决定的平面内,且反射角等于入射角。

(2)微波的单缝衍射实验。

当平面微波入射到一宽度和微波波长可比拟的一狭缝时,在缝后就要发生如光波一般的衍射现象。同样,中央零级最强,也最宽,在中央的两侧衍射波强度将迅速减小。根据光的单缝衍射公式可知,微波单缝衍射图样的强度分布规律为

$$I = I_0 \frac{\sin^2\mu}{\mu^2} \tag{6-12-1}$$

式中,$\mu = (\pi\alpha\sin\varphi)/\lambda$;$I_0$为中央主极大中心的微波强度;$\alpha$为单缝的宽度;$\lambda$为微波的波长;$\varphi$为衍射角;$\sin^2\mu/\mu^2$常称为单缝衍射因子,表征衍射场内任一点微波相对强度的大小。通过测量衍射屏上从中央向两边微波强度变化可以验证式(6-12-1)。当

$$\alpha\sin\varphi = \pm k\lambda,\quad k=1,2,3,4,\cdots \tag{6-12-2}$$

时,相应的φ角位置衍射度强度为零。如测出衍射强度分布如图6-12-3所示,则可依据第一级衍射最小值所对应的φ角,利用式(6-12-2)求出微波波长λ。

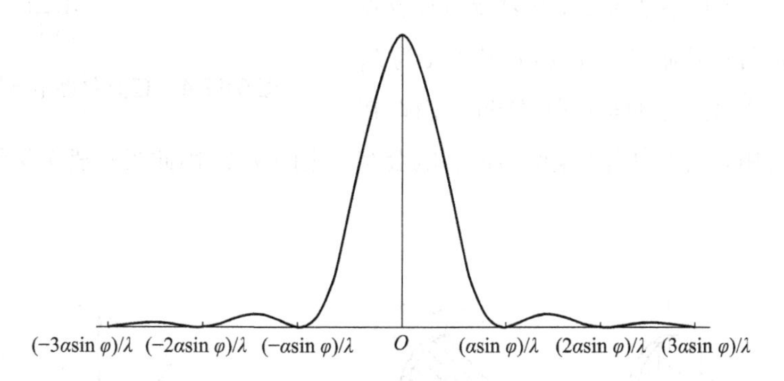

图6-12-3　单缝衍射强度分布

(3)微波的双缝干涉实验。

当平面波垂直入射到金属板的两条狭缝上,狭缝就成为次级波波源。由两缝发出的次级波是相干波,因此,在金属板的背后面空间中,将产生干涉现象。当然,波通过每个缝都有衍射现象。因此实验将是衍射和干涉两者结合的结果。为了只研究主要来自两缝中央衍射波相互干涉的结果,令双缝的缝宽a接近λ,例如,$\lambda=3.2$ cm,$a=4.0$ cm。当两缝之间的间隔b较大时,干涉强度受单缝衍射的影响小,当b较小时,干涉强度受单缝衍射影响大。干涉加强的角度为

$$\varphi = \sin^{-1}\left(\frac{k\cdot\lambda}{a+b}\right),\quad k=1,2,3 \tag{6-12-3}$$

干涉减弱的角度为

$$\varphi = \sin^{-1}\left(\frac{2k+1}{2}\cdot\frac{\lambda}{a+b}\right),\ k=1,2,3 \tag{6-12-4}$$

(4)微波的迈克尔逊干涉实验。

在微波前进的方向上放置一个与波传播方向成45°的半透射半反射的分束板(见图6-12-4)。将入射波分成两束,一束向金属板A传播,另一束向金属板B传播。由于A、B金属板的全反射作用,两列波再回到半透射半反射的分束板,汇合后到达微波接收器处。这两束微波同频率,在接收器处将发生干涉,干涉叠加的强度由两束波的光程差(即位相差)决定。当两波的相位差为$2k\pi$($k=\pm1,\ \pm2,\ \pm3,\cdots$)时,干涉加强;当两波的相位差为$(2k+1)\pi$时,则干涉最弱。当$A$、$B$板中的一块板固定,另一块板沿着微波传播方向前后移动,对应微波接收信号从极小(或极大)值到另一次极小

(或极大)值,则反射板移动了 λ 中的距离。由这个距离就可求得微波波长 λ。

(5)微波的偏振实验。

电磁波是横波,它的电场强度矢量 $\boldsymbol{E}$ 和波的传播方向垂直。如果 $\boldsymbol{E}$ 始终在垂直于传播方向的平面内某一确定方向变化,这样的横电磁波称为线极化波,在光学中也称偏振光。如一线极化电磁波以能量强度 I_0 发射,而由于接收器的方向性较强,只能吸收某一方向的线极化电磁波,相当于一光学偏振片,如图 6-12-5 所示。发射的微波电场强度矢量 $\boldsymbol{E}$ 如在 P_1 方向,经接收方向为 P_2 的接收器后(发射器与接收器类似起偏器和检偏器),其强度 $I=I_0\cos^2\alpha$ 其中 α 为 P_1 和 P_2 的夹角。这就是光学中的马吕斯(Malus)定律,在微波测量中同样适用。实验中由于喇叭口的影响会有一定的误差,因此当有消光现象出现,便可验证马吕斯定律。

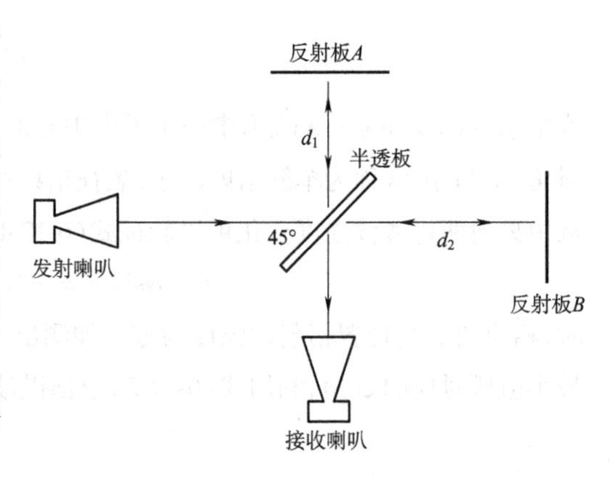

图 6-12-4　迈克尔逊干涉原理示意图

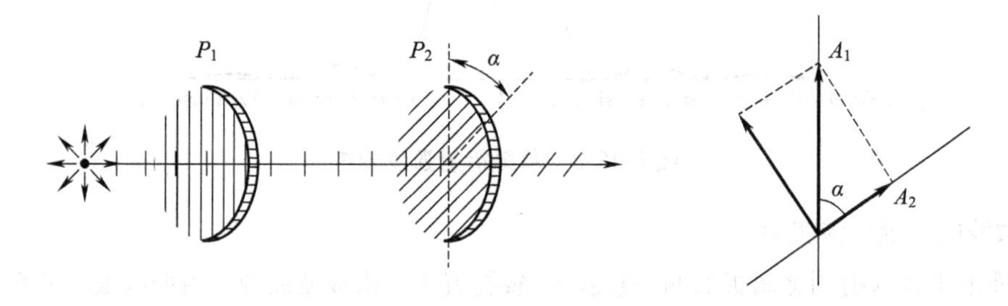

图 6-12-5　光学中的马吕斯定律

(6) 模拟晶体的布拉格衍射实验。

布拉格衍射是用 X 射线研究晶体微观结构的一种方法。因为 X 射线的波长与晶体的晶格常数同数量级,所以一般采用 X 射线研究微观晶体的结构。在此用微波代替 X 射线模拟布拉格衍射,将微波照射到放大的晶体模型上,产生的衍射现象与 X 射线对晶体的布拉格衍射现象与计算过程基本相似。通过此实验来加深理解微观晶体的布拉格衍射实验方法是十分直观的。固体物质一般分晶体与非晶体两大类,晶体又分单晶与多晶。单晶的原子或分子按一定规律在空间周期性排列,而多晶体是由许多单晶体的晶粒组成。其中最简单的晶体结构如图 6-12-6(a)所示,在直角坐标中沿 x、y、z 三个方向,原子在空间依序重复排列,形成简单立方点阵。组成晶体的原子可以看作处在晶体的晶面上,而晶体的晶面有许多不同的取向。

图 6-12-6(b)表示的简单立方点阵最常用的三种晶面,分别为(100)面、(110)面、(111)面,圆括号中的三个数字称为晶面指数。一般而言,晶面指数为(n_1,n_2,n_3)的晶面族,其相邻的两个晶面间距 $d=a/\sqrt{n_1^2+n_2^2+n_3^2}$。显然其中(100)面的间距 d 等于晶格常数 a;(110)面的晶面间距 $d=a/\sqrt{2}$;(111)面的晶面间距 $d=a/\sqrt{3}$,此外还有许多其他取向的晶面族。

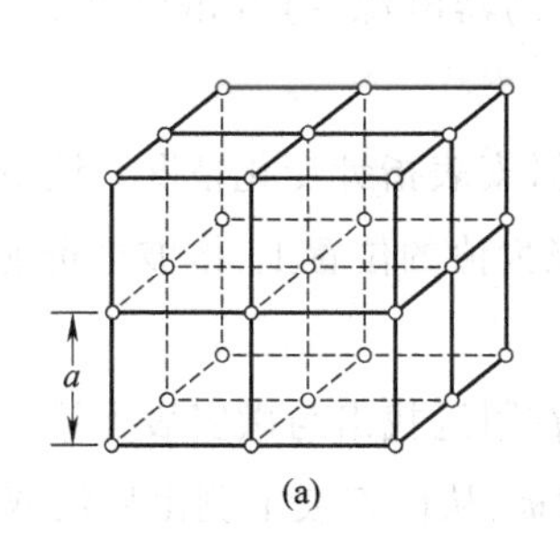

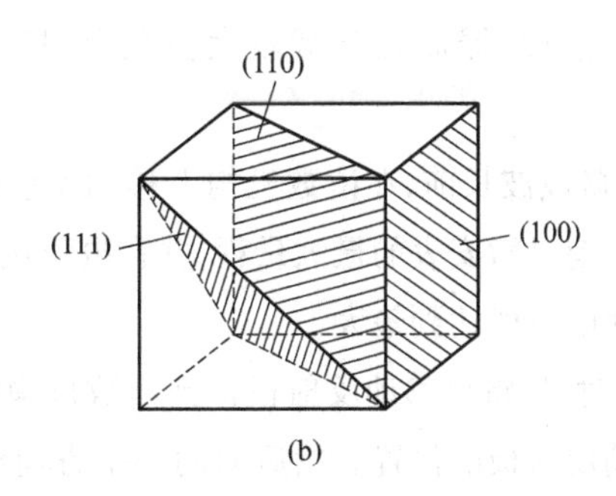

图 6-12-6　晶体结构模型

因微波的波长可以是几厘米,所以可用一些铝制的小球模拟微观原子,制作晶体模型。具体方法是将金属小球用细线串联,构成有序的简单立方点阵。各小球间距 d 设置为 4 cm(与微波波长同数量级)左右。当微波入射到该模拟晶体上时,因为每一个晶面相当于一个镜面,入射微波遵守反射定律,反射角等于入射角,如图 6-12-7 所示。而从间距为 d 的相邻两个晶面反射的两束波的程差为 $2d\sin\alpha$,其中 α 为入射波与晶面的夹角。当满足

$$2d\sin\alpha = k\lambda,\quad k=1,2,3,\cdots \tag{6-12-5}$$

时,出现干涉极大,式(6-12-5)即为晶体衍射的布拉格公式。

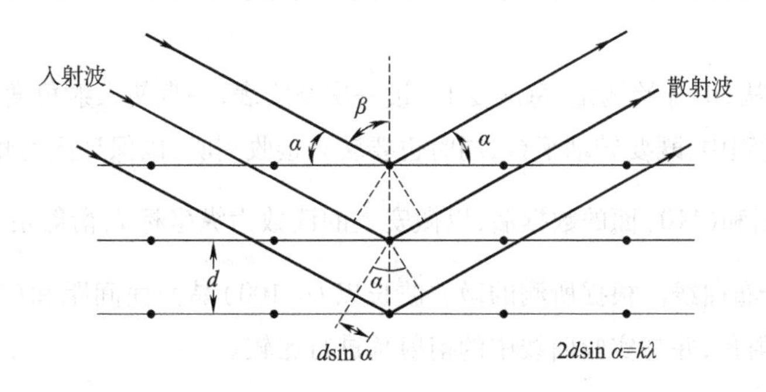

图 6-12-7　布拉格衍射

实验内容与步骤

将实验仪器放置在水平桌面上,调整底座支脚使底盘保持水平。调节接收臂和活动臂为直线对直状态,调节发射喇叭,接收喇叭的高度相同。

连接好 X 波段微波信号源、微波发生器间的专用导线,将微波发生器的功率调节旋钮逆时针调到底,即微波功率调至最小,通电并预热 10 min。

1. 微波反射实验,单缝衍射实验、双缝干涉实验和偏振实验

自行设计内容与步骤。

2. 微波波长的测量

(1)用迈克尔逊干涉法测微波波长的仪器布置如图 6-12-1 所示。使发射喇叭面与接收喇叭面互相成 90°,半透射板(玻璃板)通过支架座固定在刻度转盘正中并与两喇叭轴线互成 45°,使可移动反射板的法线与发射喇叭一致,使固定反射板的法线与接收喇叭的轴线一致。

(2)将可变衰减器放在衰减较大位置上,接上固定振荡器电源,打开电源开关,预热 20 min 左右。

(3)测量微波波长前,在读数机构上移动反射板,观察微安表指针变化情况。调节可变衰减器使最大电流不超过微安表的最大量程,并在电流达到某个极大值的位置上,微波半透射板和两个反射板的角度使电流值达到最大。

(4)测量时,先将可移动反射板移到读数机构的一端,在附近找出与微安表上第一个极小值相对应的可移动反射板的位置。然后向同一个方向移动反射板,从微安表上测出后续 N 个极小值的位置,并从读数机构上读出相应的数值。利用隔项逐差法算出位移 L,则微波波长 $\lambda=\frac{2L}{N}$。

(5)重复测量三次,算出平均波长。

3. 微波布拉格衍射强度分布的测量

(1)将模拟晶体调好。对模拟晶体点阵球一层一层进行调节,使模拟晶体的晶格常数为 4.0 cm。注意保持模拟晶体架下面小圆盘的某一条刻线与所研究的晶面法线相一致,并与刻度盘上的0°刻线一致。为了避免两个喇叭之间微波的直接入射,测量时微波的入射角 α 取值范围最好在 30° ~73°之间,对应的衍射角 θ 在 60° ~17°之间。

(2)改变微波的入射角度 α,同时调节衰减器,使入射角度 α 在 30° ~73°时,微安表的读数在量程(满度)以内。

(3)入射角度 α 从30°开始测量,每改变1°,读一次微安表,一直使入射角度 α 到73°为止。在改变入射角度的测量过程中,既要转动平台,同时也要转动接收喇叭,以保证入射角度 α 等于反射角。

(4)测出(100)面和(110)面的数据后,以微安表的读数为纵坐标 I,衍射角 $\theta=\frac{\pi}{2}-\alpha$ 为横坐标作布拉格衍射强度分布曲线。根据所测的微波波长以及(100)晶面面间距和(110)晶面面间距,计算相应一级、二级衍射角,并与实验曲线中的衍射角进行比较。

注意事项

(1)实验前要先检查电源线是否连接正确。

(2)电源连接无误后,打开电源使微波源预热 10 min 左右。

(3)实验时,先要使两喇叭口正对,可从接收显示器看出(正对时示数最大)。

(4)为减少接收部分电池消耗,在不需要观测数据时,要把显示开关关闭。

(5)实验结束后,关闭电源。

(6)参考实验内容与步骤,用以前学过的数据处理方法处理数据,并对误差进行分析。

思考讨论

(1)假如预先不知道晶体中晶面的方向,是否会增加实验的复杂性?又该如何定位这些晶面?

(2)在布拉格衍射实验中,(100)晶面的第三级极大值($n=3$)的极大值是否存在?为什么?

第7章
设计性实验Ⅰ

通过基础性实验和综合性实验的学习和训练,相信同学们都已经了解和掌握了一定的实验基本知识、基本方法和基本技能。其后将安排设计性实验教学,以更好地发挥学生的主观能动性,培养学生的创新精神和创新能力,是物理实验的更高级教学活动。

设计性实验是介于基础教学实验和实际科学实验之间的,是针对科学实验或工程实践全过程进行初步训练特点的教学实验。设计性物理实验要求学生自行设计和选择合理的实验方案 ,并在实验过程中检验其正确性,因此,设计性实验的核心是学生自己设计实验方案,并在实验中检验方案的正确性与合理性。设计实验一般包括下列几个方面:根据实验特点和实验精度要求确定所运用的原理,选择实验方法与测量方法,选择测量条件与配套仪器以及对测量数据的合理处理。这种实验训练,有利于发挥学生的主观能动性,有利于培养学生综合运用实验知识和实验技术的能力、解决实际问题的能力,同时也能初步培养学生的创新意识和创新思维。

实验教学过程中还可以将设计性实验项目作为学生的操作考试项目。列出若干实验项目的名称、要求、所用仪器,同时给予学生一定的提示,以便于实验的组织以及成绩的评定。要求学生提前进行预习准备,在实验前随机抽取一个,参加实验操作考试。

设计性实验一般先确定设计性实验课题,再根据实验的内容和要求,收集各种可能的实验方法,并从中选择一种合适的方法,完成该实验课题。设计性实验的主要步骤如下:

1. 根据实验研究与实验精度的要求,确定所应用的实验原理

如“测定重力加速度”实验有自由落体法、单摆法、气垫导轨法等方法;各种方法的实验原理、测量方法、所用仪器、实验精度、数据处理方法等各不相同,要根据具体情况确定实验原理。

2. 选择合适的实验方法和测量方法

一个实验中可能要测量多个物理量,每个物理量可能有多种测量方法。例如,测量电压,可以用万用表、数字电压表、电势差计、示波器等;测量长度,可以用直接测量法、电学测量法(位移传感器、长度传感器)、光学方法(光杠杆法、干涉法、比长法)等。要根据被测对象的性质和特点,分析比较各种方法的适用条件、各种仪器的测量范围和测量精度、各种实验方案的优缺点等,通过比较,最后选择出一个较为合理的方案。

选择实验方法时应首先考虑实验误差要小于实验的设计要求,但是也不要一味追求低误差,因为,随着实验结果准确度的提高,实验难度和实验成本也将增加。测量方法的选择离不开对测量仪器的选择,这又要从仪器精度、操作的方便及仪器的成本等各方面去考虑。

3. 仪器的选择与配套

选择测量仪器时,一般须考虑以下四个因素:分辨率、精确度、实用性、实验成本。一般选择仪器时,主要考虑前面两点。

4. 测量条件的选择

在实验方法和仪器待定的情况下,选择最有利的测量条件,可以最大限度地减小测量误差。例如,用自组电桥测电阻时,滑动变阻器的桥路点在中点时,电桥灵敏度最高。

5. 实验实施方案的拟定(写出较为完整的实验预习报告)

制定具体的实验实施方案是一项非常重要的工作,好的实施方案可以使实验有条理地完成,而没有一个好的实施方案,即使有好的物理模型和精密的实验仪器,也得不到准确的实验结果。

实验实施方案的拟定包括下列几方面:

(1)按选定的物理模型及实验方法,画出实验装置图或电路、光路图。注明图中元器件和设备的名称、型号、数值,对实验有一个总体的安排。

(2)拟定详细的实验步骤,实验数据记录表格等。

(3)列出实验设备和元器件的详细清单。

由于物理实验的内容十分广泛,实验方法和手段非常丰富,同时由于误差的影响错综复杂,在上述程序的执行过程中,若后一程序中可能出现一些问题时,有必要返回到前面的程序中去,重新检查、完善前面的设计内容,或在实验过程中根据实际情况做出调整。

6. 实验操作

拟定实验方案后,经指导教师检查审核通过,就可以进行实验。设计性实验一般按下列步骤进行:

(1)进行实验的现象观察、分析和数据的初步测量,通过这些方面,能基本确定设计的实验内容是否符合设计要求,若实验现象和实验数据与原来的设想相差甚远,则有必要修改实验方案。直到实验现象和数据基本正常。

(2)在上述初步观察和测量正常的基础上,认真仔细地完成整个实验过程。

7. 数据处理及撰写实验报告

实验报告是实验的书面总结,是记录整个实验过程和实验成果的依据,也是评价实验成绩的重要依据。实验报告应真实、认真地用自己的语言表达清楚所做实验的内容、物理思想及反映的物理规律,同时也要正确处理实验数据、分析实验结果。

与以前所做的基础性实验相比,设计性实验的实验报告应更接近科学论文的形式及水准,它一般应包括下列四部分:

(1)引言:简明扼要地说明实验的目的、内容、要求、概貌及实验结果的价值。

(2)实验方法的描述:介绍实验基本原理,简明扼要地进行公式推导,介绍基本实验方法、实验装置、测试条件等。

(3)数据及处理:列出数据表格,进行计算及误差处理,给出最后结果。也可以包括实验规律的分析等内容。

(4)结论:实验的小结。

实验 7.1　冲击电流计测电容

冲击电流计名为电流计，实际上不是用来测量电流的，而是用来测量短时间内脉冲电流所迁移的电量。本实验使用数字冲击电流计，它使用了 CMOS 集成电路，将迁移电量积累起来（实现数学积分式：$Q = \int_0^{\Delta t} i\mathrm{d}t$），再进行检测，然后以数字形式显示出来。

本实验要求学生自己设计测量电路，用冲击电流计测定待测电容的电容量。

实验目的

（1）掌握比较法测量物理量。

（2）用冲击电流计测普通电容的电容量。

实验要求

（1）用给定仪器自行设计测量电路，用比较法测量普通电容的电容量。

（2）推导被测量电容的计算公式。

（3）设计表格，记录实验数据。

（4）定性分析实验误差。

实验仪器

冲击电流计、直流稳压电源、标准电容、待测电容、滑动变阻器、开关、换向开关、导线等。

思考讨论

（1）总结本实验采用的测量方法。

（2）在测量电容过程中，对电容器充电的电压值为什么不能改变？

（3）能否使用该方法测量电解电容？

实验 7.2　电位差计测电阻

实验目的

（1）掌握电位比较法测量物理量的思想。

（2）熟悉电位差计的使用方法。

（3）熟悉用电位差计测量电阻的步骤。

实验要求

（1）自行设计用电位差计精测待测电阻阻值的测量电路，并画简图。

(2)写出有关测量计算公式。

(3)设计数据记录表格并测量处理有关数据。

(4)定性分析实验误差。

实验仪器

电位差计、标准电池、灵敏电流计、直流稳压电源、标准电阻箱、滑动变阻器、待测电阻、开关、导线等。

实验提示

请参阅实验5.8电位差计校准毫安表。

思考讨论

(1)电位差计是直接测量什么物理量的仪器?它所依据的测量原理(方法)是什么?

(2)本实验测量电阻值时,为什么给待测电阻回路提供的电压不能任意?

实验7.3 双臂电桥测电阻

实验目的

(1)了解双臂电桥的工作原理。

(2)掌握双臂电桥测量金属棒的电阻率方法。

实验要求

(1)理解双臂电桥的设计思路和工作原理。

(2)用双臂电桥测量金属棒的电阻率。

实验仪器

单双臂两用电桥、金属棒、059-A型电流表、游标卡尺、千分尺、灵敏检流计、标准电阻、反向开关、电阻箱、导线等。

实验说明

金属棒为低值电阻,测量时应采用四端接法,将接触电阻分解到其他支路。

实验时注意工作电流值,因工作电流大,通电时间要短,避免被测材料发热而导致测量结果产生误差。

实验7.4 热敏电阻热电特性研究

实验目的

（1）了解热敏电阻基本结构和工作原理。

（2）学习曲线改直的方法。

实验要求

（1）使用箱式电桥精测热敏电阻阻值。

（2）将热敏电阻置于杜瓦瓶中，通过冷热水的控制，提供温度可调的测量环境（室温～80℃）。

（3）将测量出的阻值与温度的变化关系用图表表示，并曲线改直。

实验仪器

待测热敏电阻、箱式电桥、杜瓦瓶、冷热水、数字温度计。

实验提示

（1）热敏电阻电阻值和温度变化的关系式为

$$R_T = K\exp\left[B\left(\frac{1}{T}-\frac{1}{T_0}\right)\right]$$

式中，R_T为在温度T时的热敏电阻阻值；K为常数，是在额定温度T_0时的热敏电阻阻值；B为热敏电阻的材料常数，又称热敏指数。

该关系式是经验公式，只在额定温度T_0或额定电阻阻值的有限范围内才具有一定的精确度。

热敏指数B为正，称为正温度系数；B为负，称为负温度系数。

（2）箱式电桥的使用见实验5.3单臂电桥测电阻和实验5.4直流非平衡电桥的应用。

（3）温度的测量需要热平衡条件。

实验7.5 二极管伏安特性研究

二极管伏安特性是指二极管两端的电压与流过二极管的电流的关系曲线，这个特性曲线可分为正向特性和反向特性两个部分。

实验目的

（1）考察示波器的使用技巧。

（2）掌握示波器显示稳压二极管伏安特性曲线的基本思想。

（3）熟悉在示波器荧屏上观测稳压二极管伏安特性的全貌。

实验要求

(1)画出实验电路图。

(2)在坐标纸上定量描绘出示波器荧屏上伏安特性曲线全貌(注意找出坐标原点,正确标出坐标轴的单位和坐标)。

(3)从伏安特性曲线中测量二极管的正向导通电压值(正向导通电压是指正向特性较直部分延长交于横轴的一点处的电压值)。

(4)从伏安特性曲线中测量二极管的反向击穿电压值(反向击穿电压是指对应于反向电压电流开始剧增时的电压)。

实验仪器

示波器、稳压二极管、电阻、导线(信号屏蔽线)。

实验提示

请查阅有关示波器使用以及稳压二极管伏安特性有关知识。

思考讨论

测量线路是否为伏安法电路?若是,其中相当于伏特计、安培计的仪器各是什么?

实验 7.6 环形电流磁场研究

实验目的

了解亥姆霍兹线圈基本结构和工作原理。

实验要求

(1)理论计算亥姆霍兹线圈轴线中点的磁场强度,以此理论值为标准,校核测量系统各参数。

(2)通过实验测量轴线各点的磁场,分析亥姆霍兹线圈轴线磁场分布情况。

实验仪器

亥姆霍兹线圈磁场测试仪。

实验提示

参照本书中有关磁场测量的内容,自行设计实验。

亥姆霍兹线圈由两个相互平行、同轴放置的相同薄圆线圈同向(即电流方向相同)串联构成,两线圈间的距离等于线圈半径。亥姆霍兹线圈通电,形成磁场,该磁场可以应用有关理论进行数值计算分析。

根据毕奥-萨伐尔定律,通过积分运算得到,圆电流在过圆心并且垂直于线圈平面的轴线上,距离圆心 x 处,磁场大小为

$$B = \frac{\mu_0 I R^2}{2\left(R^2 + x^2\right)^{3/2}}$$

式中，I 为电流大小；R 为线圈半径；μ_0 为一个常数。

根据场强的叠加原理，亥姆霍兹线圈轴线上任一点的磁场大小为

$$B_x = \frac{\mu_0 N I R^2}{2\left[\left(x - \frac{R}{2}\right)^2 + R^2\right]^{3/2}} + \frac{\mu_0 N I R^2}{2\left[\left(x + \frac{R}{2}\right)^2 + R^2\right]^{3/2}}$$

因此，亥姆霍兹线圈轴线中点的磁场大小为

$$B_0 = \frac{8\sqrt{5}\mu_0 N I}{25R}$$

可以证明，当线圈半径 R 远大于中间区域的线度时（如 R 为三倍的线度），以中心为圆心、半径为 $\frac{1}{3}R$ 的垂直于轴线圆平面上各点的磁场近似为均匀磁场，即当所需均匀磁场不太强时，亥姆霍兹线圈能够提供范围较大而又相当均匀的磁场。

实验 7.7　用迈克尔逊干涉仪实现白光干涉

实验目的

了解迈克尔逊干涉仪实现白光干涉的工作原理。

实验要求

在光学平台上自行设计用迈克尔逊干涉仪实现白光干涉的光路，调出白光的干涉图样。

实验仪器

迈克尔逊干涉仪、多光束扩束激光源、白光光源。

实验提示

参考迈克尔逊干涉实验。

白光不是相干光，实现干涉的关键是使两路光的光程相等。

实验 7.8　用迈克尔逊干涉仪测量空气折射率

实验目的

了解迈克尔逊干涉仪测量空气折射率的工作原理。

实验要求

(1)利用迈克尔逊干涉仪测量气体折射率,设计实验并完成测量。

(2)验证空气折射率与气体压强的关系。

实验仪器

迈克尔逊干涉仪、NHL-55700 型多光束扩束激光源、气室(带充气装置与气压表)。

实验提示

参考实验 5.9 迈克尔逊干涉仪的调节及作用。

实验说明

在 $t=15$ ℃,压强 p 为 760 mmHg(1 mmHg = 133.322 pa)时,空气对真空中波长为 0.633 μm 的光的折射率 $ns=1.000\ 276\ 52$。它与真空折射率之差为 $(n-1)s=2.675\ 2\times10^{-4}$,这个折射率差用一般方法很难测出,使用干涉法可以很方便地测量且准确度很高。

通常,在温度处于 15 ~ 30 ℃范围时,空气折射率可用下式计算:

$$n-1=\frac{2.8793p}{1+0.003\ 671t}\times10^{-9}$$

式中,温度 t 的单位为℃;压强 p 的单位为 Pa。可见,在一定温度下,$(n-1)t$,p 可以看成是压强 p 的线性函数,即 $(n-1)t=kp$,从而有

$$[(n_2-1)_t-(n_1-1)_t]=(n_2-n_1)_t=k(p_2-p_1)$$

测出空气压强从 p_1 变到 p_2 时干涉仪上干涉条纹的移动量 $\Delta n=n_1-n_2$,就可得出比例系数 K 值 ($d(n_2-n_1)_t=\Delta N\dfrac{\lambda}{2}$,$d$ 是气室长度,λ_0 是光的真空波长)。取 $p_1=0$,则 $n_1=1$,有

$$n-1=kp=\frac{n_2-n_1}{p_2-p_1}=\frac{\Delta N}{p_2-p_1}\cdot\frac{\lambda_0}{2d}p$$

思考讨论

(1)光路调整的要求是什么?

(2)说明迈克尔逊干涉仪光路调整的要领。

(3)能否测量眼镜片的折射率?如何进行测量?

实验 7.9 用分光仪测量三棱镜折射率

折射率是描写介质材料光学性质的重要参量。通过它,能了解材料的纯度、浓度、透光性、色散等性能。

实验目的

(1)了解分光仪的基本结构和工作原理。

（2）掌握最小偏向角法测定三棱镜玻璃对绿光的折射率的基本思想。

实验要求

使用分光仪，采用最小偏向角法，测定三棱镜玻璃对绿光（波长为546.07 nm）的折射率。

实验仪器

分光仪、光学平面镜、三棱镜、汞灯。

实验提示

（1）调节分光仪的注意事项见实验4.4分光仪的调节和三棱镜顶角测定。

（2）调节好分光仪和三棱镜以后，在整个实验过程当中都不能移动三棱镜在载物平台上的位置。

（3）找最小偏向位置时应该细心，找到的应确实是那个“临界”位置，即不管平台往哪个方向做一些转动，谱线都往回走。

实验习题

（1）简要推导公式。

（2）如果三棱镜的质料不变，顶角变大（或变小），用同样的光源测量，其折射率及最小偏向角有无变化？如何变化？

（3）如果三棱镜的顶角不变，质料变化，用同样的光源测量，其折射率及最小偏向角有无变化？如何变化？

实验7.10　使用光栅测量光波波长

实验目的

（1）熟悉分光仪的调节和使用方法。

（2）观察光栅衍射光谱，测量汞灯谱线波长。

实验要求

使用分光仪和已知光栅常数的透射光栅，自行设计实验方案和数据记录表格，测量汞灯的某两条谱线对应单色光的波长。

实验仪器

分光仪、全息透射光栅、汞灯。

实验提示

衍射光栅是根据多缝衍射原理制成的光学元件。透射光栅是用金刚石刻刀,在光学玻璃片上刻有许多等距离、等宽度的刻痕制成的。而反射光栅则把刻缝刻在磨光的硬质合金上。本实验采用的是全息透射光栅,它是由透射光栅原片用全息照相方法复制而成的。光栅上相邻的两刻痕间距离称为光栅常数,用 d 表示。

本实验用分光计对已知波长的绿色光谱线进行观察,按光栅公式算出光栅常数 d,然后分别对紫光和黄光进行观察,测出相应的衍射角 ϕ_1,连同求出的光栅常数 d,代入公式(7-10-1),算出该明纹所对应的单色光的波长。

设一束平行单色光垂直照射在光栅上,如图 7-10-1 所示。由于衍射,透过各狭缝的光将向各方向传播,经过透镜会聚在焦平面上而发生干涉,形成被暗区隔开的不同间距的亮线,称为衍射光谱线。根据夫琅禾费衍射理论,衍射角 ϕ 满足条件

$$d\sin\phi = k\lambda, k = 0, \pm 1, \pm 2, \cdots \tag{7-10-1}$$

时光会聚加强,形成亮条纹。其中 λ 为光波波长,k 为光谱级数。在 $\phi=0$ 方向上观察到中央极强,称为零级谱线。其他级数的谱线对称分布在零级谱线两侧。如果光源中包含几种不同的波长,则除中央明条纹以外,在同一级谱线对不同波长又将有不同衍射角 ϕ,从而在不同地方形成色光线,称为光谱。因此,若光栅常数 d 为已知,在实验中测定了某谱线的衍射角 ϕ 和对应的光谱级数 k,就可由式(7-10-1)求出该谱线的波长 λ。反之,如果 λ 已知,则可求出光栅常数 d。

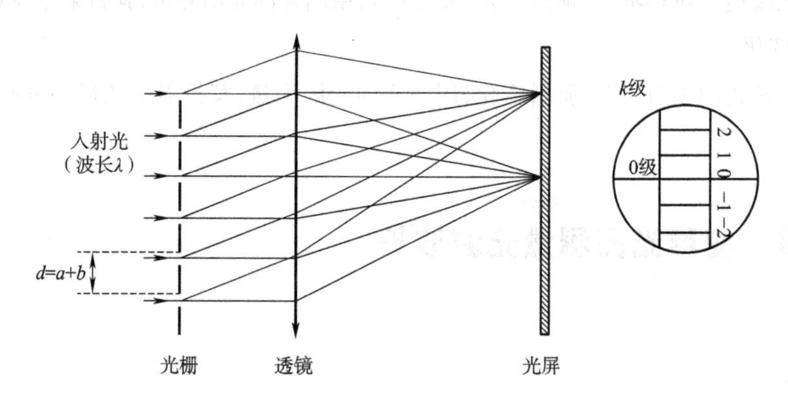

图 7-10-1 光栅衍射光路图

除了用光栅常数 d 描述光栅的特性外,光栅的分辨本领和色散率也是描述光栅的两个重要参数。“分辨本领”R 定义为两条刚可被分开的谱线的波长差 $\Delta\lambda$ 除该波长 λ,即

$$R = \frac{\lambda}{\Delta\lambda} \tag{7-10-2}$$

按照瑞利条件,所谓两条刚能被分开谱线可规定为:其中一条谱线的极强应落在另一条谱线的极弱上,由此条件可推知,光栅的分辨本领

$$R = kN \tag{7-10-3}$$

式中,N 是光栅受到光波照射的光缝总数,若受照面的宽度为 l,则 $N = l/d$(本实验的 l 取为平行光管

的通光孔径，$l=22$ mm）。

"角色散率"D 定义为两条谱线偏向角之差$\Delta\phi$ 与其波长差$\Delta\lambda$之比

$$D=\frac{\Delta\phi}{\Delta\lambda} \tag{7-10-4}$$

两边微分得

$$D=\frac{\Delta\phi}{\Delta\lambda}=\frac{k}{d\cos\phi} \tag{7-10-5}$$

分光仪的操作，请参阅实验 4.4 分光仪的调节和三棱镜顶角测定。

思考讨论

（1）用式(7-10-1)测 d 时，要满足什么条件？在实验中，应根据什么现象来检查这些条件已经具备？

（2）三棱镜的分辨本领 $R=b\dfrac{\mathrm{d}n}{\mathrm{d}\lambda}$，$b$ 是三棱镜底边边长，一般三棱镜$\dfrac{\mathrm{d}n}{\mathrm{d}\lambda}$约为 1 000 cm。问边长多长的三棱镜才能和本实验用的光栅具有相同的分辨本领？

（3）设光栅平面及刻缝已调至与仪器转轴平行，试估算若平行光管与光栅面不垂直（相差 2°）时对所测波长的影响。

（4）光栅放置在载物平台上时，刻痕面是否一定要与仪器的转轴共面？

实验 7.11　用分光仪测量光栅常数

实验目的

（1）熟悉分光仪的测量原理及调节方法。

（2）学会使用分光仪和光栅测定光栅常数。

实验要求

（1）自行设计测量透射光栅常数的实验方案。

（2）熟练应用分光仪调整技术。

实验仪器

分光仪、全息透射光栅、汞灯。

实验说明

请参阅实验 4.4 分光仪的调节和三棱镜顶角测定和实验 7.9 用分光仪测量三棱镜折射率。

实验 7.12　时差法测定声速

实验目的

(1)复习并熟练掌握示波器的使用方法。

(2)学会使用时差法测定空气或水中的声速。

实验要求

(1)应用时差法测定空气或水中的声速。

(2)熟练应用示波器进行时差测定。

(3)熟练使用作图法或最小二乘法处理实验数据。

实验仪器

声速测定实验仪、双踪示波器。

实验说明

时差法测定声速即测出声波传播距离 S 和所需时间 t,利用 $v=S/t$ 算出声速。实验装置与接线方式同声速测定实验。以脉冲调制正弦波信号输入到发射器 S_1,使其发出脉冲声波,经时间 t 后到达距离 L 处的接收器。接收器接收到脉冲信号后,能量逐渐积累,振幅逐渐加大,脉冲信号过后,接收器做衰减振荡,如图 7-12-1 所示。t 可通过双踪示波器测出。

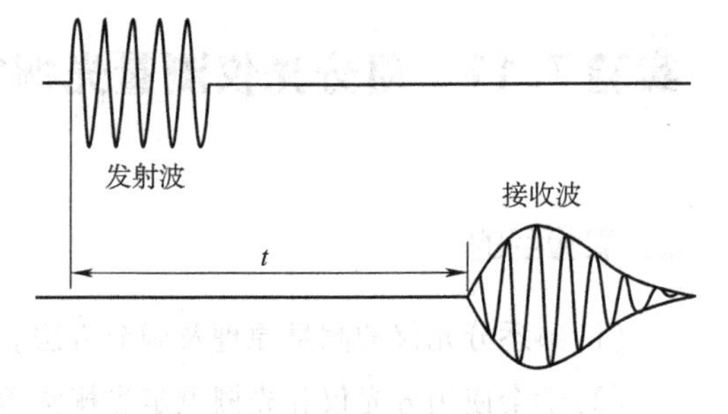

图 7-12-1　时差法测量示意图

实验首先要进行谐振频率的调节,并保持在实验过程中不改变信号频率,调节方式参考实验 5.2 声速测量。

信号源选择脉冲波工作方式,将发射器与接收器距离调整为 3 cm 左右,作为第一个测量点。按数字有标尺的归零键,使该点位置为相对零点,并测量时差。摇动手柄使接收器远离发射器,每隔 20 mm 记录一次位置和时差读数,共测定八个点。利用作图法或最小二乘法计算出声速。

实验 7.13　用平衡电桥测量铜电阻温度特性

实验目的

(1)掌握直流平衡电桥的工作原理。

(2)掌握直流平衡电桥的使用方法。

(3)掌握控制动态平衡的实验技巧。

实验要求

(1)自行设计用平衡电桥测量铜电阻阻值的电路,并画出简图。

(2)写出有关测量计算公式。

(3)设计数据记录表格记录铜电阻在不同温度下的阻值。

(4)根据数据画出铜电阻的温度特性曲线并分析其温度特性。

实验仪器

DHQJ-1 型非平衡电桥、导线若干、DHW-1 型温度传感实验装置(铜电阻、热敏电阻)。

实验提示

请参阅实验 5.4 直流非平衡电桥的应用。

实验 7.14　用双臂电桥测金属棒的电阻率

实验目的

(1)了解双臂电桥的工作原理。

(2)理解电桥灵敏度的概念并学会测量。

实验要求

在箱式电桥中搭建双臂电桥,测量铜棒在 100 mm、200 mm 和 400 mm 长度下的电阻,从而得出铜棒的电阻率,不要求不确定度的计算。

实验仪器

箱式单/双臂两用电桥、四端铜电阻、导线等。

实验原理

双臂电桥的设计克服了附加电阻对结果的影响,能够测量 $1\sim10^{-5}\,\Omega$ 的低值电阻。其原理如图 7-14-1 所示。

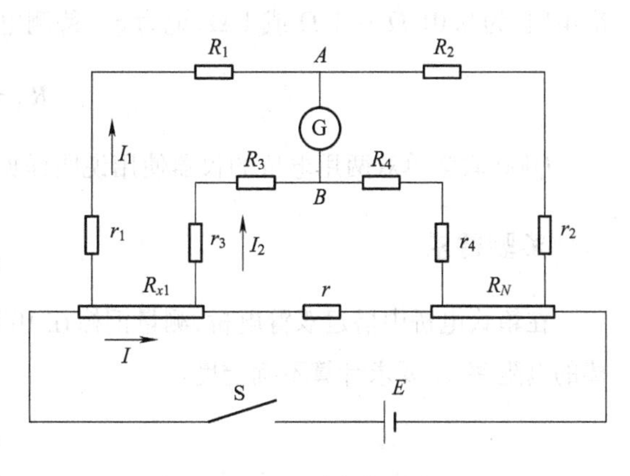

图 7-14-1　双臂电桥原理图

r_1、r_2、r_3、r_4、r 即代表各段线路的附加电阻$(10^{-3}\sim10^{-5}\,\Omega)$,因 R_3、R_4的引入,形成双桥,故称

双臂电桥，调整 R_1、R_2、R_3、R_4，使检流计中无电流通过，称电桥平衡，这时 A、B 两点电位相等。此时通过 R_1 和 R_2 的电流相等，记作 I_1，通过 R_3 和 R_4 的电流相等，记作 I_2，通过 R_{x1} 和 R_N 的电流记作 I，这时由基尔霍夫定律有

$$\begin{aligned} IR_{x1}+I_2r_3+I_2R_3&=I_1r_1+I_1R_1\\ IR_N+I_2r_4+I_2R_4&=I_1r_2+I_1R_2\\ (I-I_2)r&=I_2(R_3+R_4+r_3+r_4)\end{aligned} \tag{7-14-1}$$

如果满足 $r_1 \ll R_1, r_2 \ll R_2, r_3 \ll R_3, r_4 \ll R_4, I_1 \ll I, I_2 \ll I$，则有

$$\begin{cases} IR_{x1}=I_1R_1-I_2R_3\\ IR_N=I_1R_2-I_2R_4\\ I_2(R_3+R_4)=(I-I_2)r\end{cases} \tag{7-14-2}$$

因 R_1、R_2、R_3、R_4 一般均在数百欧，附加电阻均在 0.1 Ω 左右。上述条件实际中是容易满足的，由式(7-14-2)可得

$$R_{x1}=\frac{R_1}{R_2}R_N+\frac{rR_4}{r+R_3+R_4}\left(\frac{R_1}{R_2}-\frac{R_3}{R_4}\right) \tag{7-14-3}$$

由式(7-14-3)可以看出，双臂电桥的平衡条件与单臂电桥的平衡条件差别在于多了第二项。但当满足

$$\frac{R_1}{R_2}=\frac{R_3}{R_4} \tag{7-14-4}$$

时，第二项为零，有

$$R_{x1}=\frac{R_1}{R_2}R_N \tag{7-14-5}$$

制作双臂电桥时，已保证了式(7-14-4)的成立。将被测电阻 R_{x1} 和标准电阻 R_N 按照四端接线法连接，其接线电阻和接线端钮的接触电阻都包括在电阻 r 的支路内，它们对结果的贡献由于式(7-14-4)的成立而为零。这就是设置双臂 R_3、R_4 的目的。

本次实验使用 QJ60 教学单双两用电桥，其双臂电桥装置将 R_2、R_4 联动，使 $R_2/R_4=100\ \Omega/100\ \Omega$ 或 $1\ 000\ \Omega/1\ 000\ \Omega$，记为 $M=100\ \Omega$ 或 $1\ 000\ \Omega$；R_1、R_3 联动，为标准可调电阻，记为 R_0；R_N 为一个低值标准电阻，为 0.01 Ω、0.1 Ω 或 1 Ω，记为 S。待测电阻值为

$$R_{x1}=\frac{R_0}{M}S \tag{7-14-6}$$

QJ60 教学单双两用电桥的仪器使用说明详见本书第 9 章。

实验要求

在箱式电桥中搭建双臂电桥，测量铜棒在 100 mm、200 mm、400 mm 长度下的电阻，从而得出铜棒的电阻率，不要求计算不确定度。

第 8 章
设计性实验Ⅱ

本章承接第 7 章，提供如下设计性试验：金属材料的导热系数测量、传感器实验、光学实验平台上的实验、三线摆实验、偏振光的起偏和检偏、RC 串联电路暂态过程研究、温度的测量与报警、助听器的设计与制作、红外防盗报警器的设计与制作、水位自动控制系统的设计。这些设计性实验涵盖了力、热、声、光、电等多个物理学领域，有利于提高学生综合运用所学知识、原理、技能的能力，有利于拓展学生视角，提升学生创新能力。

实验 8.1　金属材料的导热系数测量

实验目的

用稳态平板法测定金属材料导热系数。

实验仪器

导热系数测定仪（含实验装置、数字电压表、数字秒表）、杜瓦瓶、铝样品。

实验内容

用稳态平板法测定金属材料导热系数并描绘 $T—\lambda$ 曲线。

实验原理

实验原理请参阅实验 5.10 稳态法测量不良导体的导热系数。

金属材料导热系数大，不同于绝热材料，主要需要解决两个问题：

(1)材料上下表面需要有足够大的温差，所以，材料厚度 h 必须足够大，本实验采用 h 约 10 cm。

(2)材料侧面的散热已不能忽略，故采用保温材料包裹侧面，阻止散热。

请参照实验 5.10 稳态法测量不良导体的导热系数，列出 λ 的计算公式。

实验要求

应用自动控温装置，测量 50 ℃、55 ℃、60 ℃、65 ℃、70 ℃的导热系数，并绘出 $T—\lambda$ 曲线。

自行设计实验步骤、数据记录表格，需要分析实验的系统误差，不要求不确定度计算。

实验 8.2　传感器实验：光纤传感器测量静态位移

实验目的

了解光纤位移传感器的原理结构、性能。

实验仪器

主副电源、差分放大器、F/V 表、光纤传感器、振动台。

实验步骤

(1)观察光纤位移传感器结构，它由两束光纤混合后，组成 Y 形光纤，探头固定在 Z 形安装架上，外表为螺钉的端面为半圆分布。

(2)了解振动台在实验仪上的位置。(实验仪台面上右边的圆盘，在振动台上贴有反射纸作为光的反射面)

(3)如图 8-2-1 接线。因光/电转换器内部已安装好，所以可将电信号直接经差分放大器放大。F/V 表的切换开关置 2 V 挡，开启主、副电源。

(4)旋转测微头，使光纤探头与振动台面接触，调节差分放大器增益最大，调节差分放大器零位旋钮使电压表读数尽量为零，旋转测微头使贴有反射纸的被测体慢慢离开探头，观察电压读数由小—大—小的变化。

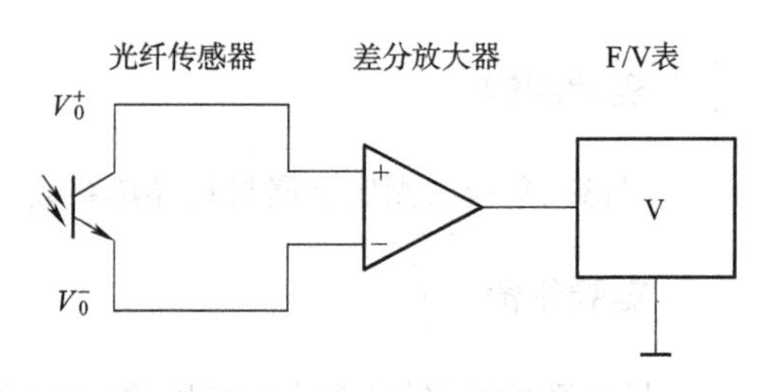

图 8-2-1　实验装置连接图

(5)旋转测微头使 F/V 电压表指示重新回零；旋转测微头，每隔 0.05 mm 读出电压表的读数，自拟表格填入数据。

(6)关闭主、副电源，把所有旋钮复原到初始位置。

(7)作出 $V—\Delta X$ 曲线，计算灵敏度 $S=\Delta V/\Delta X$ 及线性范围。

实验 8.3　传感器实验：光纤传感器测量振动(998 型)

实验目的

了解光纤位移传感器的动态应用。

实验仪器

主、副电源，差分放大器，光纤位移传感器，低通滤波器，振动台，低频振荡器，激振线圈，示波器。

实验步骤

(1)了解激振线圈在实验仪上所在位置及激振线圈的符号。

(2)在实验 8.2 中的电路中接入低通滤波器和示波器，按图 8-3-1 接线。

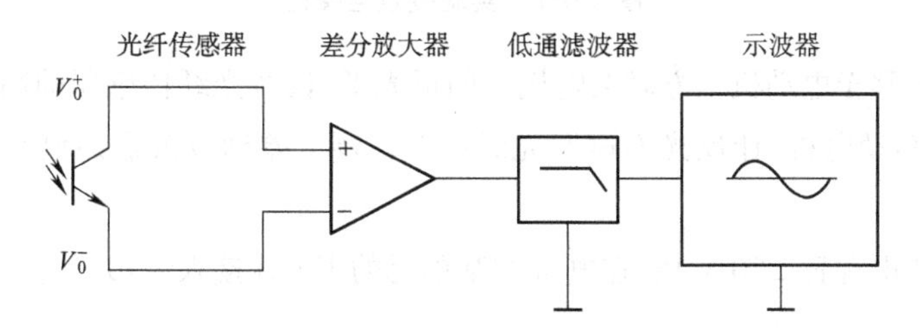

图 8-3-1　实验装置连接图

(3)将测微头与振动台面脱离，测微头远离振动台。将光纤探头与振动台反射纸的距离调整在光纤传感器工作点正好在线性区的中点上(利用静态特性实验中得到的特性曲线，选择线性中点的距离工作点，目测振动台的反射纸与光纤探头端面之间的相对距离即线性区 ΔX 的中点)。

(4)将低频振荡信号接入振动台的激振线圈上，开启主、副电源，调节低频振荡器的频率与幅度旋钮，使振动台振动且振动幅度适中。

(5)保持低频振荡器输出的 $V_{p\text{-}p}$ 幅值不变，改变低频振荡器的频率(用示波器观察低频振荡器输出的 $V_{p\text{-}p}$ 值为一定值，在改变频率的同时如幅值发生变化则调整幅度旋钮；值 $V_{p\text{-}p}$ 相同)，将频率和示波器上所测的峰-峰值(此时的峰-峰值 $V_{p\text{-}p}$ 是指经低通后的 $V_{p\text{-}p}$)填入自拟表格，并作出幅频特性曲线。

(6)关闭主、副电源，把所有旋钮复原到原始最小位置。

实验 8.4　传感器实验：光纤传感器测量转速

实验目的

了解光纤位移传感器的原理、结构和性能。

实验仪器

差分放大器，小电动机，F/V 表，光纤位移传感器，直流稳动电源，主、副电源，示波器。

实验步骤

(1)熟悉电动机控制。

(2)按图8-4-1接线,将差动放大器的增益置最大,F/V表的切换开关置2 V,开启主、副电源。

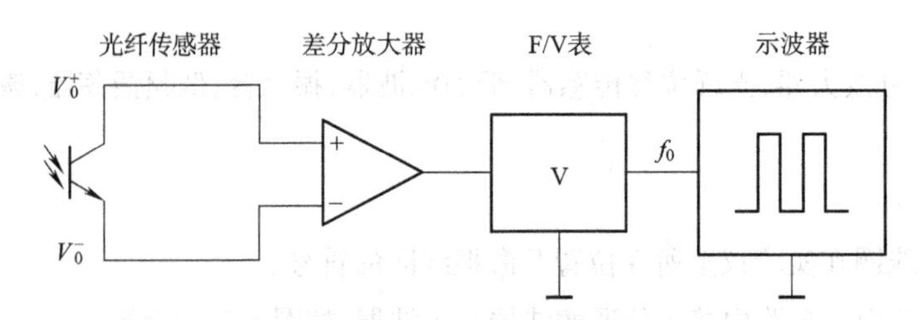

图8-4-1　实验装置连接图

(3)将光纤探头移至电动机上方对准电机上的反光纸,调节光纤传感器的高度,使F/V表显示最大。再用手稍微转动电机,让反光面避开光纤探头。调节差动放大器的调零,使F/V表显示接近零。

(4)将直流稳压电源置±10 V挡,在电机控制单元的$V+$处接入+10 V电压,调节转速旋钮使电机运转。

(5)F/V表置2 K挡显示频率,用示波器观察F_0输出端的转速脉冲信号。($V_{p\text{-}p}=4$ V)

(6)根据脉冲信号的频率及电机上反光片的数目换算出此时的电机转速。

(7)实验完毕关闭主、副电源,拆除接线,把所有旋钮复原。

实验8.5　光学实验平台上的实验

光学既是物理学中最古老的一门基础学科,又是当前科学领域中最活跃的前沿阵地之一。经典光学主要分为两部分:几何光学和波动光学。几何光学以光的直线传播为基础,研究光的传播和成像规律。波动光学以光的波动理论为基础,研究内容包括光的干涉、光的衍射、光的偏振等。利用几何光学和波动光学可以成功地解释大部分的光学现象和光学效应。

自20世纪60年代起,特别是在激光问世以后,由于光学与许多科学技术领域紧密结合、相互渗透,一度沉寂的光学又以空前的规模和速度飞速发展。将数学中的傅里叶变换(频谱分析)和通信中的线性系统理论引入光学,形成现代光学的一个重要分支—傅里叶光学(又称信息光学)。

实验目的

(1)熟悉光学平台各组件的使用,会进行组件的组合。

(2)设计完成相应的几何光学、波动光学或信息光学的实验项目。

实验仪器

光学实验平台由光学实验平台主体、多维调整架、光源、光学组件组成,如图8-5-1所示。

光学实验平台采用双层减震装置,且平台面板为不锈钢材料。磁性底座(见图8-5-2)将所用光学器件牢固地固定在减震平台上,这样有效地降低了震动等因素对光学实验产生的影响。该光学实验平台附带64种组件,共计约90余件(详见表8-5-1)。

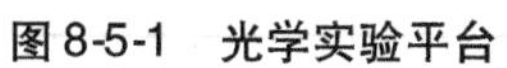

图 8-5-1　光学实验平台

图 8-5-2　各种底座(带磁性开关)

表 8-5-1　光学平台附带组件功能一览表

名　　称	数量	备注	名　　称	数量	备注
三维平移底座	2		分束器(ϕ30 × 4)	2	7：3,5：5
二维平移底座	3		反射光栅(1200 L/mm)	1	30 × 30
升降调整座	3		透射光栅(20 L/mm)	1	
通用底座	6		正交光栅(50 L/mm)	1	
可变口径二维架	1		偏振片	2	
x 轴旋转二维架	2		半波片(λ = 632.8 nm)	1	
二维架	4		1/4 波片(λ = 632.8 nm)	1	
光栅转台	1		三棱镜(60°)	1	
小二维台	1		微尺分划板(1/5 mm、1/10 mm)	各 1	
干板架	2		毫米尺(l = 30 mm)	1	带毛玻璃
三维调节架	1		带支座标尺(l = 1 m)	1	落地式
二维干板架	1		双棱镜	1	
光源二维架	1		菲涅耳双镜	1	
载物台	1		劳埃德镜	1	
测节器(节点架)	1		正像(保罗)棱镜	1 套	
多孔架	1		球面镜(f = 500 mm)	1	
单面可调狭缝	2		读数显微镜	1	
测微目镜架	1		牛顿环套件	1 套	
牛顿环直立支架	1		多缝板(2、3、4、5 缝)	1	
双棱镜调节架	1		网格字	1	
小弹簧夹支架	1		可调圆孔光阑	1	
白屏	1		频谱滤波器	1 套	2 种
物屏	1		θ 调制板	1	
光学测角台	1		冰洲石及转动架	1	

续表

名　称	数量	备注	名　称	数量	备注
透镜(f =4.5 mm、6.2 mm、15 mm)	各1	扩束器	白光源(6 V,15 W)	1套	
目镜(f=29 mm)	1		平面镜(ϕ36×4)	2	
透镜(f =45 mm、50 mm、70 mm、150 mm、190 mm、225 mm、300 mm、-60 mm)	各1		小物体	1	全息照相用
幻灯片	1		汞灯(20 W)	1套	
白板(70 mm×50 mm)	1		钠灯(20 W)	1套	
全息干板	1盒		氦氖激光器(1.5~2 mW)及架	1套	
45°玻璃架	1套		气室、血压表和橡胶球	1套	
小照明灯(DC 3 V)	1	显微镜实验用	光功率计	1套	测光强

实验内容

光学实验平台是一个开放性的平台,可以根据实验要求,选择合适的组件,设计并完成相应的实验内容。表8-5-2中列出在此平台上可以完成的实验项目达26项,涵盖了几何光学、波动光学和信息光学比较重要的基础课题,大部分有测量要求,少部分限于观察现象。各实验所需学时长短不一,可按教学要求搭配实验内容,组织实验课教学。

表8-5-2　可进行的实验内容列表

分类	项目名称	主要组件
几何光学实验	用自准法则薄凸透镜焦距	溴钨灯、物屏、凸透镜 L (f' =190 mm)、 平面镜
	二次成像法测凸透镜焦距	溴钨灯、物屏、凸透镜 L(f' =190 mm)、白屏
	由物象放大率测目镜焦距	溴钨灯、微尺分划板 M(1/10 mm)、双棱镜架、待测目镜(f'_e =29 mm)、测微目镜
	自组显微镜	小照明光源、干板架、微尺 M_1(1/10 mm)、物镜(f'_0 = 45 mm)、、目镜(f'_e = 29 mm)、45°玻璃架、1　毫米尺 M_2(l=30 mm)、白光源
	自组望远镜	标尺、物镜(f'_0=225 mm)、目镜(f'_e =45 mm)
	自组投影仪	溴钨灯、聚光透镜(f'_1=50 mm)、幻灯片、干板架、放映物镜(f'_0=190 mm)、白屏
	透镜组节点和焦距的测定	溴钨灯、毫米尺、双棱镜架、物镜(f'_0 = 190 mm)、透镜组(f'_1 = 300 mm;f'_2 = 190 mm)、测节器(节点架)、平面镜
	自组带正像棱镜的望远镜	标尺、物镜(f'_0=225 mm)、正像棱镜(保罗棱镜系统)、目镜(f'_e=45 mm)
波动光学实验	杨氏双缝实验	钠灯、透镜(f' =50 mm)、可调狭缝、透镜架(加光阑)、透镜(f=150 mm)、双棱镜调节架、双缝、延伸架
	菲涅耳双棱镜干涉	钠灯、透镜(f' =50 mm)、可调狭缝、双棱镜、双棱镜架、测微目镜、凸透镜(f' = 190 mm)
	菲涅耳双镜干涉	钠灯、透镜(f' =50 mm)、可调狭缝、菲涅耳双镜及镜架、测微目镜
	劳埃德镜干涉	钠灯、透镜 (f' =50 mm)、可调狭缝、劳埃德镜及干板架、测微目镜
	牛顿环	牛顿环组件、半透半反玻璃(分束器)、显微镜、干板架、钠灯
	夫琅禾费单缝衍射	钠灯、狭缝、透镜(f' =150 mm)、透镜 (f' =300 mm)、测微目镜

续表

分类	项目名称	主要组件
波动光学实验	夫琅禾费圆孔衍射	钠灯、小孔、衍射孔(ϕ0.2－0.5 mm,多孔架)、透镜 (f' =70 mm)、测微目镜
	菲涅耳单缝衍射	激光器架、He-Ne 激光器、扩束器(f' = 4.5 mm)、可调狭缝、白屏
	菲涅耳圆孔衍射	He-Ne 激光器、扩束器(f' = 4.5 mm)、圆孔板(ϕ1.5 mm)、白屏
	菲涅耳直边衍射	He-Ne 激光器、扩束器(f' =4.5 mm)、刀片、白屏
	偏振光的产生和检验	白光源、黑玻璃镜、凸透镜(f' =150 mm)、偏振片、X 轴旋转二维架、可调狭缝、升降调节座、光学测角台、钠灯、氦氖激光器、1/4 波片及架、冰洲石
	光栅衍射	汞灯、透镜(f' =50 mm、190 mm)、可调狭缝、光栅(d =1/20 mm)、透镜(f' = 225 mm)测微目镜
	光栅单色仪	汞灯、透镜 (f' = 50 mm)、入射狭缝 、平面镜、自准球面镜 (f' = 500 mm 或 302 mm)、光栅转台、平面闪耀光栅 G(1 200 条/mm)、出射狭缝
	干涉法测定空气折射率	He-Ne 激光器、扩束器、分束器、白屏、干板架、气室、平面镜
信息光学实验	全息照相	He-Ne 激光器、分束器、干板架、平面镜、扩束器(f' =4.5 mm)、全息干板、拍摄物体、载物台、扩束器(f' = 4.5 mm)
	制作全息光栅	He-Ne 激光器、扩束器(f' = 4.5 mm)、准直透镜(f' =225 mm)、分束器、全息干板、平面镜
	阿贝成像原理和空间滤波	He-Ne 激光器、扩束器(f' = 6.2 或 15 mm)、准直透镜(f' = 190 mm)、光栅(20 L/mm)、变换透镜(f' =225 mm)
	θ 调制	溴钨灯、准直透镜(f' =190 mm)、θ 调制板、变换透镜 L_2(f' =150 mm)、不透明硬纸板、白屏

注意事项

(1)光学器件易损易污,且十分精密,要严格按照光学器件使用规范操作。

(2)要严格按照使用条件进行操作,如全息照相需要无振动、暗环境等条件。

实验 8.6　三线摆实验

实验目的

(1)学会用三线摆测定物体圆环的转动惯量。

(2)学会用秒表测量周期运动的周期。

(3)验证转动惯量的平行轴定理。

实验仪器

三线摆、米尺、游标卡尺、电子天平、待测物体和秒表。

实验原理

根据能量守恒定律和刚体转动定律可导出物体绕中心轴 OO'的转动惯量为

$$I_0 = \frac{m_0 gRr}{4\pi^2 H_0} T_0^2$$

将待测物放入圆盘,同理可求得待测刚体和下圆盘对中心转轴 OO' 轴的总转动惯量为

$$I_1 = \frac{(m_0 + m)gRr}{4\pi^2 H} T_1^2$$

如果不计因质量变化而引起的悬线伸长,则有 $H \approx H_0$。那么,待测物体绕中心轴 OO' 的转动惯量为

$$I = I_1 - I_0 = \frac{gRr}{4\pi^2 H}[(m + m_0)T_1^2 - m_0 T_0]$$

因此,通过长度、质量和时间的测量,便可求出刚体绕某轴的转动惯量。

用三线摆还可验证平行轴定理。若质量为 m 的物体绕过其质心轴的转动惯量为 I_c,当转轴平行移动的距离 x 时,则此物体对新轴 OO' 的转动惯量为 $I_{OO'} = I_c + mx^2$。这一结论称为转动惯量的平行轴定理。

实验时将质量均为 m',形状和质量分布完全相同的两个圆柱体对称地放置在下圆盘上。按同样的方法,测出两小圆柱体和下盘绕中心轴 OO' 的转动周期 T_x,则可求出每个圆柱体对中心转轴 OO' 的转动惯量

$$I_x = \frac{1}{2}\left[\frac{(m_0 + 2m')gRr}{4\pi^2 H} T_x^2 - I_0\right]$$

如果测出小圆柱中心与下圆盘中心的距离 x 以及小圆柱体的半径 R_x,则由平行轴定理可求得

$$I'_x = m'x^2 + \frac{1}{2}m'R_x^2$$

比较 I_x 与 I'_x 的大小,可验证平行轴定理。

实验内容

(1)用三线摆测定圆环对通过其质心且垂直于环面轴的转动惯量。

(2)实验步骤:

①调整底座水平。

②调整下盘水平。

③测量空盘绕中心轴 OO' 转动的运动周期 T_0。

④测量待测圆环与下盘共同转动的周期 T_1。

(3)用三线摆验证平行轴定理。

(4)其他物理量的测量。

①用米尺测出上下圆盘三悬点之间的距离 a 和 b,然后算出悬点到中心的距离 r 和 R(等边三角形外接圆半径)。

②用米尺测出两圆盘之间的垂直距离 H_0;用游标卡尺测出待测圆环的内外直径 $2R_1$ 和 $2R_2$ 和小圆柱体的直径 $2R_x$。

③记录各刚体的质量。

思考讨论

(1)三线摆法测刚体的转动惯量时两圆盘为什么要水平?

(2)在测量过程中,如下盘出现晃动,对周期测量有影响吗?

(3)三线摆放上待测物后,其摆动周期是否一定比空盘的转动周期大?

(4)测量圆环的转动惯量时,若圆环的转轴与下盘的转轴不重合,对实验结果有何影响?

(5)如何用三线摆测定任意形状的物体绕某轴的转动惯量?

(6)三线摆在空气中受空气阻尼,振幅越来越小,它的周期是否会变化?对测量结果影响大吗?为什么?

实验8.7 偏振光的起偏和检偏

实验目的

(1)掌握偏振光的产生原理及检验方法。

(2)学会自己设计实验方案、搭设实验光路,独立完成实验过程。

实验仪器

偏振光实验光具座、光源、凸透镜、凹透镜、偏振光镜、反射镜、玻璃堆、方解石晶体。

实验要求

要求自组光路,利用所提供的各种仪器进行起偏并进行检偏。

列表阐述实验现象及规律。

注意事项

遵守光学实验的规则。

实验内容

参照实验5.12偏振光实验。

实验8.8 RC串联电路暂态过程研究

电阻、电容是电路的基本元件,在RC电路中,接通和断开直流电源时,由于电容两端电压不能突变,在接通和断开电源的一段时间内,存在着电容的充放和电过程,电路从一个状态过渡到另外一个状态,即从一种平衡状态过渡到另一种平衡状态,中间的过渡过程(充电和放电)称为暂态过程。

研究暂态过程,可以控制和利用暂态现象。RC 电路的暂态特性在电子电路中有许多用途,它有隔直作用、耦合作用、积分作用、微分作用、延迟作用等。

本实验主要对 RC 串联电路暂态过程的电压、电流变化规律进行研究。

实验目的

(1)通过对 RC 串联电路暂态过程的研究,加深对电容充放电规律的理解。

(2)理解 RC 串联电路的定时作用。

(3)学习使用数字示波器。

实验仪器

数字示波器、电阻、电容、信号发生器、电源、九孔板连电路等。

实验要求

(1)理解 RC 充放电相关理论知识。

(2)通过测量电容两端的充放电电压与时间的关系,作出 RC 串联电路的充放电特性曲线 $U_C(t)$ 或 $U_R(t)$。

(3)在示波器上观察 RC 串联电路的充放电特性曲线。

(4)制订详细实验计划(具体实验步骤),做好实验准备工作(包括预习报告、数据记录表格等)。

实验原理

1. RC 电路的充、放电过程

如图 8-8-1 所示,当开关 S 接通 1 时,电源通过电阻 R 对电容 C 充电;接通 2 时,C 通过 R 放电。理论可以证明,不论充电还是放电过程,各物理量都是按照指数规律进行的,变化快慢由时间常数 RC 乘积决定。RC 乘积具有时间量纲,因此 RC 电路常用作定时元件。

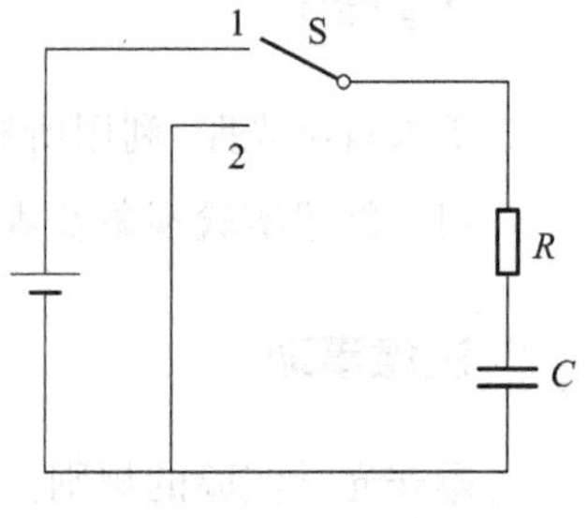

1 S 2 R C

图 8-8-1 RC 串联电路充、放电电路

当开关 S 接通 1 时,电阻和电容上的电压可由下式求出:

$$Ri + \frac{q}{C} = U \tag{8-8-1}$$

式中,U 为电源电压;q 为 t 时电容器存储的电荷量;$i = \frac{\mathrm{d}q}{\mathrm{d}t}$,则

$$R\frac{\mathrm{d}q}{\mathrm{d}t} + \frac{q}{C} = U$$

上述方程的初始条件是:$t = 0$ 时,$q(0) = 0$,则上述方程的解是

$$q(t) = Q(1 - \mathrm{e}^{-t/\tau}) \tag{8-8-2}$$

式中,$\tau = RC$ 为 RC 串联电路的时间常数,单位为秒,是表征暂态过程进行快慢的一个重要物理量;Q 为电容器的端电压为 U 时所存储的电荷量的大小。电阻和电容两端的电压、电流与时间的关系为

$$U_C(t)=\frac{q}{C}=U(1-e^{-t/\tau}) \quad (8\text{-}8\text{-}3a)$$

$$U_R(t)=R\frac{dq}{dt}=Ue^{-t/\tau} \quad (8\text{-}8\text{-}3b)$$

$$i=\frac{U}{R}e^{-t/\tau} \quad (8\text{-}8\text{-}3c)$$

当开关 S 接通 2 时,电容 C 通过电阻 R 放电,回路方程为

$$R\frac{dq}{dt}+\frac{q}{C}=0 \quad (8\text{-}8\text{-}4)$$

初始条件是 $q(0)=Q=UC$。则方程(8-8-4)的解是

$$q(t)=Qe^{-t/\tau} \quad (8\text{-}8\text{-}5)$$

电阻和电容两端的电压、电流与时间的关系为

$$U_C(t)=Ue^{-t/\tau} \quad (8\text{-}8\text{-}6a)$$

$$U_R(t)=-Ue^{-t/\tau} \quad (8\text{-}8\text{-}6b)$$

$$i=-\frac{U}{R}e^{-t/\tau} \quad (8\text{-}8\text{-}6c)$$

RC 电路的充、放电曲线如图 8-8-2 所示。

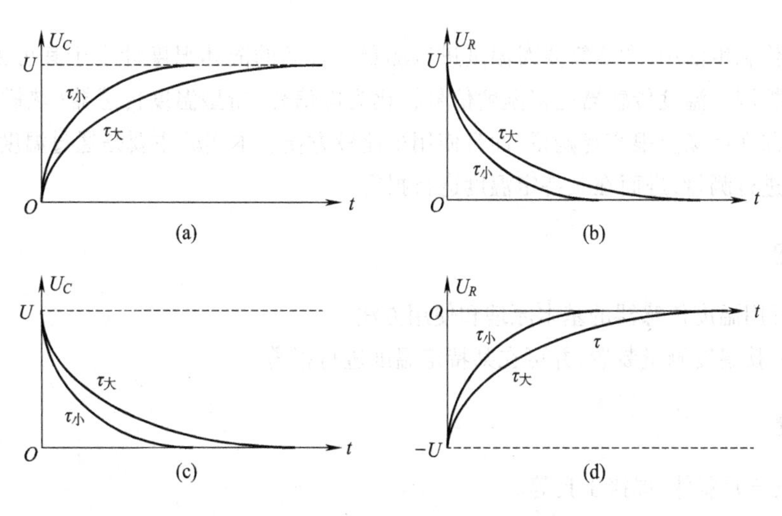

图 8-8-2 RC 电路的充、放电曲线

2. 充、放电波形的观察

由于充、放电的过程为周期信号,因此可在示波器上观察到稳定的充放电波形。为实现快速的开关切换,可用方波信号替代单刀双掷开关 S,如图 8-8-3 所示。当方波为高电平时相当于开关 S 接通 1,此时电容器进行充电;当方波为低电平时相当于开关 S 接通 2,电容器放电。选用不同参数的 RC 元件,改变方波的频率与占空比,观察充放电波形的变化。若使用数字存储示波器可进行波形截屏,方便不同条件下的波形作比较。

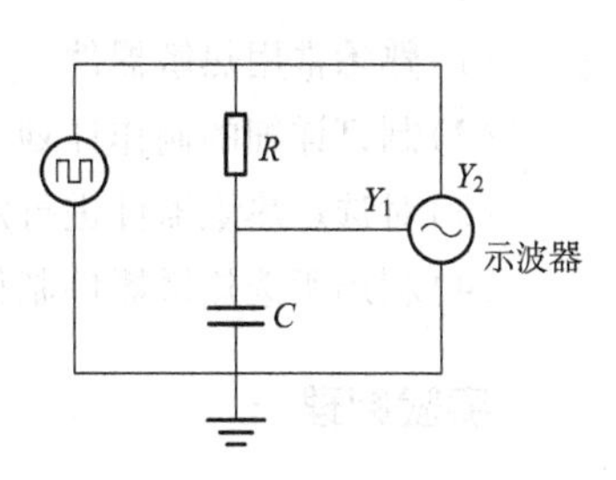

图 8-8-3 RC 串联电路充、放电波形观察

3. 充、放电波形的描绘

选择较长时间的 RC 组合进行暂态过程研究，每隔一段时间记录 C 上的电压，通过列表法和作图法研究 RC 串联电路的暂态过程，也可将记录的数据输入电子表格进行研究。

充、放电波形的描绘应给出测量多少个点，一般每 20 ~ 30 s 测一个电压，故电路的时间常数应为 300 s 左右，由此可算出电阻、电容的大小为：$R =$ ____________，$C =$ ____________。

预习报告

(1)查找相关文献资料，了解相关知识点。

(2)认真预习将要做的实验，了解实验要点（包括测量原理、测量方法、使用仪器、实验步骤）。

(3)书写实验预习报告，制定具体实验步骤。

思考讨论

(1)R、C 参数改变将如何改变充放电速度？

(2)怎样提高手动记录数据的准确性。

实验 8.9　温度的测量与报警

在日常工作和生活中，常常需要对温度进行测量。普通的液体温度计由于其可视范围小，并且不易实现自动控制。温度传感器能将温度信号转化为电信号，新型温度传感器（热敏电阻、热电偶、温度 IC 等）目前在市场上很容易购得，而且使用也比较方便。本实验主要是通过温度传感器输出的电信号对温度进行测量，进而在某特定温度进行报警。

实验目的

(1)了解常用温度传感器的基本原理和使用方法。

(2)设计一款温度测量装置，并可在某特定温度进行报警。

实验仪器

电压表、电子元器件、焊接工具等。

实验要求

(1)熟悉常用热敏器件。

(2)制订详细的制作计划，做好各项实验准备工作。

(3)对选定热敏器件进行定标，绘出 $R—t$ 曲线。

(4)利用所选热敏器件制作简单温度测量和报警装置。

实验原理

热敏电阻是最常用的温度传感器，当温度发生变化时其阻值也会发生相应的变化，根据阻值变化方向有正温度系数和负温度系数之分，正温度系数的热敏电阻阻值随温度的升高逐渐变大，负温度系数热敏电阻的阻值则随温度的升高而变小。当温度变化引起热敏电阻阻值变化时，热敏电阻两端的电压就会发生变化，通过测量热敏电阻两端的电压就可间接测量出对应的温度值。热敏电阻测温原理如图 8-9-1 所示。

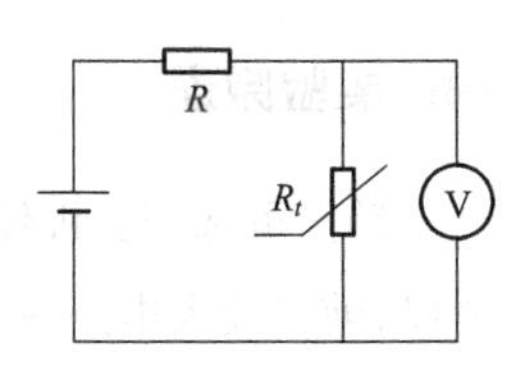

图 8-9-1　热敏电阻测温原理

对于报警电路的设计，可以将基准电压与热敏电阻两端的电压进行直接或间接的比较，以实现在大于或小于基准电压的时候输出报警信号，用报警信号控制报警信号发生电路，就可以实现某种形式的温度报警。简单的报警电路可以用门电路、NE555 或音乐片实现，也可增加些发光器件，声光效果可增加实验的趣味性。

预习报告

(1)查找相关文献资料，了解相关知识点。

(2)认真预习将要做的实验了解实验要点(包括测量原理、测量方法、使用仪器、实验步骤)。

(3)书写实验预习报告，制定具体实验步骤。

思考讨论

(1)热敏器件的阻值是否随温度线性变化?

(2)任何电阻只要流过电流就会有热效应，如何降低其自身工作电流引起的阻值变化?

实验 8.10　助听器的设计与制作

助听器电路是典型的音频放大电路，通常包括话筒、前置放大、功率放大、耳机、电源等部分。话筒主要将声音信号转化为微弱的电信号，前置放大电路对该电信号进行电压放大，功率放大电路对信号进一步功率放大后送至耳机，耳机将电信号还原成声音信号。

实验目的

(1)了解助听器各部分电路的基本工作原理。

(2)设计并安装助听器样机。

(3)学习使用示波器和数字万用表。

实验仪器

示波器、数字万用表、电源、信号发生器、电子元器件等.

实验要求

(1)掌握组成助听器各部分的原理。

(2)制订详细的制作计划，做好各项实验准备工作。

(3)测量频率响应范围。

实验原理

话筒可选用驻极体话筒,它是一种比较常用的声电转换器件。由于话筒输出的信号相当微弱,所以,前置放大电路主要将微弱的电压信号进行放大,它是一个电压放大电路,可选择三极管或集成运放进行电路设计,如图 8-10-1 所示。功率放大电路主要是对电压放大后的信号进行功率放大,可选择三极管或音频功放集成电路进行设计。

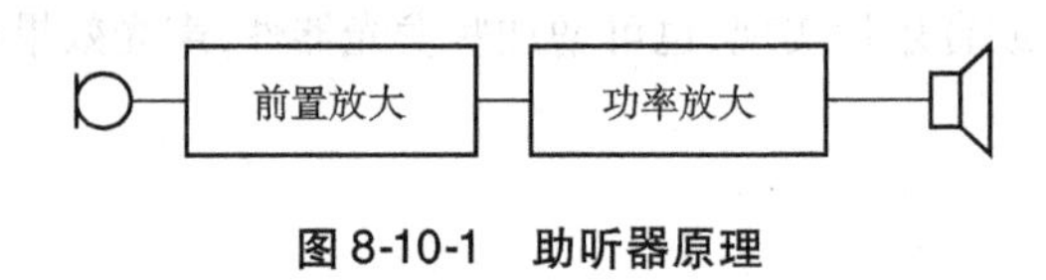

图 8-10-1　助听器原理

预习报告

(1)查找相关文献资料,了解相关知识点。

(2)认真预习实验内容,了解实验要点(包括测量原理、测量方法、使用仪器、实验步骤)。

(3)书写实验预习报告,制定具体实验步骤。

思考讨论

(1)如何进一步降低整机功耗?

(2)频率响应范围由哪些因数决定?

实验 8.11　红外防盗报警器的设计与制作

红外防盗报警器由两部分组成:一部分是人体热释电红外传感电路部分;另一部分是报警电路。热释电红外传感器是一种能检测人或动物发射的红外线而输出电信号的传感器,它由陶瓷氧化物或压电晶体元件组成,在元件两个表面做成电极,在传感器监测范围内温度有 ΔT 的变化时,热释电效应会在两个电极上会产生电荷 ΔQ,即在两电极之间产生一微弱的电压 ΔU,此电压通过内部场效应管放大后输出。目前人体热释电红外传感器已被广泛应用到防盗报警、自动开关等各种场合。

实验目的

(1)熟悉人体热释电红外传感器原理。

(2)设计制作红外防盗报警样机。

实验仪器

电压表、电子元器件、焊接工具等。

实验要求

(1)熟悉热释电红外传感电路。

(2)制订详细的制作计划,做好各项实验准备工作。

(3)制作红外报警器样机并进行测试。

实验原理

人体热释电红外传感电路有专用集成电路配套,比较常用的芯片是 BISS0001,它不仅功耗低而且性能稳定可靠。传感器外加一菲涅耳透镜,不仅可以扩大感应范围,而且可对红外线进行聚焦,从而提高其灵敏度。当 BISS0001 检测到红外信号时,会输出脉冲信号,用此脉冲信号可控制报警电路,实现自动报警。

对于 BISS0001 的使用,可查阅相关数据手册。不同的应用场合外围元件略有不同,可根据具体设计要求决定外围元件的连接方法及参数。

报警电路可用门电路、NE555 制作,也可用音乐芯片制作。具体实现方法可查阅相关资料,自行选定一个方案。

预习报告

(1)查找相关文献资料,了解相关知识点。

(2)认真预习将要做的实验,了解实验要点(包括测量原理、测量方法、使用仪器、实验步骤)。

(3)书写实验预习报告,制定具体实验步骤。

思考讨论

制作防盗报警器,你能想出哪几种办法?

实验 8.12　水位自动控制系统的设计

在日常生产生活中,很多地方需要用到水位自动控制,大到水库,小到鱼缸,不论规模大小,水位控制系统都在其中担当极其重要的角色。当水位高于或低于设定界限时,能够实现自动调节,将水位限定在高、低界限范围内。

实验目的

(1)了解各种传感器的工作原理。

(2)了解水位控制的物理原理。

(3)设计制作水位控制电路模型。

实验仪器

万用表、电子元器件、焊接工具等。

实验要求

(1)熟悉水位检测和控制电路。

(2)制订详细的制作计划,做好各项实验准备工作。

(3)制作自动水位控制系统样机。

实验原理

水位控制的关键是水位的探测,最简便的方法可用探针来探测,在图8-12-1中,探针1和探针2接在控制电路中,调节两探针的电位到一定值(高电位)。由于一般的水都是导体,探针1和探针2中的任意一个接触到水后其电位会改变(由高电位变为低电位),设探针1的电位为Y_1,探针2的电位为Y_2。若探针2的位置为最低水位,探针1的位置为最高水位,则水位高低的变化会有三种情况:①水位在下限位置以下,Y_1、Y_2都为高电位;②水位落在下限位置以上且在上限位置以下,则Y_2由高电位转为低电位;③水位在上限位置以上,Y_1、Y_2都为低电位。这种逻辑状态的组合问题适合用门电路来解决,根据逻辑关系控制进水与排水的阀门,便可实现水位的自动控制。具体的报警电路也可用数字电路进行设计。

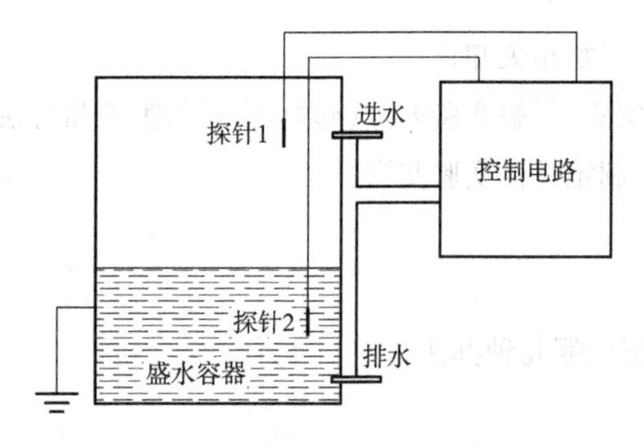

图8-12-1　水位自动控制系统示意图

本实验中调节水位高低的执行机构是电动阀门,其工作原理相当于一个继电器,它得电工作时阀门打开,水可以流过阀门;失电时阀门关闭,水就不能通过阀门。其工作电压和控制电路电压不一定相同,根据具体情况可选择继电器实现对阀门的控制。

预习报告

(1)查找相关文献资料,了解相关知识点。

(2)认真预习本实验要求,了解实验要点(包括测量原理、测量方法、使用仪器、实验步骤)。

(3)书写实验预习报告,制定具体实验步骤。

思考讨论

若增加多个水位检测点,电路应如何设计?

第 9 章

物理实验常用仪器仪表及使用

在大学物理实验中，掌握基本实验仪器的使用是大学生必须掌握的基本技能之一。熟练掌握常用仪器的使用技术可以提升实验能力、提高操作效率，并且对获得正确的实验结果起着至关重要的作用。

9.1 力学和热学实验常用仪器及使用

长度是最基本的物理量之一，长度的测量技术是入门级的测量技术。同时，很多待测量量可以转化为长度进行测量。例如，测温度水银温度计的水银柱的长度，可以间接比较测量出温度计标示的温度；各种指针式电表其刻度是弧长等，将电流、电压等物理量转化为长度的测量。因此长度测量的读数规则和基本方法在实验中具有普遍意义。

长度测量使用的仪器、量具和方法较多，最基本的器具有米尺、游标尺、螺旋测微器等，这些为直接比较法测量用具，用于测量可目视范围的长度。不同的仪器、量具测量精密度不同，亦即分度值大小不同；分度越小，仪器越精密，仪器本身允许的测量误差也就越小。长度测量仪器还有激光测距仪、光学比长仪、迈克尔逊干涉仪等，可以测量远距离、大尺度以及微观尺度。

1. 游标卡尺

在使用毫米分度的米尺测量长度时，对毫米以下进行最多 1/10 的估读（与米尺的制作质量有关）。为提高测量精度，可在米尺上附带一根可沿其主尺本身移动的副尺（称为游标），而构成游标卡尺，根据游标上的分度值不同，游标卡尺大致可分为 10 分度、20 分度、50 分度三种规格，辅助进行 1/10、1/20、1/50 的估读。

（1）游标卡尺的结构。

如图 9-1-1 所示，游标紧贴主尺滑动，外量爪用来测物体的厚度、外径等，内量爪用来测孔的内径，深度尺用来测量槽的深度。

（2）最小分度值。

50 分度游标卡尺的最小分度值为 0.02 mm。

（3）使用方法。

测量前应先将两量爪闭合，检查游标尺有无零值误差（即主尺“0”线和游标的“0”线是否对准），如有，则应记下此值，用以修正测量所得结果。测量时，一手拿物体，一手持尺，量爪要卡正物体，松紧要适当，必要时可将紧固螺钉旋紧，应特别注意保护量爪不被磨损。不允许用游标尺测量粗糙的物体，更不允许被夹紧的物体在刀口内挪动。

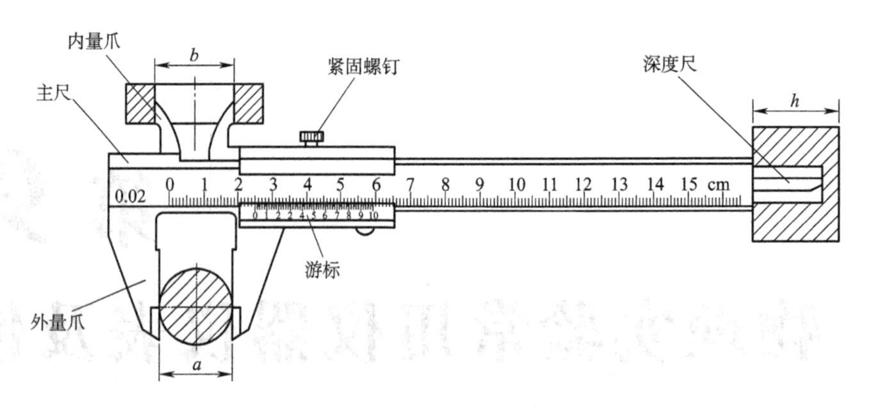

图 9-1-1　游标卡尺

(4)游标卡尺的读数方法。

游标卡尺的读数,可依以下三步进行:

第一步,根据副尺零线以左的主尺上的最近刻度读出整毫米数。

第二步,根据副尺零线以右与主尺上的刻度对准的刻线数乘上 0.02 读出小数。

第三步,将上面整数和小数两部分加起来,即为总尺寸。

如图 9-1-2 所示,副尺 0 线所对主尺前面的刻度 64 mm;副尺 0 线后的第 9 条线与主尺的一条刻线对齐,副尺 0 线后的第 9 条线表示: 0.02×9 mm = 0.18 mm;所以被测工件的尺寸为 64 +0.18 mm = 64.18 mm。

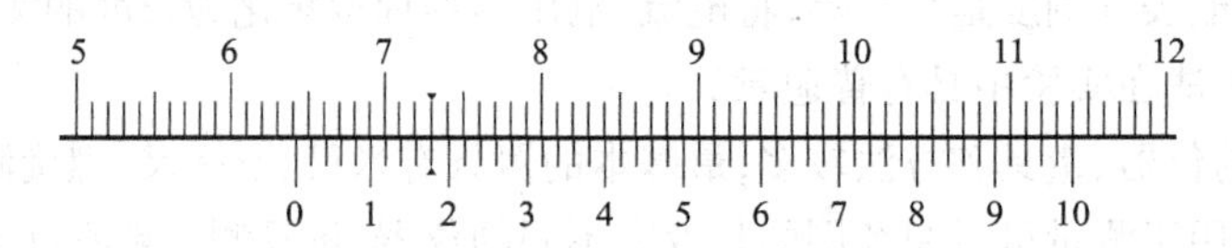

图 9-1-2　50 分度游标卡尺的读数方法

应当指出,通常使用的游标装置并不需要像上面那样一步一步地去推算,它已经把整数值(1, 2,⋯)直接标在对应的游标刻线上,即副尺上的数字分别代表 0.1 mm(0.02 mm $\times$5)、0.2 mm⋯⋯使用者找出对齐线就可以直接读出数值来。所以,图 9-1-2 中的示数可以直接读取为 64.18 mm。

(5)主要用途

主要用于测量皮革、橡胶、纸张织物及各种金属板材、塑料板等的厚度。利用内量爪和深度尺,游标尺还可测内径和孔的深度。

2. 螺旋测微器

螺旋测微器又称千分尺,它是比游标尺更精密的长度测量仪器。常用于测量数值不大、精度要求较高的物体,如金属丝直径、薄片等。螺旋测微器的外形如图 9-1-3 所示,刻有主尺的固定套筒通过弓架与测量砧台连为一体。副尺刻在活动套筒的圆周上,活动套筒内连有精密螺杆和测量杆。活动套筒通过内部精密螺杆套在主尺圆筒之外。转动副尺活动套筒,套筒边沿主尺刻度移动,并带动测量杆移动,在主尺上有一条直线作为准线,准线上方(或下方)有毫米分度,下方(或上方)刻有半毫米的分度线,因而主尺最小分度值是 0.5 mm ,副尺套筒周边刻有 50 个均匀分度,旋转副尺套筒一周,测量杆将推进一个螺距(0.5 mm),故副尺套筒每转动周边上一个分度,测量杆将进或退

0.5/50 mm，即螺旋测微器的最小分度值为 0.01 mm。可见，利用测微螺旋装置可量准到 0.01 mm，对最小分度还可进行 1/10 估计读数，读出 0.001 mm 位的读数。螺旋测微器利用了机械放大法，将轴向的微小移动，在螺杆的周长上进行千倍放大后进行读值。

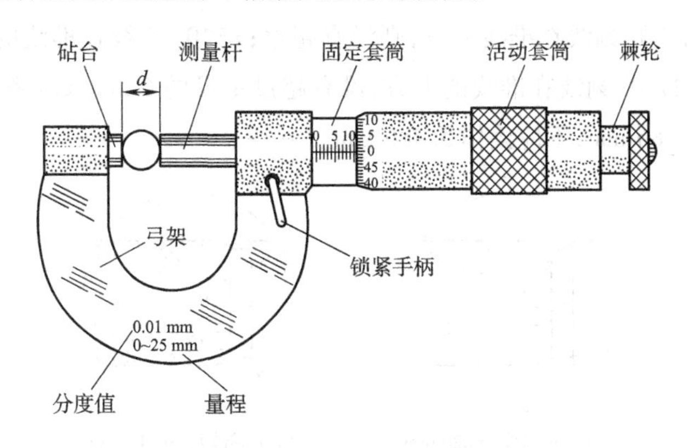

图 9-1-3　螺旋测微器

螺旋测微器分 0 级、1 级和 2 级三种精度级别，通常实验室使用的为 1 级，其示值误差在 0 ~ 100 mm 范围内为 ±0.004 mm，则螺旋测微器的仪器最小误差限为 0.004 mm。

（1）使用方法。

左手握住弓架，先按待测物体的长度，用右手转副尺套筒，使待测物体能夹在测量杆和测量砧之间（如图 9-1-3 所示），当测量杆的测量面与待测物体之间还有很小距离时，再旋转棘轮带动副尺套筒一起旋转，夹住待测物，由于使用了棘轮装置，当待测物被夹住后，再旋转棘轮就不能带动副尺套筒一起旋转，而发出“嗒”“嗒”响声，当听两三下“嗒”“嗒”的响声时，表示夹紧待测物的力合适了，可以进行读数。

螺旋测微器是精密仪器，使用时必须注意以下几点：

① 因为螺旋是力的放大装置，不论是读取零读数或夹测量物测量时，都不准直接旋转套筒使测量杆及测量砧与待测物接触，而应旋转棘轮，否则不仅会因用力不均匀而测量不准，还会夹坏待测物或损坏螺旋测微器的精密螺旋。

② 螺旋测微器用毕，测量杆和测量砧之间要松开一段距离后放于盒中，以免气候变化，受热膨胀使两测量面间过分压紧而损坏螺旋。

（2）读数方法。

① 旋进活动套筒，使测量砧和测量杆的两测面轻轻吻合，此时，副尺套筒的边缘应与主尺的“0”刻线相重合，而圆周上的“0”刻线也应与准线重合（对准），记为 0.000 mm，这就是零位校正。若不重合，就给测量造成误差，这个误差属于系统误差中的零值误差。因此，在测量前必须记下零读数，以便测量结束后，对测量结果进行修正，即从测量结果中减去零读数，得出最后结果。在确定零读数时必须注意它的正负，如图 9-1-4（a）所示，读得 +0.026 mm，如图 9-1-4（b）所示，读得 −0.010 mm。

② 后退测量杆，将待测物夹在两测量面间，并使两测量面与待测物轻轻接触。若副尺套筒的边缘在如图 9-1-4（c）所示的位置，则第一步在主尺上读出 0.5 mm 以上读数 5 mm，第二步在副尺上读出与准线最接近的分度数，图中可读得 0.01 × 48mm = 0.48mm，第三步再根据准线所对某分度的位

置,按 1/10 估计读数,读得估计值 0.002 mm,最后结果为 5 mm + 0.01 mm × 48 + 0.002 mm = 5.482 mm,记录时不必写出上述中间过程,而应直接写出最后结果。测量时常遇到副尺套筒的边缘压在主尺的某一刻线上,此时,应根据准线和副尺"0"刻线筒的相互关系来判断它是否超过主尺上某一刻线。如果副尺的"0"刻线在准线上方,则没有超过;若"0"刻线在准线的下方,则已超过。如图9-1-4(d)所示,副尺的"0"刻线在准线的上方,没有超过主尺的 6 mm 刻度线,但它的边缘已超过半毫米刻线,故读作 5.986 mm,不应读作 5.486 mm。

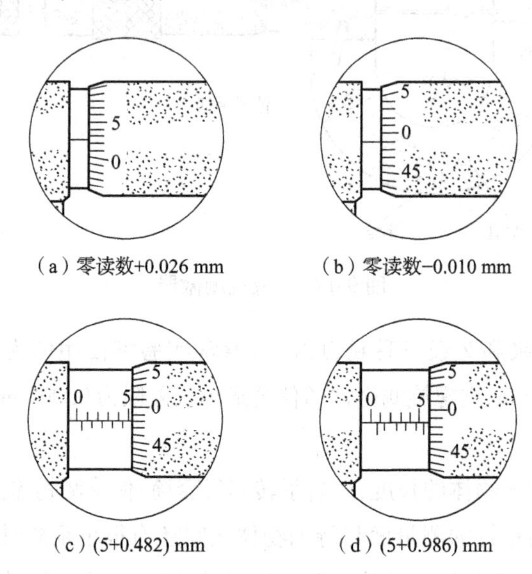

(a)零读数+0.026 mm　(b)零读数−0.010 mm

(c)(5+0.482) mm　(d)(5+0.986) mm

图 9-1-4　千分尺读数

(3)主要用途。

主要用于测量金属的外径和板材厚度。

3. 读数显微镜

读数显微镜是一种视角放大(显微镜)和螺旋放大(平移机构)的螺旋测微装置组合仪。读数显微镜的结构如图 9-1-5 所示。

读数显微镜是一种精密测量位移和长度的仪器,它是由一个显微镜和一个类似于螺旋测微器的移动装置构成。当转动鼓轮时,镜筒就会来回移动,从目镜中可以看到十字叉丝在视场中移动,从固定标尺和鼓轮上就可以读出十字叉丝的移动距离。固定标尺内螺杆的螺距为 1 mm,鼓轮转动一圈,镜筒移动 1 mm。鼓轮上刻有 100 个等分格,鼓轮转动一格,镜筒移动 0.01 mm。

使用方法及注意事项:

①将被测物置于工作台上后,调节工作台下的反光镜,透过工作台玻璃照亮被测物。(注意:牛顿环测量不必使用反光镜)

②调节目镜,看到清晰的分划板中的十字叉丝。若十字叉丝的方向与工作台的 x、y 方向不一致,可松开目镜下的止动螺钉,旋转整个目镜筒,使其一致再拧紧止动螺钉。

③调节调焦手轮,先将镜筒下降,使物镜趋于被测物表面,然后再缓缓上升,直到从目镜中观察到被测物的清晰像为止。

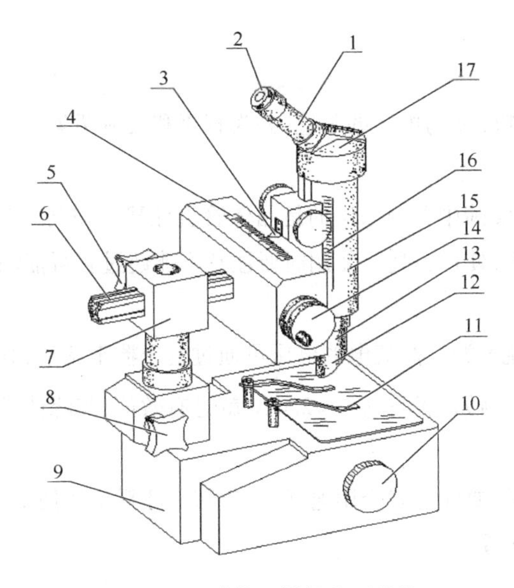

图 9-1-5　读数显微镜外形结构

1—目镜接筒；2—目镜；3—指针；4—标尺；5—调焦手轮；
6—方轴；7—接头轴；8—锁紧手轮；9—底座；10—反光镜旋轮；11—压杆；
12—半反镜组；13—物镜组；14—微调鼓轮；15—镜筒；16—刻尺；17—棱镜室

④分别调节 x、y 测微鼓轮，使被测物的测量位置进入视场并与叉丝相切，即可测量。

⑤由于螺旋测微装置是螺杆传动的，传动结构间总存在微小的间隙，使正反传动时产生所谓的螺旋间隙误差，因此，在转动鼓轮进行测量时，应向同一方向移动，以消除螺纹间隙误差。

⑥ 显微镜支架在立柱上，必须将定位旋钮拧紧，防止使用不慎发生镜筒下落，而损坏物镜。

⑦光学仪器的任何光学表面，不允许用手或其他粗糙物品去擦拭，机械部分也不能强行操作及任意拆卸，否则会降低测量精度，甚至损坏仪器。

9.2　电磁学实验常用仪器、仪表及使用

电磁测量是现代生产和科学研究中应用很广的一种实验方法和技术，许多物质特性往往可以通过对其电磁量的测量获得信息，而且，许多非电磁量通过换能器（或称传感器）也可变为电磁量进行测量，因此，熟悉和了解基本的测量方法及测量仪器是科技工作者应当具有的一种技能。

物理实验中的电磁学部分，目的是使学生学习电磁测量中一些最基本物理量的测量方法（如伏安法、电桥法、电位计法、模拟法、冲击法等），并掌握电磁测量中一些基本仪器的规格、性能及使用，同时受到实验技能的训练，培养看图、正确连接线路和分析判断实验中故障的能力。在误差理论中，电磁学部分要注意以下几个方面：

（1）仪表的基本误差。

（2）电表内阻对测量的影响——方法误差（接入误差）。

（3）灵敏度引起的误差。

9.2.1 电源

电源是把其他形式的能转变为电能的装置,分为直流和交流两类。

1. 直流电源

除化学电池外,目前在实验中普遍采用的是晶体管直流稳压电源。这种电源的稳定性好,内阻小,输出连续可调,功率较大,使用方便。使用时要注意不能超过它可能输出的最大电流。

2. 交流电源

常用的电网电源是交流电源。交流电的电压可通过变压器来调节,其电压单位也是伏。交流仪表的读数一般指有效值 U。例如,照明电 $U=220$ V 就是有效值,其峰值 $U_m=\sqrt{2}\times220$。

3. 注意事项

使用交流或直流电源时,要注意安全用电规则,应特别注意不能使电源短路,即不能将电源两极直接接通使外电路电阻等于零。

9.2.2 直流电表

实验室用直流电表大部分是磁电式电表,它由表头与扩程电阻两部分组成。表头的作用是将通过它的电流通过指针或光点的偏转表示出来;扩程电阻的作用是将超过表头量程的那部分电流(或电压)进行分流(分压)

1. 表头(电流计)

表头的内部构造如图9-2-1所示。永久磁铁的两极上连着圆筒形的极掌。极掌之间有圆柱形铁芯,使极掌与铁芯间的空隙具有强磁场,且使磁场以圆柱的轴为中心作辐射状分布。在铁芯和极掌间空隙处放有长方形线圈。它可以绕铁芯的轴旋转。线圈转轴上附有一根指针。当电流通过线圈时,线圈受电磁力矩而偏转,直到与游丝的反扭力矩平衡,线圈转角维持一定。转角大小与所通过的电流大小成正比,电流方向不同,偏转方向也不同,这是磁电式电表表头的基本特征。

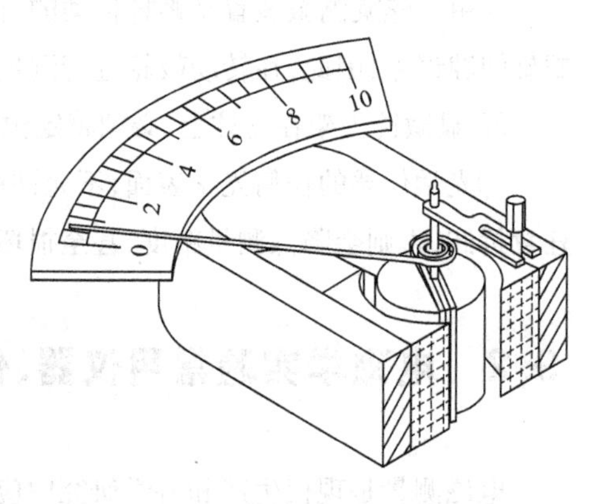

图 9-2-1 磁电式仪表基本结构图

表头的主要规格:

(1)满度电流:指针偏转满度时,线圈所通过的电流值,以 I_g 表示。一般表头满度电流为 50 μA、100 μA、200 μA、1 mA。

(2)内阻:主要指图9-2-1中矩形线圈的电阻,以 R_g 表示。表头内阻由几十欧姆到数千欧姆。表头满度电流越小,内阻越大。表头还可以用于检验电路中有无电流通过,专门用于检验的表头称为检流计,它分为按钮式和光点反射式两类。

按钮式检流计的特点是其零点位于刻度盘的中央,未通电流时,指针正对零点。通电流(微弱电流)后,随电流方向的不同可以左右偏转。检流计常处于断开状态,仅当按下按钮时,检流计才接入电路中。因此用它来检验电路中有无电流通过十分方便。

光点反射式检流计要比按钮式检流计的精度高，常用于电位差计、电桥的指零仪器或用来测量微小电流或小电压，其结构见灵敏电流计的研究实验。

2. 直流电压表（伏特表、毫伏表）

电流电压表用来测量电路中两点间电压的大小。它是由磁电式表头串联适当的电阻组成，它的主要规格是：

（1）量程：指针偏转满度时的电压值。例如，量程写为 0—1.5—3—7.5 V，则表示电压表有三个量程。

（2）灵敏度及内阻：电压表的灵敏度为：$S = R_V/U$（Ω/V），式中，U 为电压表满偏时的电压值；R_V 表示电压表在该量程时的内阻。其中 $U = I_g \times R_V$，I_g 为满偏电流，则有 $S = R_V/U = 1/I_g$，即电压表的灵敏度在数值上等于满偏电流的倒数。电压表表头的左下角标有如“20 kΩ/V”的字样，它表示电压表的灵敏度。根据 20 kΩ/V 可以知道表头的满偏电流 $I_g = U/R_V = 1/20\ \text{k}\Omega = 50\ \mu\text{A}$，$S$ 值越大，I_g 越小，电表越灵敏。

（3）准确度等级：用电表的基本误差的百分数值表示电表的准确度等级。例如，一个 0.5 级的电表其基本误差为 ±0.5%。用电表的准确度等级 a 及电表的量程 X_m 可以求出电表的最大允许误差：$\Delta X_m = a\% \cdot X_m$。电表的标度尺上所有分度值的基本误差不超过 ΔX_m。

电表级别分七级：0.1，0.2，0.5，1.0，1.5，2.5，5.0。

3. 直流电流表（安培表，毫安表，微安表）

直流电流表用来测量电路中电流的大小，它由磁电式表头并联适当的电阻组成。它的主要规格：

（1）量程，即指针偏转满度时的电流值。

（2）内阻：一般安培表的内阻在 0.1 Ω 以下，毫安表一般为几欧姆至一两百欧姆。微安表一般为几百欧姆到一两千欧姆。

（3）准确度等级，其规定与直流电压表相同。

4. 使用电表时应注意的事项

（1）选择电表的准确度等级和量程。在使用电表时可根据电表的准确度等级求出测量值 X 的可能最大相对误差

$$r_m = \frac{\Delta X}{Z} = a\% \cdot \frac{X_m}{X}$$

由上式看出测量值愈接近电表的量程 X_m，测量误差就越接近电表准确度等级的百分数，当被测量值比所选用的电表量程小很多时，测量误差将会很大，这点在使用电表时要特别注意。例如，一个 0.5 级，3 V 量程的电压表其基本误差为 ±0.5%，每个读数的最大误差不超过 $\Delta X_m = 3\ \text{V} \times 0.5\% = 0.015\ \text{V}$，测量电压时，当电压表读数为 3 V 时，测量的相对误差为 $\frac{0.015\ \text{V}}{3\ \text{V}} = 0.5\%$，而当电压表读数为 2 V 时，测量的相对误差为 $\frac{0.015\ \text{V}}{2\ \text{V}} = 0.75\%$。

在选用电表时不应片面追求准确度越高越好，而应该根据被测量的大小及对误差的要求，对电表的准确度等级及量程进行合理选择，为了充分利用电表准确度，被测的量应大于量程的 2/3，这时电表可能出现的最大相对误差为

$$r_m = a\% \cdot \frac{\Delta X_m}{\frac{2}{3}X_m} = 1.5a\%$$

即测量误差不会超过准确度等级百分数的 1.5 倍。

在不知道被测电流或电压大小的情况下，应选用电表的最大量程，根据指针偏转情况逐渐调到合适的量程。

(2)电表的接入方法：电流表是用来测量电流的，使用时应当串接在被测电路中，电压表是用来测量电压的，使用时应当并联在被测电压的两端。

(3)电表的正、负极不能接反，以免损坏指针。

(4)在电表外壳上，有零点调节螺钉，通电前应检查并调节指针指零。有镜面的电表，在指针的像与指针相重合时，所对准的刻度才是电表的准确读数。读数时一般根据电表最小刻度可分的份数决定估读到最小刻度的1/2～1/10。

(5)使用电表时，由于正常工作条件得不到满足，如温度、湿度、工作位置等条件不合要求而引起仪表指示值的误差称为附加误差。在使用电表时除了基本误差外，还往往会有附加误差，在使用时特别是比较精密的电表要注意工作条件，以减少附加误差。

9.2.3 示波器

示波器的规格很多，一般来说除频带宽度、输入灵敏度等不完全相同外，在使用方法的基本方面都是相同的，这里主要介绍本书实验中使用的 YB4320B 型双踪示波器。

1. 示波器的控制件及其作用

熟悉示波器主要控制件（见图9-2-2），实验过程中可以边看介绍、边反复调节各旋钮、按钮来掌握其操作及各控制键的作用（见表9-2-1）。

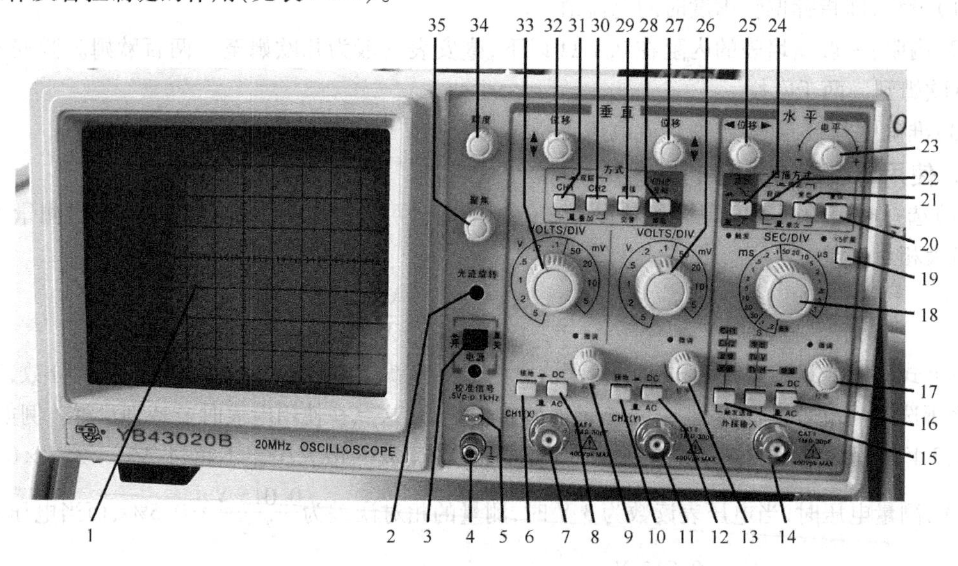

图9-2-2　YB4320B 型双踪示波器控制件

1—显示屏；2—光迹旋转调节旋钮；3—电源开关；4—接地端口；5—校准信号输出端子（0—5V_{P-P} 1 kHz）；6、8—通道1耦合选择开关；7—通道1信号输入端；9—通道1垂直微调旋钮；10、12—通道2耦合选择开关；11—通道2信号输入端；13—通道2垂直微调旋钮；14—外触发输入端口；15—触发源选择开关；16—触发耦合选择开关；17—扫描微调旋钮；18—主扫描时间系数选择旋钮；19—扩展控制键；20—复位键；21、22—触发方式选择；23—触发电平调节旋钮；24—触发极性按钮；25—水平位移；26、33—垂直衰减旋钮；27、32—垂直位移；28—通道2极性开关；29、30、31—垂直显示方式选择按键；34—辉度调节钮；35—聚焦调节旋钮

表 9-2-1 示波器各控制件名称及作用

序号	控制件名称	控制件作用
1	显示屏	水平方向和竖直方向各 10 DIV,1 DIV 即一个分格
3	电源开关(POWER)	按入此开关,仪器电源接通,指示灯亮
34	亮度(INTENSITY)	光迹亮度调节,顺时针旋转光迹增亮
35	聚焦(FOCUS)	调节示波管电子束的焦点,使显示的光电成细而清晰的圆点
2	光迹旋转(TRACE　ROTATION)	由于磁场作用,当光迹在水平方向发生倾斜时,该旋钮用于调节光迹与水平刻度线平行
5	探极校准信号(PROBE ADJUST)	此端口输出幅度为 0.5 V 或 2 V(以仪器标示为准),频率为 1 kHz 的方波信号,用以校准 y 轴偏转系数和扫描时间系数
6,8	耦合方式(AC GND DC)	垂直通道 1 的输入耦合方式选择,AC:信号中的直流分量被隔开,用以观察信号的交流成分;DC:信号与仪器通道直接耦合,当需要观察信号的直流分量或被测信号的频率较低时应选用此方式;GND:输入端处于接地状态,用以确定输入端为零电位时光迹所在位置
7	通道 1 输入插座 CH1(X)	双功能端口,在常规使用时,此端口作为垂直通道 1 的输入口,当仪器工作在 X-Y 方式时此端口作为水平轴信号输入口
33	通道 1 灵敏度选择开关(VOLTS/DIV)	选择垂直轴的偏转系数,从 5 mV/DIV(显示屏上一大格代表 5 mV)到 5 V/DIV 共分 10 挡,可根据被测信号的电压幅度选择合适的挡位
9	微调(VARIABLE)	用以连续调节垂直轴的 CH1 偏转系数,调节范围≥2.5 倍,该旋钮逆时针旋转到底时为校准位置,此时可根据“VOLT/DIV”开关度盘位置和屏幕显示幅度读取该信号的电压值
32	垂直位移(POSITION)	用以调节光迹在 CH1 垂直方向的位置
28,29,30,31	垂直方式(MODE)	选择垂直系统的工作方式。 CH1：只显示 CH1 通道的信号。 CH2：只显示 CH2 通道的信号。 交替：用于同时观察两路信号,此时两路信号交替显示,该方式适合于在扫描速率较快时使用。 断续:两路信号断续工作,适合于在扫描速率较慢时同时观察两路信号。 叠加:用于显示两路信号相加的结果,当 CH2 极性开关被按入时,则两信号相减。 CH2 反相:此按键未按入时,CH2 信号为常态显示,按入此键时,CH2 的信号被反相
10,12	耦合方式(AC GND DC)	作用于 CH2,功能同控制件 6
11	通道 2 输入插座 CH2(Y)	垂直通道 2 的输入端口,在 X-Y 方式时,作为 Y 轴输入口
27	垂直位移(POSITION)	用以调节光迹在垂直方式的位置
26	通道 2 灵敏度选择开关	功能同 8
13	微调(VARIABLE)	功能同 9
25	水平位移(POSITION)	用以调节光迹在水平方向的位置
24	极性(SLOPE)	用以选择被测信号在上升沿或下降沿触发扫描
23	电平(LEVEL)	用以调节被测信号在变化至某一电平时触发扫描

续表

序号	控制件名称	控制件作用
21,22	扫描方式(SWEEP MODE)	选择产生扫描的方式。 自动(AUTO):当无触发信号输入时,屏幕上显示扫描光迹,一旦有触发信号输入,电路自动转换为触发扫描状态,调节电平可使波形稳定的显示在屏幕上,此方式适合观察频率在 50 Hz 以上的信号。 常态(NORM):无信号输入时,屏幕上无光迹显示,有信号输入时,且触发电平旋钮在合适位置上,电路被触发扫描,当被测信号频率低于 50 Hz 时,必须选择该方式。 锁定:仪器工作在锁定状态后,无须调节电平即可使波形稳定地显示在屏幕上。 单次:用于产生单词扫描,进入单次状态后,按动复位键,电路工作在单词扫描方式,扫描电路处于等待状态,当触发信号输入时,扫描只产生一次,下次扫描需再次按动复位按键
19	×5 扩展	按入后扫描速度扩展 5 倍
18	扫描速率选择开关(SEC/DIV 或 TIME/DIV)	根据被测信号的频率高低,选择合适的挡位。当扫描"微调"置校准位置时,可根据度盘的位置和波形在水平轴的距离读出被测信号的时间参数
17	微调(VARIABLE)	用于连续调节扫描速率,调节范围≥2.5 倍。逆时针旋到底为校准位置
15	触发源(TRIGER SOURCE)	用于选择不同的触发源。 第一组: CH1:在双踪显示时,触发信号来自 CH1 通道,单踪显示时,触发信号则来自被显示的通道。 CH2:在双踪显示时,触发信号来自 CH2 通道,单踪显示时,触发信号则来自被显示的通道。 交替:在双踪交替显示时,触发信号交替来自于两个 Y 通道,此方式用于同时观察两路不相关的信号。 外接:触发信号来自于外接输入端口。 第二组: 常态:用于一般常规信号的测量。 TV-V:用于观察电视场信号。 TV-H:用于观察电视行信号。 电源:用于与市电信号同步
16	AC/DC	外触发信号的耦合方式,当选择外触发源,且信号频率很低时,应将开关置 DC 位置
14	外触发输入插座(EXT INPUT)	当选择外触发方式时,触发信号由此端口输入
4	⊥	机壳接地端

2. 基本操作

(1)操作准备。

按表 9-2-2 所示设置各旋钮。

表 9-2-2　示波器准备状态各控制件初始位置

控制件名称	位置设置	控制件名称	位置设置
辉度	居中	输入耦合	DC
聚焦	居中	扫描方式	自动(AUTO)
位移(三只)	居中	极性	＿／‾

续表

控制件名称	位置设置	控制件名称	位置设置
垂直方式	CH1	SEC/DIV	0.5 ms/DIV
VOLTS/DIV	0.1 V/DIV	触发源	CH1
微调(三只)	校准(逆时针旋到底)	耦合方式	AC 常态

(2)单通道工作的操作程序。

①打开电源开关,电源指示灯亮。稍等预热,屏幕上出现光迹,若60 s后还没有扫线出现,则按上表所示再检查开关及控制按钮的位置。

②调节辉度和聚焦旋钮,使光迹亮度适中,清晰。

③通过探头将探极校准信号输入CH1通道,调节电平旋钮使波形稳定,正常显示为方波波形。用同样的办法检查CH2通道。

④校准完成后,将探极取下来,将待测信号输入CH1或CH2通道,按以上所讲程序,即可显示待测信号波形。

3. 测量

(1)电压的测量。

在测量时一般把“VOLTS/DIV”开关的微调装置以逆时针方向旋至满度的校准位置,这样可以按“VOLTS/DIV”的指示值直接计算被测信号的电压幅值。

由于被测信号一般都含有交流和直流两种成分,因此在测试时应根据下述方法操作。

①交流电压的测量。

当只需测量被测信号的交流成分时,应将Y轴输入耦合方式开关置“AC”位置,调节“VOLTS/DIV”开关,使波形在屏幕中的显示幅度适中,调节“电平”旋钮使波形稳定,分别调节Y轴和X轴位移,使波形显示值方便读取,如图9-2-3所示。根据“VOLTS/DIV”的指示值和波形在垂直方向显示的坐标(DIV),按下式读取:

$$V_{\text{p-p}} = \text{VOLTS/DIV} \times \text{H(DIV)}\ ,\quad V_{\text{有效}} = V_{\text{p-p}} \times \frac{1}{2\sqrt{2}}$$

如果使用的探头置10:1位置,应将该值乘以10。

② 直流电压的测量。

当被测信号为直流或含直流成分的电压时,应先将Y轴耦合方式开关置“GND”位置,调节Y轴位移使扫描基线在一个合适的位置上,再将耦合方式开关转换到“DC”位置,调节“电平”使波形同步、稳定。根据波形偏移原扫描基线的垂直距离,用上述方法读取该信号的电压值(见图9-2-4)。

(2)时间测量。

对某信号的周期或该信号任意两点间时间参数的测量,可首先按上述操作方法,使波形获得稳定同步后,根据信号周期或需测量的两点间在水平方向的距离乘以“SEC/DIV”开关的指示值获得,当需要观察该信号的某一细节(如快跳变信号的上升或下降时间)时,可将“×5扩展”按键按下,使显示的距离在水平方向得到5倍的扩展,调节X轴位移,使波形处于方便观察的位置,此时测得的时间值应除以5。

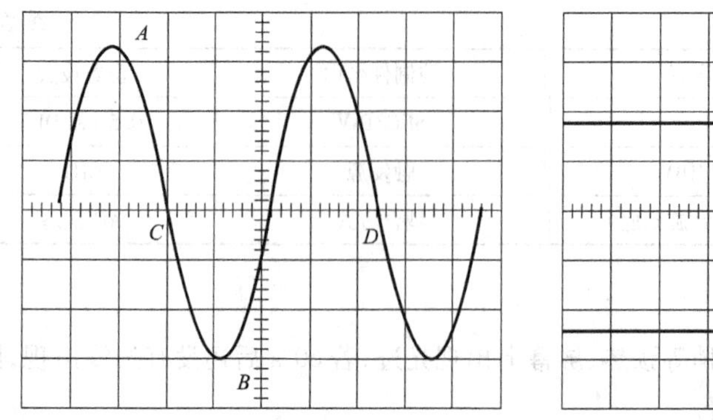

图 9-2-3　交流电压信号测量

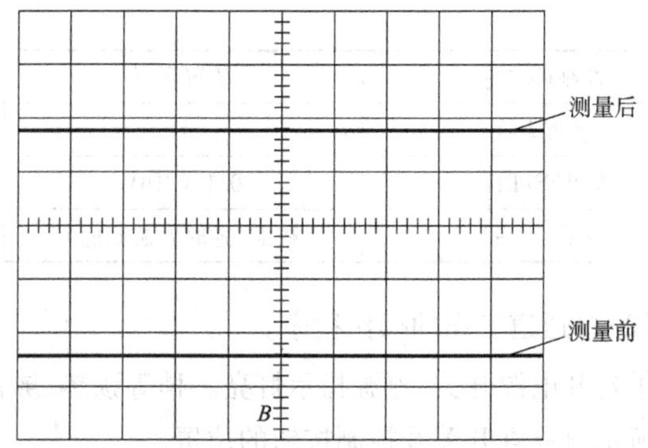

图 9-2-4　直流电压信号测量

测量两点间的水平距离，按下式计算出时间间隔，

$$时间间隔(s)=\frac{两点间的水平距离(格)\times扫描时间系数(时间/格)}{水平扩展系数}$$

例如，在图 9-2-5(a)中，测得 AB 两点的水平距离为 8 格，扫描时间系数设置为 2 ms/格，水平扩展为 ×1，则 AB 两点的时间间隔为：8 格 ×2 ms/格 =16 ms。在图 9-2-5(b)中，波形上升沿的 10% 处(A 点)到 90% 处(B 点)的水平距离为 1.8 格，扫描时间系数设置为 1 μs/格，扫描扩展系数为 ×5，则 AB 两点的时间间隔为：(1.8 格 ×1 μs/格)/5 =0.36 μs。

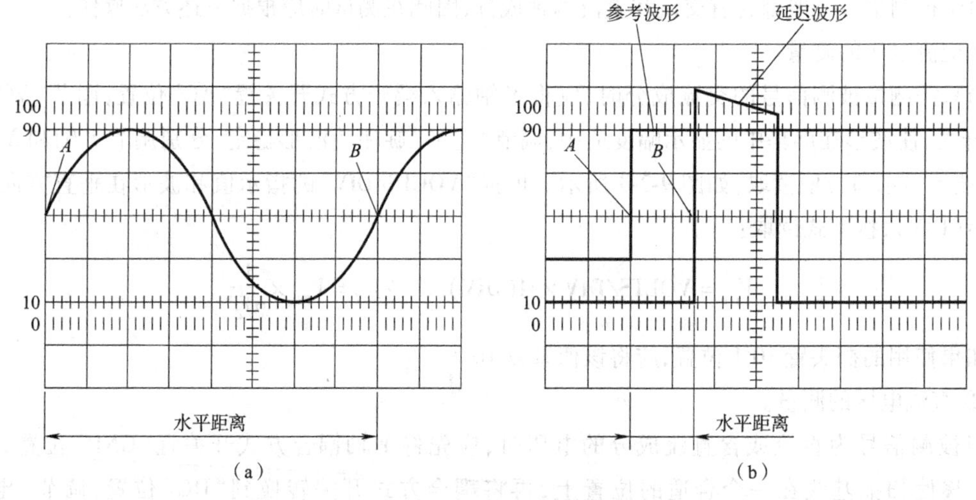

图 9-2-5　时间间隔的测量

(3)频率测量。

对于重复信号的频率测量，可先测出该信号的周期，再根据 $f=1/T$ 计算出频率值。若被测信号的频率较高，即使将“SEC/DIV”开关调制最快挡屏幕中的波形仍然较密，为了提高测量精度，可数出 X 轴方向 10 格内显示的周期数，再计算出每个周期的时间从而得到频率值。

(4)两个信号相位差的测量。

根据两个信号的频率，选择合适的扫描速度，并将垂直方式开关根据扫描速度的快慢分别置“交替”或“断续”位置，将“触发源”选择开关置被设定作为测量基准的通道，调节电平使波形稳定同步，调节两个通道的“VOLTS/DIV”开关和微调，使两个通道显示的幅度相等。调节水平扫描速度微调旋钮，使被测信号的一个周期在屏幕中显示的水平距离为几个整数格。根据两个波形在水平方向某两点的距离可用下式计算出相位差（见图 9-2-6）。

$$相位差 = 每格相位角 \times 测量点水平距离$$

$$= \frac{360°}{一个周期的水平距离(DIV)} \times 测量点水平距离(DIV)$$

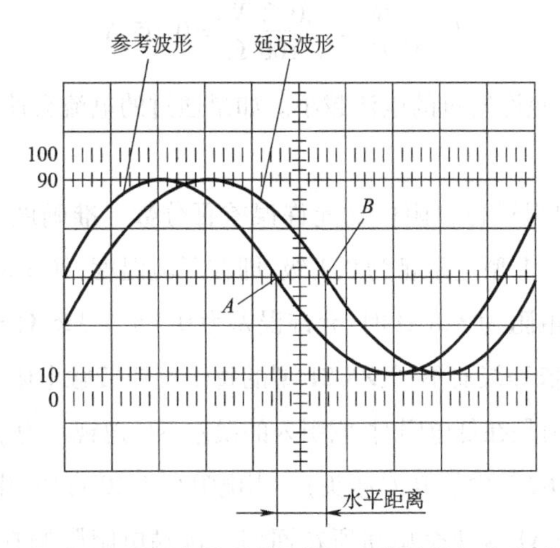

图 9-2-6　两个信号相位差的测量（两信号的相位差为 36°）

（5）“X-Y”工作方式。

首先，把“SEC/DIV”逆时针旋到“X-Y”位置，内部扫描电路断开，由“触发源”选择的信号驱动水平方向的光迹。当触发源开关设定为“CH1（X-Y）”位置时，示波器为“X-Y”工作方式，CH1 作为 X 轴信号，CH2 作为 Y 轴信号。

9.2.4　电阻器

1. 电阻箱

电阻箱外形如图 9-2-7（a）所示，它的内部是用一套锰铜线绕成的标准电阻，按图 9-2-7（b）连线，旋转电阻箱上的旋钮，可以得到不同的电阻值。

（a）

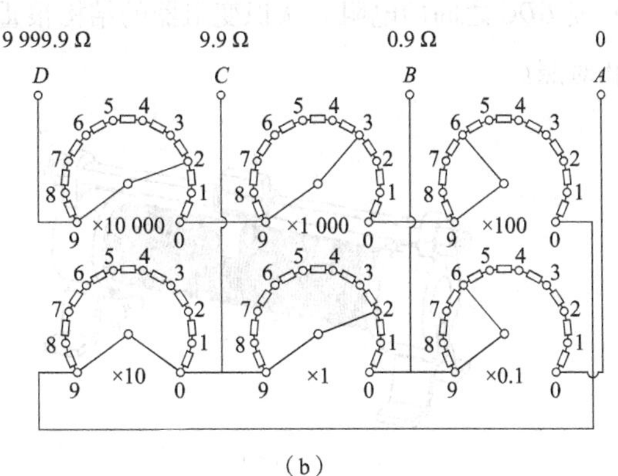

（b）

图 9-2-7　ZX21 型旋转电阻箱

电阻箱的主要规格：

(1)总电阻：最大电阻。图 9-2-7(a)所示电阻箱总电阻为 99 999.9 Ω。

(2)额定功率：一般电阻中各挡每个电阻的额定功率为 0.25 W，如 ×100 挡，是指每个 100 Ω 电阻的额定功率。因此指示 500 Ω 与 600 Ω 允许通过的电流都是

$$I=\sqrt{\frac{W}{R}}=\sqrt{\frac{0.25\,\mathrm{W}}{100\ \Omega}}=0.05\ \mathrm{A}$$

可见，电阻值越大的挡，允许通过的电流越小。如果通过的电流会使电阻发热，从而使电阻值不准确，甚至烧毁。

(3)准确度等级：根据电阻箱标称阻值的允许误差百分数。准确度等级分为 0.01、0.02、0.05、0.1、0.2、0.5、1.0。例如，ZX-21 型电阻箱为 0.1 级，即在环境温度(20 ± 8)℃，相对湿度小于 80% 条件下，允许误差为 0.1%，若电阻为 326 Ω 时，允许误差为 0.1% ×326 Ω = 0.3 Ω。

电阻箱旋钮的接触电阻依等级而不同，ZX-21 型的每个旋钮接触电阻不大于 0.002 Ω。在电阻值较大时，它引入的误差很小，但是在低电阻时，它引入的误差不可忽视。为了减少接触电阻，ZX-21 型电阻箱增加了低电阻接头（图 9-2-7 中的 *B*、*C* 接头）。当电阻小于 10 Ω 时，用“0”和“9.9 Ω”两个接头可使电流只流过 ×1 Ω 和 ×0.1 Ω 这两个旋钮所在回路。接触电阻限制在 2 × 0.002 Ω = 0.004 Ω 以下；当电阻小于 1 Ω 时，用“0”和“0.9 Ω”接头，可使接触电阻小于 0.002 Ω。

允许误差和接触电阻误差之和就是电阻箱的主要误差。但注意电阻箱的维护，否则其接触电阻会大大超过规定值。

电阻箱主要用于电路中需要准确电阻值的地方。它的另一个优点是可以很方便地改变电阻值，但因为额定功率很小，一般不用它控制电路中较大的电流或电压。

2. 滑动变阻器

滑动变阻器是实验中常用的一种变阻器，其构造如图 9-2-8 所示。电阻丝密绕在绝缘瓷管上，两端分别与固定在瓷管上的接线柱 *A* 和 *B* 相连。电阻丝上涂有绝缘物，使圈与圈之间互相绝缘。瓷管上方装有一根和瓷管平行的金属杆，一端连有接线柱 *C*，杆上还套有接触器，它紧压在电阻圈上，接触器与线圈接触处的绝缘物已被刮掉，所以使接触器沿金属杆滑动就可以改变 *ADC* 或 *BDC* 之间的电阻。认识变阻器的结构很重要。为此，应把图 9-2-8(a)(b)中的 *A*、*B*、*C* 三点互相对照。

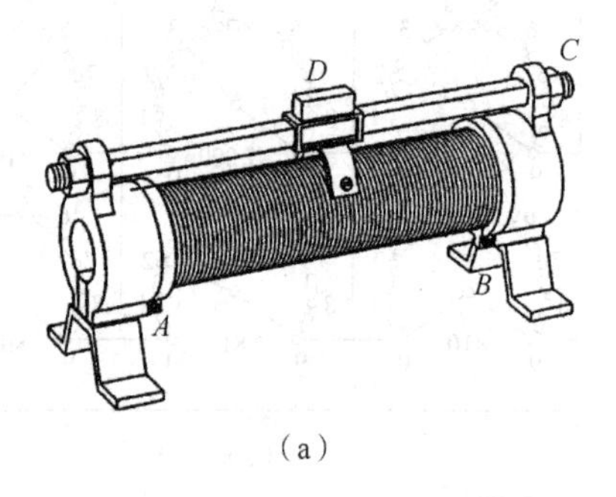

(a)

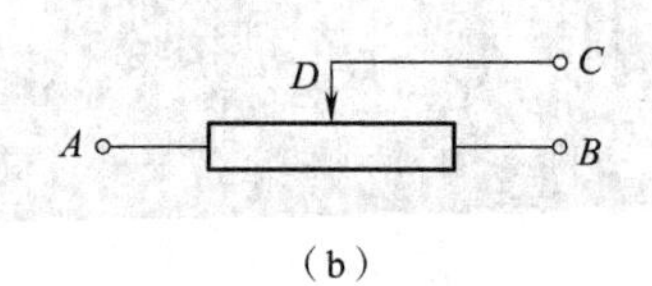

(b)

图 9-2-8 滑动变阻器

(1)全电阻:即 AB 间总的电阻。额定电流:变阻器所允许通过的最大电流。变阻器在电路中经常用来控制电流或电压,用它可以连成限流电路和分压电路。

(2)限流电路:如图 9-2-9 所示,A 端和 C 端连在电路中,B 端空着不用。当滑动 DC 时,整个回路电阻改变了,因此电流也改变了。所以叫做制流电路,当 DC 滑动到 B 端时,变阻器全部电阻串入回路,R_{ADC}最大,这时回路电流最小。为保证安全,在接通电源前,应使 DC 滑动到 B 端,使 R_{ADC}最大,回路电流最小,以后逐步减小电阻,使电流增至所需值。

(3)分压电路:如图 9-2-10 所示,变阻器的两个端 A、B 分别与电源的两极连接,滑动端 DC 和一个固定端 A(或 B 端)连接到用电部分。当电源接通时,电流在全电阻 AB 上产生电压降 U_{AB},注意到 ADC 是跨在 AB 的一部分电阻上的,因此,在 ADC 两端跨有部分电压降 U_{AB},输出电压 U_{ADC}随滑动端 DC 的位置而改变,当 $U_{ADC} = U_{AB}$ 达到最大值。当 DC 滑到 A 端时 $U_{ADC} = 0$,分压为零,为了保证安全,在接通电源时,应使 $U_{ADC} = 0$,以后逐步滑动 DC,使电压增至所需值。

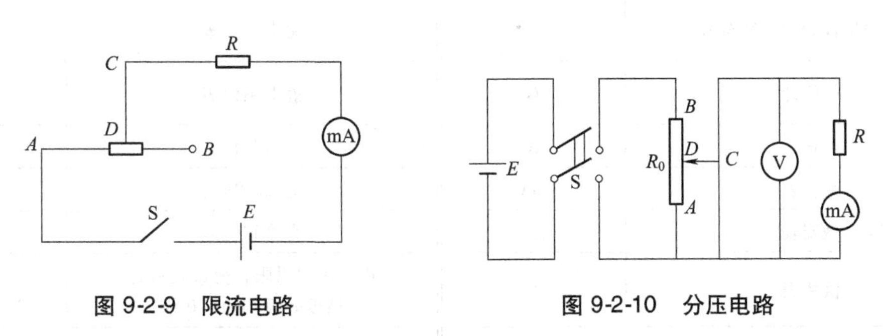

图 9-2-9　限流电路　　　　图 9-2-10　分压电路

9.2.5　常用的电气元件符号

常用电气元件符号见表 9-2-3。

表 9-2-3　常用电器元件符号

名　称		符　号	名　称	符　号
原电池或蓄电池			单刀开关 双刀双置开关 指示灯泡	
电阻的一般符号(固定电阻)				
变阻器(可调电阻器)	(1)一般符号			
	(2)断开电路的			
	(3)不断开电路的			
电容器的一般符号			不连接的交叉导线 连接的交叉导线	
可调电容器				
电解电容				

续表

名　称	符　号	名　称	符　号
电感器(绕组)		晶体二极管 稳压管 晶体三极管(P-N-P)	c b e
带磁心的电感器			
磁化有间隙的电感器			
带磁心的单相双线变压器			

常见电气仪表板上的标记见表9-2-4。

表9-2-4　常见电气仪表板上的标记

名　　称	符号	名　　称	符号
指示测量仪表的一般符号	—	磁电系仪表	
检流计	G	静电系仪表	
安培表	A	直流	—
毫安表	mA	交流(单相)	~
微安表	μA	直流和交流	≃
伏特表	V	以标度尺量限百分数表示的精度等级例如1.0级	1.0
毫伏表	mV	以指示值的百数数表示的精度等级例如1.5级	(1.5)
千伏表	kV	标度尺位置为垂直的	⊥
欧姆表	Ω	标度尺位置为水平的	
兆欧表	MΩ	绝缘强度试验电压为2 kV	2
负端钮	—	接地用的端钮	⊥
正端钮	+	调零器	
公共端	*	Ⅱ级防外磁场及电场	Ⅱ Ⅱ

9.2.6　箱式电桥——QJ60教学单双两用电桥

1. 用途

QJ60教学单双两用电桥(实验中称为箱式电桥),主要以电桥测量原理组成各类回路测试线路,用以检测通信电缆或通信架空线等线路中的接地、混线、错接、断线等故障,并且适宜作一般中值、低值电阻的精密测量(本书实验中主要用此功能,下文只介绍与此有关的数据和使用方法)。

2. 主要技术规格(见表 9-2-5)

表 9-2-5　箱式电桥主要技术规格

工作条件	温　度	湿　度	量　程	精　度	电源/V
单桥	(20 ±5)℃	40% ~60%	$10 \sim 10^4$	0.5	1.5
			$10^4 \sim 10^5$	0.5	6(外接)
双桥			$10^{-4} \sim 10^{-2}$	2.0	1.5
			$10^{-2} \sim 10$	1.0	1.5

3. 仪器结构说明

仪器结构主要由比例臂、比较臂、量程变换电键、检流计分流系数按钮、外接指示器和外接电源接线端以及“接入”和“断开”开关组成。仪器前面板如图 9-2-11 所示。

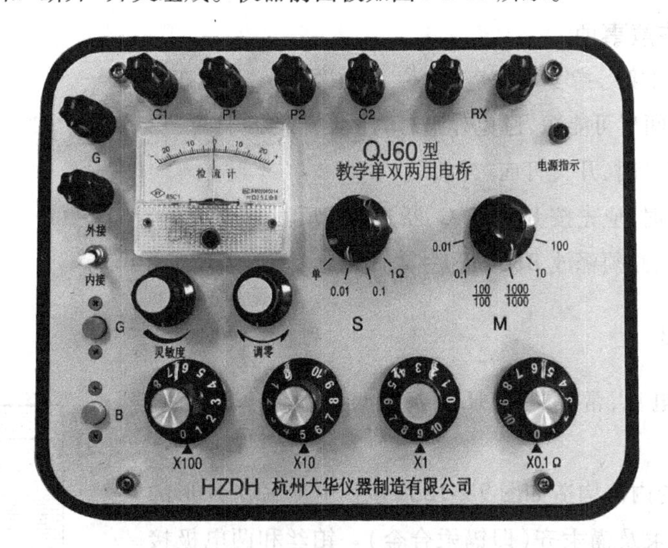

图 9-2-11　QJ60 教学单双两用电桥前面板

C_1、C_2、P_1、P_2—四端电阻接入端；RX—被测电阻接线柱，G—外接检流计；

S—单双臂电桥的选择钮；M—比例臂选择钮；R—比较臂选择钮按钮；B—电路电源接通按钮；

G—电路检流计接通按钮

4. 使用方法

其电路原理结合实验 5.3 单臂电桥测电阻和实验 5.4 直流非平衡电桥的应用内容进行学习。

(1)使用单桥测量未知中值电阻。

电桥使用检流计“内接”、S 拨向“单”。电桥在接通 B、G 前先调零。接通 B 为接通电路电源，接通 G 为接通检流计。

根据待测电阻阻值的大小选择适当的比例臂，选择标准为：使比较臂的四个旋钮都用上，可保证足够多的有效数字位数。

“灵敏度”旋钮为一个电位器，起保护检流计的作用，逆时针旋至底为灵敏度最小，顺时针旋到底为灵敏度最大，每次调节电桥平衡必须使灵敏度由低到高，保证检流计不超量程。

接通 B、G 要采用跃接法，即试探性接通 B、G，密切注意通过检流计的电流，如果指针偏转过大，超过量程，必须迅速断开 B、G。

(2)使用双桥测量未知低值电阻。

电桥使用“内接”检流计、S 为标准低值电阻，按照需要选取 0.01 Ω、0.1 Ω 或 1 Ω。

电桥在接通 B、G 前先调零。接通 B 为接通电路电源，接通 G 为接通检流计。

根据待测电阻阻值的大小选择适当的比例臂 M，选择标准为：使比较臂的四个旋钮都用上，可保证多的有效数字位数。

“灵敏度”旋钮逆时针旋至底为灵敏度最小，顺时针旋到底为灵敏度最大，每次调节电桥平衡必须使灵敏度由低到高，保证检流计不超量程。

接通 B、G 要采用跃接法。

因双臂电桥工作电流大，所以接通电路 B 时间要尽量短，避免升温对实验造成影响。

5. 仪器使用注意事项

(1)开关拨向“内接”，指零仪工作，调零、灵敏度调小，即可工作。

(2)B 键接通时间尽可能短，避免升温对测量结果的影响。

(3)须外接检流计时，开关打向“外接”。

(4)测感性电阻时，应先按 B，再按 G，断开则相反。

(5)电桥不用时，必须释放 B、G，开关打“外接”。

9.2.7 标准电池

它是一种汞镉电池，常用的有 H 形封闭玻璃管式和单管式两种。

H 形标准电池的内部构造如图 9-2-12 所示。电池封在 H 形的玻璃管内，其两极为汞及镉汞齐(即镉汞合金)。铂丝和两电极接触，作为两电极的引出线。汞上有硫酸镉和硫酸亚汞的混合物用作去极化剂。电池的电解液为硫酸镉溶液，按电解液的浓度又分为饱和式和不饱和式两种。饱和式的电动势最稳定，但随温度变化比较显著。若已知 20℃时的电动势 E_{20}，则 $0 \leqslant t \leqslant 40$ ℃时的电动势为

$$E_s = E_{20} - [39.94(t-20) - 0.929(t-20)^2 + 0.009(t-20)^3] \times 10^{-6}\text{V}$$

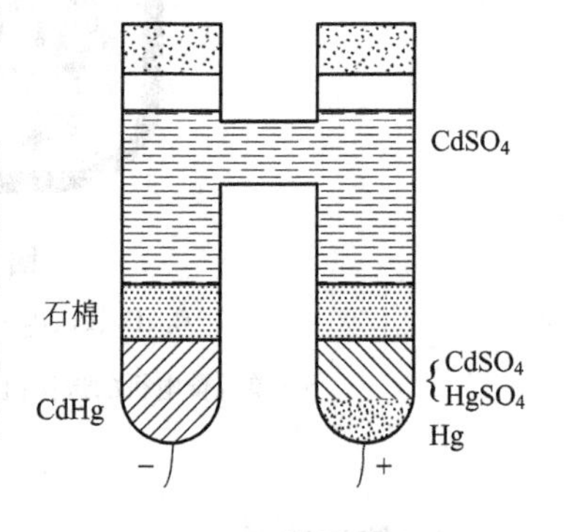

图 9-2-12 标准电池

不必作温度修正。

电位差计实验中所用的标准电池是饱和式 H 形玻璃管封闭型的，$E_{20} = 1.018\ 6$ V。

使用标准电池时要注意：

(1)标准电池内是装有化学溶液的玻璃容器，要防止震动，碰撞，更不允许翻倒，以免电池内部的药液混乱。

(2)标准电池只是电动势的参考标准，不能作为电源使用，流经标准电池的电流不应大于 1 ~ 10 μA。不允许用伏特计测量其电压，更不能将正负极接错或将两极短路。

(3)必须在温度波动小的条件下保存。应远离热源，避免太阳直射。

9.3　光学实验常用仪器、元件及使用

光学实验是普通物理实验的一个重要部分。开设光学实验的目的是使同学们掌握光学实验的基本方法和测量手段。学会正确使用光学仪器,正确处理数据,对实验结果进行分析并得出正确结论。由于光学实验本身具有自己的特点,初学者在做光学实验前应认真阅读本节内容。

9.3.1　光学元件和仪器的使用规则

大部分光学元件是用光学玻璃制成的。其光学表面(光线在此面上反射、折射或干涉、衍射或透射、散射)都是经过仔细的研磨和抛光。有些还镀有一层或多层薄膜。这些光学元件又极易损坏。造成损坏的常见原因有摔坏、磨损、污损、发霉、腐蚀等。为了安全使用光学元件和仪器,必须遵守以下规则:

(1) 必须在了解仪器操作和使用方法后方可使用。

(2) 轻拿轻放,勿使仪器或光学元件受到冲击或震动。特别要防止摔落。不使用的光学元件应随时装入专用盒内,并放在桌子里侧。

(3) 切忌用手触摸元件的光学表面。如必须用手拿光学元件时,只能接触其磨砂面如透镜的边缘、棱镜的上下底面、光栅的侧面等(见图9-3-1)。

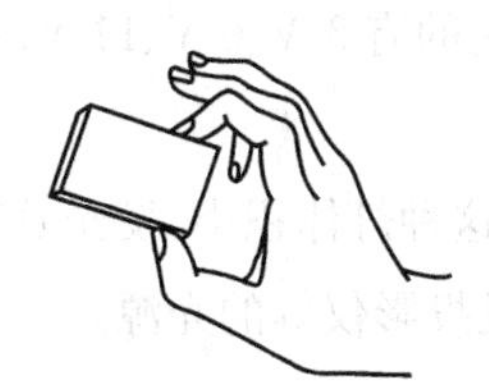
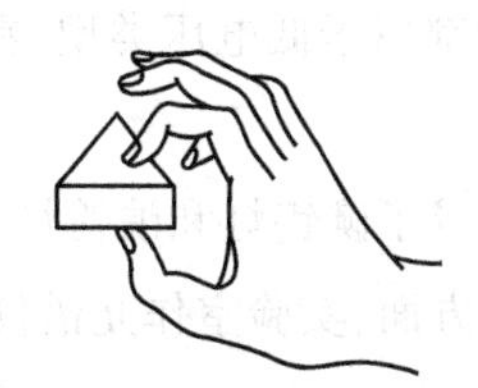
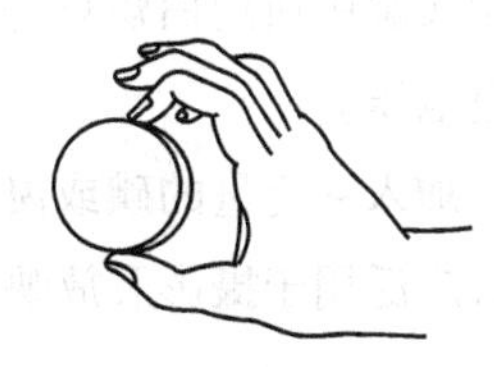

图9-3-1　光学元件的拿法

(4) 光学表面上如有灰尘,可用实验室专备的干燥脱脂软毛笔轻轻掸去或用橡皮球吹掉。

(5) 光学表面若有轻微的污痕或指印,用清洁的镜头纸轻轻拂去。不要加压擦拭,更不准用手帕、普通纸片、衣服等擦拭。若表面有较严重的污痕或手印,应用丙酮或酒精清洗。所有镀膜均不能触碰或擦拭。

(6) 防止唾液或其他溶液溅落在光学表面上。

9.3.2　操作光学仪器的注意事项

光学仪器一般由光学系统和机械系统两大部分组成。而机械系统一般由基座、直线运动导轨、轴系、齿轮、螺旋等传动机构、凸轮机构、限动器和密封装置等组成。通过这些机械装置达到固定光学零件的目的。并可使光学系统按设计要求在一维、二维或三维的空间作移动或转动。

光学仪器大多是精密仪器,都有一定的精度。若使用方法不正确,操作不当不仅会影响测量结果的可靠性,而且还会大大缩短仪器的使用期限,造成不必要的损失。在操作光学仪器时要注意以下几点。

（1）使用时需事先弄清其结构原理和操作方法。调节光学仪器时一般不需用太大的力气。调节不动时应查找原因。不要强行调节，不要用力过大过猛。精密仪器不能随意拆卸。

（2）光学仪器的使用一般都是要满足一定条件要求的，在测量前对光学仪器或光学系统要进行必要的调节。如光学系统的共轴调节、聚焦和成像的调节、光强的调节和光路的调节等等。在调节过程中要注意正确的调节方法和调节技巧。只有满足仪器的使用条件才能保证测量值的精度。

（3）仪器上所有锁紧螺钉、锁紧螺母不能拧得过紧。

（4）微动手轮在使用前应对“零”，使用读数时应朝一个方向转动。手轮在使用到头后，不能强行转动。应让粗动部分退回一点才能继续使用。

（5）蜗杆蜗轮副、导轨、螺杆螺母副在使用过程中若发现异常，应立即停下。检修正常后才能继续使用。

（6）仪器在使用时不可碰撞、加压、受震。

9.3.3 常用光源及其他器件

光源是光学实验中不可缺少的组成部分。对于不同的观测目的常需选用不同的光源。根据光源尺寸的大小可将光源分为点、线、面三种。

1. 白炽灯

白炽灯是以热辐射形式发射光能的电光源，其光谱是连续光谱。其光谱能量分布曲线与钨丝的温度有关。光学实验中所用白炽灯一般都属于低电压类型，常用的有 3 V、6 V、12 V，在使用低压灯泡时要注意供电电压。

在白炽灯中加入一定量的碘或溴就成了碘钨灯和溴钨灯。这种灯体积小，发光效率高。发光比较稳定，寿命长，广泛用于摄影及放映等方面，实验室作光谱仪及投影仪等的光源。

2. 汞灯

汞灯是一种气体放电光源。它是以金属汞蒸气在强电场中发生游离放电现象为基础的弧光放电灯。

汞灯有低压汞灯和高压汞灯之分。低压汞灯的水银蒸气压通常在 101 ~ 102 Pa，高压汞灯和汞蒸气压约为 $10^5 \sim 10^6$ Pa。正常点燃时发出汞的特征线光谱见表 9-3-1。

表 9-3-1　汞的特征线光谱

颜　色	黄 1	黄 2	绿	紫	紫 2
波长/nm	579.0	577.0	546.1	435.8	404.7
相对强度	强	强	很强	弱	弱

实验室中使用低压汞灯的型号为 GP_{20} Hg，工作电压 15 V，额定功率 20 W；高压汞灯的型号为 GGQ-50 WHg，工作电压 95 V，额定功率 50 W。

要使用汞灯时，必须在电路中串联一个符合灯管参数要求的镇流器后才能接到交流电源上去。严禁将灯管直接并联到 220 V 的市电上去，否则将烧坏灯丝。灯管点燃后一般要等 10 min，发光才趋稳定。熄灭后要等 6 ~ 8 min 后才能重新启动。

若在低压汞灯壁上涂荧光粉，则涂层会转变成可见辐射，选择适当的荧光物质，则发出的光与日光接近。这种荧光灯称为日光灯。日光灯点燃时发出的光谱既有白光光谱又有汞的特征光谱线。

3. 钠光灯

钠光灯也是一种气体放电光源。它是以金属钠蒸气在强电场中发生游离放电现象为基础的弧光放电灯。实验室常用低压钠灯，灯管型号为 $GP_{20}Na$，工作电压 15 V，额定功率 20 W。点燃后发出波长为 589.0 nm 和 589.6 nm 两种单色黄光谱线。由于这两种黄光波长较接近，一般不易区分。故常以它们的平均值 589.3 nm 作为钠黄光的波长值。钠光灯可作为实验室一种重要的单色光源。钠光灯的使用方法与汞灯相同。

熄灭后要等 6 ~ 8 min 后才能重新启动。

钠光灯光效可达 120 lm/W，是除 LED 灯外光效最高的常用电光源，高压钠灯常用于路灯照明。

4. 氦氖激光器

氦氖（He-Ne）激光器是 20 世纪 60 年代发展起来的一种新型光源。工作物质为 He、Ne 混合气体。在气体放电时氦能级中出现粒子数反转，氖原子因受激发射而辐射光能产生激光。它与普通光源相比，具有单色性强，发光强度大，干涉性强，方向性好（几乎是平行光）等优点，它能输出波长为 632.8 nm 的红色可见光。

实验室常用 230 ~ 450 mm 长度的激光管。工作电压为 1.5 kV，工作电流为 4 ~ 6 mA。启辉电压为 5 kV，使用时注意高压，不能触及电极。应避免激光束直接射入眼睛以免损伤视力。

为减少激光器用量，节约实验成本，实验室通常配备多束激光光源，即由一台激光器可以通过光纤导出七束激光，每一束激光供一台设备使用。光纤出射的激光为扩束激光，可以直接由迈克尔逊等实验使用。

5. 全息干板

（1）全息干板的型号及使用范围，见表 9-3-2。

表 9-3-2　全息干板的型号及使用范围

型　号	安　全　灯	增感峰值/nm	增感范围/nm
全息 I 型	暗绿灯	630	530 ~ 700
全息 II 型	暗绿灯	690	560 ~ 780
全息 III 型	红　灯	510	450 ~ 560

本书实验 6.3 中采用全息 I 型（氦氖激光 632.8 nm 波长），最高分辨率 3 000 条/ mm。

（2）D-19 显影液配方。

①50℃蒸馏水：800 mL；　②米吐尔：2 g；

③无水亚硫酸钠：90 g；　④对苯二酚：8 g；

⑤无水碳酸钠：48 g；　⑥溴化钾：5 g。

溶解后加蒸馏水至 1 000 mL，显影温度（20 ± 0.5）℃。

(3)停显液配方。

①蒸馏水:1 000 mL;

②冰醋酸:13.5 mL。

从显影液中取出干板后,用自来水冲洗,然后放入停显液中20~30 s,停显液温度19~20 ℃。

(4)F-5定影液配方。

①50℃蒸馏水:800 mL; ②结晶硫代硫酸钠:240 g;

③无水亚硫酸钠:15 g; ④冰醋酸:13.5 mL;

⑤硼酸:7.5 g; ⑥硫酸铝钾钠:15 g。

溶解后加蒸馏水至1 000 mL,定影温度为19~20 ℃,定影时间2~4 s。

(5)全息照片漂白液配方。

①硫酸铜溶液20%:42.5mL; ②溴化钾溶液20%:42.5 mL;

③饱和重铬酸钾溶液:10 mL; ④浓硫酸98%:10滴。

9.3.4 分光仪

分光仪又称分光计、测角仪,是精确测量光线偏转角度的一种光学仪器。通过有关角度的测量,可以测定如折射率、光栅常数、光的色散率、光的波长等许多物理量,因此精确测量光线的偏转角度在光学实验中非常重要。

光学测量仪器一般都比较精密,使用时必须严格按照要求进行操作。对于透镜、棱镜、光栅等光学器件的光学面,不得用手触摸,以免损坏。光学仪器上的各个螺钉,在尚不了解作用和用法之前,不要随手乱拧,否则不仅搞乱光路,甚至还会损坏仪器。

1. 分光仪的结构

分光仪的型号和规格很多,但基本结构都是相同的。这里只介绍实验中使用的JJY1′型分光仪,如图9-3-2所示。

分光仪主要由平行光管、望远镜、载物台和读数装置组成。它的下部是一个三脚底座,中心固定一中心轴,度盘、游标盘(它与载物台套在一起)套在中心轴上,固定望远镜支臂的转座也套在此中心轴上。当放松各止动螺钉后,它们均可绕中心轴旋转。平行光管安装在底座的立柱上。现将它们的构造和作用分别叙述如下。

(1)平行光管。它是一个柱形圆筒,在筒的一端装有一个可伸缩的套筒。套筒末端有一狭缝,旋转手轮可改变狭缝宽度(可调范围0.02~2 mm)。圆筒的另一端装有消色差透镜组。当狭缝恰位于透镜组焦平面上时,平行光管射出平行光束。平行光管光轴方向可通过水平和垂直调节螺钉(如图9-3-2中27、28、33所示)进行调节。

(2)望远镜。它是由物镜、自准目镜和分划板(或叉丝)组成的圆筒。常用的自准目镜有高斯目镜和阿贝目镜两种。

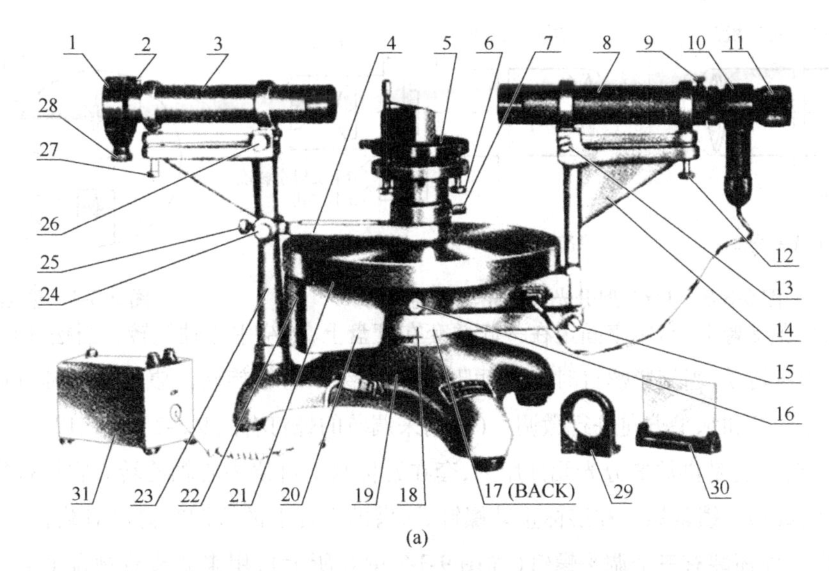

(a)

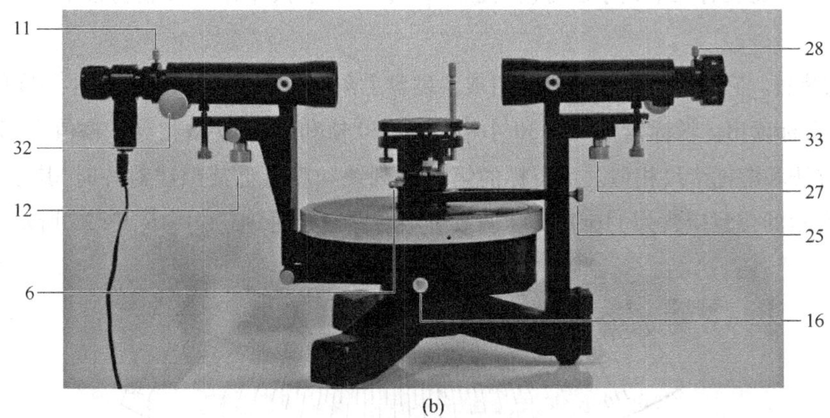

(b)

图 9-3-2　JJY1′型分光仪结构图

1—狭缝装置;2—狭缝装置锁紧螺钉;3—平行光管部件;4—制动架(二);5—载物台;
6—载物台调平螺钉(三只);7—载物台锁紧螺钉;8—望远镜部件;9—目镜锁紧螺钉;
10—阿贝式自准直目镜;11—目镜视度调节手轮;12—望远镜光轴高低调节螺钉;
13—望远镜光轴水平调节螺钉;14—支臂;15—望远镜微调螺钉;16—转座与度盘止动螺钉;
17—望远镜止动螺钉;18—制动架(一);19—底座;20—转座;21—度盘;22—游标盘;
23—立柱;24—游标盘微调螺钉;25—游标盘止动螺钉;26—平行光管光轴水平调节螺钉;
27—平行光管光轮高低调节螺钉;28—狭缝宽度调节手轮;29—平行平板连座;30—光栅板连座;
31—6.3 V 变压器;32—望远镜焦距调节螺钉;33—狭缝到透镜距离调节螺钉

本仪器所用的自准目镜是阿贝目镜,结构如图9-3-3 所示。它在分划板下方装有一个小棱镜,棱镜前面有一个开有“ + ”字形窗口的反光片,棱镜下方装有照明灯。当光线经反射将反光片照亮时,“ + ”字形窗口因光线透过,形成一个暗“ + ”字,整个分划板的视场如图 9-3-4 所示。当望远镜调焦时,分划板调到物镜的焦平面上,透过光形成的亮“ + ”字通过平面镜反射回来的像将落在分划板上,即达到对无穷远调焦的目的。

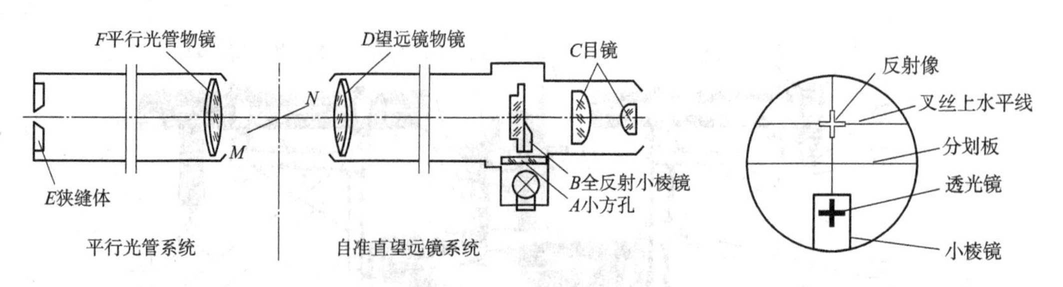

图 9-3-3　JJY1′型分光仪的光学系统结构　　　　**图 9-3-4　望远镜视野**

望远镜装在支臂上，与转座固定在一起并套在度盘上，可绕中心轴旋转。当松开止动螺钉时，度盘与转座可相对转动；当旋紧螺钉时，度盘可随望远镜绕中心轴旋转。望远镜光轴可通过水平和垂直调节螺钉对高低和水平方向进行微调。（可用来调节的螺钉有图 9-3-2 中 11、12、32。）

（3）载物台。它是供放置分光元件用的，套在游标盘上可绕中心轴旋转。它可根据需要升高或降低。当锁紧载物台锁紧螺钉和游标止动螺钉后，借助立柱上的微调螺钉可对载物台进行微调（旋转）。载物台下面还装有三个调平螺钉（如图 9-3-2 中 6 所示），用来调节载物台平面与旋转轴中心线垂直。

（4）读数装置。它由刻度盘和游标盘组成。度盘上刻有 720 等分的刻线，最小刻度值为 30′。小于 30′的利用游标读出。游标盘上刻有 30 小格（游标 30 格和度盘 29 格相等），格值为 29′，故分度值为 1′。读数方法和游标卡尺相似。当游标的第 n 条刻线和度盘上某刻线对齐时，其读数为 n'。例如，图 9-3-5 所示的位置应读为 116°12′。（调节所用的螺钉如图 9-3-2 中 16、17、25 所示）。

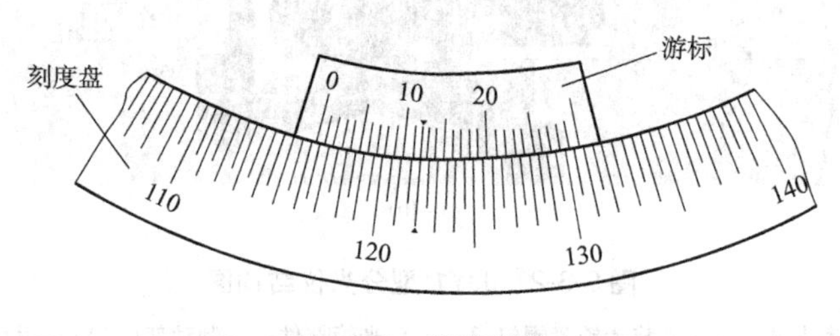

图 9-3-5　读数举例

为了消除偏心差，在游标盘相隔 180°对称设置两个游标读数装置，以便在测量时读出两个值，然后取其平均值消除偏心差。

2. 仪器使用注意事项

（1）仪器使用完毕，应存放在装有干燥剂之仪器箱内。避免潮气、灰尘及其他腐蚀性气体的侵蚀。

（2）本仪器使用电压为 220 V 的电源，经变压器变为 6.3 V，合上电源开关后全部灯泡应亮。如有的不亮，可能已坏，应换上新灯泡，如全不亮，则可能是烧坏保险管。

（3）插入或拔出 ϕ3.5 mm 插头时（注意正常实验过程中无须插入或拔出），必须先将开关切断，以防短路，烧坏保险管。

（4）在搬动仪器时要轻拿、轻放，勿使仪器受到碰撞，不要搬镜筒、转臂及载物台，只能搬底座。

3. 仪器附件

本仪器附属光学元件有：三棱镜、光栅、1/4 波长片、平行平面镜各一个，偏振器两个。

附录 A 基本常数表

基本物理常数见表 A.1。

表 A.1 基本物理常数(CODATA2018 年推荐值)

Fundamental Physical Constants

物理量名称 (Quantity)	符号 (Symbol)	数值 (Numerical Value)	单位(Unit)	相对标准不确定度 (Relative std. uncert. u_r)
光速 speed of light in vacuum	c	299 792 458	$m \cdot s^{-1}$	精确(exact)
真空介电常数 permittivity of vacuum	ε_0	$8.854\,187\,8128(13)\times10^{-12}$	$F \cdot m^{-1}$	1.5×10^{-10}
真空磁导率 permeability of vacuum	μ_0	$1.256\,637\,062\,12(19)\times10^{-6}$	$N \cdot A^{-2}$	1.5×10^{-10}
引力常量 gravitational constant	G	$6.674\,30(15)\times10^{-11}$	$m^3 \cdot kg^{-1} \cdot s^{-2}$	2.2×10^{-5}
普朗克常量 Planck constant	h	$6.626\,070\,15\ldots\times10^{-34}$	$J \cdot s$	精确(exact)
	$\hbar = h/2\pi$	$1.054\,571\,817\ldots\times10^{-34}$	$J \cdot s$	精确(exact)
电子电荷 elementary charge	e	$1.602\,176\,634\ldots\times10^{-19}$	C	精确(exact)
磁通量子 magnetic flux quantum	Φ_0	$2.067\,833\,848\ldots\times10^{-15}$	Wb	精确(exact)
电子质量 electron mass	m_e	$9.109\,3827015(28)\times10^{-31}$	kg	3.1×10^{-10}
质子质量 proton mass	m_p	$1.672\,621\,923\,69(51)\times10^{-27}$	kg	3.0×10^{-10}
精细结构常量 fine-structure constant	α	$7.297\,352\,5693(11)\times10^{-3}$		1.5×10^{-10}
里德伯常数 Rydberg constant	R_∞	10 973 731.568 160(21)	m^{-1}	1.9×10^{-12}
重力加速度(纬度45°海平面) standard acceleration of gravity	g	9.806 65	$m \cdot s^{-2}$	精确(exact)
阿伏伽德罗常量 Avogadro constant	N_A	$6.022\,140\,76\times10^{23}$	mol^{-1}	精确(exact)
玻耳兹曼常量 R/N_A Boltzmann constant	k	$1.380\,649\times10^{-23}$	$J \cdot K^{-1}$	精确(exact)

续表

物理量名称 (Quantity)	符号 (Symbol)	数值 (Numerical Value)	单位(Unit)	相对标准不确定度 (Relative std. uncert. u_r)
法拉第常数 Faraday constant	$F = N_A e$	96 485. 332 12...	C/mol	精确(exact)
斯忒潘-波尔兹曼常量 Stefan-Boltzmann constant	σ	5. 670 374 419... $\times 10^{-8}$	$W \cdot m^{-2} \cdot K^{-4}$	精确(exact)
玻尔磁子 Bohr magneton	μ_B	9. 274 010 0783(28) $\times 10^{-24}$	$J \cdot T^{-1}$	3.0×10^{-10}
电子伏特 electron volt	eV	1. 602 176 634 $\times 10^{-19}$	J	精确(exact)
摩尔气体常数 molar gas constant	R	8. 314 462 618...	J/(K · mol)	精确(exact)
标准大气压 standard atmosphere	-	101 325	Pa	精确(exact)
原子质量单位 atomic mass unit	amu	1. 660 539 066 60(50) x10^{-27}	kg	3.0×10^{-10}

注:基本物理常数是指自然界中一些普遍适用的称为常数。它们不随时间、地点或环境条件的影响而变化。物理常数与物理学的发展密切相关,一些重大物理现象的发现和物理新理论的创立,均与基本物理常数有密切联系。例如,电子的发现是通过对电子荷质比(e/m)的测定而确定的。普朗克建立量子论的同时,提出了普朗克常数。光速是四个准确的基本常数之一,它也是狭义相对论成立的基础。为了在全球使用同一标准,1966 年国际科协联合会成立了科学技术数据委员会(the committee on Data for Science and Technology,CODATA)。CODATA 于 1969 年设立了基本常数任务组,其任务是定期提供基本常数值。CODATA 在 1973 年、1986 年两次推荐了基本常数值,后者的精度比前者平均约提高了一个数量级。自 1998 年开始,CODATA 每四年提供一次最新的基本常数值,目前最新基本常数是 2018 年版。随着计算机及网络技术的发展,CODATA 将以更短的周期推出更精确的最新推荐值,最新基本常数可在 CODATA 的官方网站 http://physics. nist. gov/constants 上查询。表 1 给出了 CODATA2018 年推荐的部分物理常数。在表 1 中,数值栏括号内的两位数表示该值的不确定度,它的含义是括号前两位数字存疑,如电子质量 m_e =9. 109 382 7015(28) $\times 10^{-34}$ kg 表示括号前的数字 15 存疑,为不准确数字。最右面的一栏表示相对不确定度。

基本物理常数是制定国际单位制的基础。为了实现计量单位和单位制的统一,1954 年,第十届国际计量大会决定米、千克、秒、安培、开尔文、坎德拉为六个基本单位。1960 年,第十一届国际计量大会决定将上述六个基本单位为基础的单位制命名为国际单位制,并以 SI 表示(是用法语表示的国际单位制的词头)。1971 年第十四届国际单位计量大会增补了“物质的量”及其单位。1975 年国际计量法规定了这七个基本单位,见表 A. 2,其余的单位都可由这七个基本单位导出,称为导出单位。在国际单位制中同时有两个辅助单位:平面角和立体角,见表 A. 2。

表 A. 2　国际单位制的基本单位及两个辅助单位

量的名称	表示符号	单位名称	单位符号	定　义
长度 length	l	米	m	1 米等于在真空中光线在 1/299 792 458 s 时间间隔内所经过的距离
质量 mass	m	千克(公斤)	kg	1 千克等于国际千克原器的质量
时间 time	t	秒	s	1 秒是铯-133 原子基态的两个超精细结构能级之间跃迁所对应的辐射的 9 192 631 770 个周期的持续时间
电流 current	I	安[培]	A	安培是一恒定电流。处于真空中相距 1 m 的无限长平行直导线(截面可忽略),若流过其中的电流使两导线之间产生的力在每米长度上等于 2×10^{-10} N,则此时的电流为 1 A

续表

量的名称	表示符号	单位名称	单位符号	定义
热力学温度 Thermodynamic temperature	T	开[尔文]	K	1 开尔文是水三相点热力学温度的 1/273.16
物质的量 Amount of substance	ν 或 n	摩[尔]	mol	摩尔是一系统的物质的量,该系统中所包含的基本单元数与 0.012 kg 碳-12 的原子数目相等
发光强度 Luminous intensity	I	坎[德拉]	cd	坎德拉是一光源在给定方向上的发光强度,该光源发出频率为 540×10^{12} Hz 的单色辐射,且在此方向上的辐射强度为 (1/683) $W\cdot sr^{-1}$
国际单位制的两个辅助单位				
平面角 plane angle	弧度	弧度	rad	当一个圆内的两条半径在圆周上截取的弧长与半径相等时,则其间夹角为 1 弧度
立体角 solid angle	球面度	球面度	sr	如果一个立体角顶点位于球心,其在球面上截取的面积等于以球半径为边长的正方形面积时,即为一个球面度

常用物质密度见表 A.3。

表 A.3 常用物质密度

物质	密度/(g/m^3)	物质	密度/(g/m^3)
铝	2.669×10^3	水	1.000×10^3
铜	8.96×10^3	水银	13.55×10^3
铁	7.874×10^3	无水甘油	1.260×10^3
银	10.5×10^3	无水乙醇	0.7894×10^3
金	19.32×10^3	蓖麻油	0.957×10^3
钨	19.30×10^3	钟表油	0.981×10^3
铂	21.45×10^3	松节油	0.855×10^3
铅	11.35×10^3	煤油	0.80×10^3

20℃时金属的杨氏模量见表 A.4。

表 A.4 20℃时金属的杨氏模量

金属	杨氏模量 $E/(\times10^{11}\ N/m^2)$	金属	杨氏模量 $E/(\times10^{11}\ N/m^2)$
铝	0.69 ~ 0.70	镍	2.03
钨	4.07	铬	2.35 ~ 2.45
铁	1.86 ~ 2.06	合金钢	2.06 ~ 2.16
铜	1.03 ~ 1.27	碳钢	1.96 ~ 2.06
金	0.77	康铜	1.60
银	0.69 ~ 0.80	铸钢	1.72
锌	0.78	硬铝合金	0.71

杨氏模量与材料的结构、化学成分及其加工方法密切相关。实际材料可能与表中所列数值不尽相同。

我国部分城市重力加速度见表 A.5。

表 A.5　我国部分城市重力加速度

城　市	纬度(北)	重力加速度/(m/s^2)	城市	纬度(北)	重力加速度/(m/s^2)
北京	39°56′	9.801 22	汉口	30°33′	9.793 59
张家口	40°48′	9.799 85	杭州	30°16′	9.793 00
天津	39°09′	9.800 94	重庆	29°34′	9.791 52
太原	37°47′	9.796 84	南昌	28°40′	9.792 08
济南	36°41′	9.798 58	长沙	28°12′	9.791 63
郑州	34°45′	9.796 65	福州	26°06′	9.791 44
徐州	34°18′	9.796 64	厦门	24°27′	9.789 17
西安	34°16′	9.796 9	广州	23°06′	9.788 31
南京	32°04′	9.794 42	香港	22°18′	9.787 69
上海	31°12′	9.794 36	石家庄	38°06′	9.800 10

在海平面上重力加速度 g 与纬度 ψ 的关系公式为

$$g = 9.780\ 49(1 + 0.005\ 288\ \sin^2\psi + 0.000\ 006\ \sin^2 2\psi)$$

如果上升高度不大,则每上升 1 km,g 的原有值减少 3/10 000。

g 的标准值为 9.806 65 m/s^2。

常见物质的比热容见表 A.6。

表 A.6　常见物质的比热容

物　质	温度/℃	比热容/[$\times10^3$ J/(kg·℃)]	物质	温度/℃	比热容/[$\times10^3$ J/(kg·℃)]
铝(Al)	25	0.905	水	25	4.182
银(Ag)	25	0.237	乙醇	25	2.421
金(Au)	25	0.128	石英玻璃	20~100	0.788
石墨(v)	25	0.708	黄铜	0	0.370
铜(Cu)	25	0.385 4	康铜	18	0.409
铁(Fe)	25	0.448	石棉	0~100	0.80
镍(Ni)	25	0.440	玻璃	20	0.59~0.92
铅(Pb)	25	0.128	云母	20	0.42
铂(Pt)	25	0.136 4	橡胶	15~100	1.1~2.0
硅(Si)	25	0.713 1	石蜡	0~20	0.291
白锡(Sn)	25	0.222	木材	20	约 1.26
锌(Zn)	25	0.389	陶瓷	20~200	0.71~0.88

水和冰在不同温度下的比热容见表 A.7。

表 A.7 水和冰在不同温度下的比热容

水		冰	
温度/℃	比热容/[$\times 10^3$ J/(kg·℃)]	温度/℃	比热容/[$\times 10^3$ J/(kg·℃)]
0	4.229 0	0	2.60
10	4.198 0	-20	1.94
14.5~15.5	4.190 0	-40	1.82
20	4.185 0	-60	1.68
30	4.179 5	-80	1.54
40	4.178 7	-100	1.39
50	4.180 8	-150	1.03
60	4.184 6	-200	0.654
70	4.190 0	-250	0.151
80	4.197 1		
90	4.205 1		
100	4.213 9		

物质的折射率见表 A.8。

表 A.8 物质的折射率

物　质	温　度	n_D	物　质	温　度	n_D
水	20 ℃	1.333 0	萤石	室温	1.434
甲醇	20 ℃	1.329 2	有机玻璃	室温	1.492
乙醚	20 ℃	1.352 5	加拿大树胶	室温	1.530
乙醇	20 ℃	1.361 7	晶体石英	室温	* n_o = 1.544 24 n_e = 1.553 35
三氯甲烷	20 ℃	1.445 3	熔凝石英	室温	1.458 45
四氯化碳	20 ℃	1.461 7	琥珀	室温	1.546
甘油	20 ℃	1.467 5	方解石	室温	* n_o = 1.658 35 n_e = 1.486 40
石蜡	20 ℃	1.470 4	* * K3 光学玻璃	室温	1.504 66
松节油	20 ℃	1.471 1	K6 光学玻璃	室温	1.511 12
苯胺	20 ℃	1.586 3	F3 光学玻璃	室温	1.616 55
棕色醛	20 ℃	1.615 9	F6 光学玻璃	室温	1.624 95
单溴苯	20 ℃	1.655 8	金刚石	室温	2.417 5

某物质的折射率由于入射光的波长不同而不同。通用的标准折射率是指波长为 587.56 nm(氦黄线)或 589.3 nm(氖黄线)的折射率 n_d或 n_D。资料中如果没有指出波长的折射率,通常为 n_D。对液体或固体物质折射率而言,通常是指对空气的相对折射率。

* n_o为寻常光线的折射率,n_e为非常光线的折射率;

* * 符号 K 表示冕类光学玻璃,符号 F 表示火石类光学玻璃。

参 考 文 献

[1] 费业泰. 误差理论与数据处理[M]. 5 版. 北京:机械工业出版社,2006.
[2] 胡湘岳. 大学物理实验教程[M]. 北京:清华大学出版社,2008.
[3] 贾小兵,杨茂田,殷洁,等. 大学物理实验教程:修订版[M]. 北京:人民邮电出版社,2007.
[4] 邓金祥,刘国庆. 大学物理实验[M]. 北京:北京工业大学出版社,2005.
[5] 缪兴中. 大学物理实验教程[M]. 北京:科学出版社,2006.
[6] 郑建州. 大学物理实验[M]. 北京:科学出版社,2007.
[7] 程守洙,江之永. 普通物理学[M]. 3 版. 北京:高等教学出版社,1979.
[8] 展永,魏怀鹏,王存道,等. 大学物理实验[M]. 2 版. 天津:天津大学出版社,2005.
[9] 成正维. 大学物理实验[M]. 北京:高等教育出版社,2006.
[10] 钱锋,潘人培. 大学物理实验:修订版[M]. 北京:高等教育出版社,2005.
[11] 吴泳华,霍剑青,浦其荣. 大学物理实验[M]. 北京:高等教育出版社,2005.
[12] 袁长坤,武步宇,王家政,等. 物理测量[M]. 北京:科学出版社,2004.
[13] 梁华翰,朱良傅,张立. 大学物理实验[M]. 上海:上海交通大学出版社,1996.
[14] 沙占友. 集成化智能传感器原理与应用[M]. 北京:电子工业出版社,2004.
[15] 何焰蓝,丁道一. 技术物理实验[M]. 长沙:国防科技大学出版社,2009.
[16] 殷志坚. 大学物理实验[M]. 长沙:中南大学出版社,2013.